养鸡生产技术问答

（三）鸡病防治技术问答

王福强　田夫林
周元军　韩守岭　编著

中国农业大学出版社

前　言

近年来，养鸡生产在我国迅猛发展，尤其进入20世纪90年代以后，养鸡专业户、专业村及各种体制的养鸡场不断涌现，现已成为很多农村重要的致富产业之一，随着这个产业的越来越大，竞争也日趋激烈，1998年后随着这个产业低利化时代的到来，从业人在向规模要效益的同时必须向管理要效益。这几年有一些专业户一直在低利化徘徊甚至赔钱，其原因多为品种失真，鸡场盲目扩大，日常管理无序且粗放，育雏、育成期发病率高，成鸡的死淘率高，生产水平低下，饲料报酬低，禽流感、非典型新城疫的危害等。这些问题对于所有从业人来说，根据程度及处理方式的不同，将会有不同的回报。

在机遇与挑战面前，为了使从业人切实掌握养鸡生产技术、获得较好的效益，笔者通过对十几年生产一线实践的总结，加上这几年对新观点的实验，并参考了诸多专家的成功经验，编写了这本《养鸡生产技术问答》。本书力求在系统、全面的基础上，更注重它的针对性和实用性。我们希望本书的出版能帮助养鸡户在效益上有所提高。

本书在编写过程中，曾参考了一些专家、学者的文献资料，因篇幅所限，不能一一列出，在此仅表感谢。由于时间仓促和水平有限，书中难免出现错误，敬请读者指正。

编者

2009年5月

目　录

第一章　鸡的生活习性及解剖生理特点

第二章　鸡病的基础知识

第三章　鸡病的诊断方法

第四章 鸡的常用药物及给药方法

第六章 鸡的传染病

第七章 鸡的寄生虫病

第八章　鸡的代谢病与中毒病

第九章　鸡的普通病及其他杂症

第一章　鸡的生活习性及解剖生理特点

☞ 1. 鸡有哪些特殊的生理机能和生活习性？

（1）鸡有一套特殊的消化系统。鸡有坚硬的锥形喙，适于啄食细碎的饲料，能撕碎较大的食物和幼嫩的青饲料。鸡没有牙齿，无咀嚼作用。舌的味觉能力较差，寻找食物要依靠视觉和嗅觉。鸡的食道宽大，富有弹性，在颈下部、胸腔入口处扩大为嗉囊，主要起储存、湿润和软化饲料的作用。

鸡有两个胃，第一个是腺胃，其壁较薄，可分泌含有蛋白酶、盐酸的胃液，但因其容积较小，饲料停留时间较短，来不及消化，所以主要起浸润、软化作用；第二个是肌胃，肌肉较厚、容积大，内壁有一层坚硬的角质膜，胃内有许多小沙粒，肌肉收缩时能磨碎饲料，起着咀嚼的作用，有助于提高饲料的消化率。这就是为什么要给鸡提供沙粒的原因。

鸡的小肠很长，约 180 cm，在整个肠管中占的比例很大，是消化吸收营养物质的主要部位。鸡的大肠由两条发达的盲肠和一条短的直肠组成。盲肠主要将食糜中的少量粗纤维进行微生物发酵分解。直肠可吸收水分、无机盐等，最后残留物形成粪便而进入泄殖腔。泄殖腔是直肠、输尿管、输精管（或输卵管）的共同开口。鸡没有膀胱，不能储存尿液，肾脏产生的少量尿液经输尿管直接排到泄殖腔，其中水分被泄殖腔吸收，剩下的为尿酸和不溶解的尿酸盐，呈白色稀粥状的残渣，覆在粪便表面。

（2）鸡的饮水方式特殊。鸡饮水时，先要低下头，把水含在口内，然后仰起头来，头部向上伸直，把水咽下。若不抬头把颈部向上伸直，水会流入喉口，进入气管内，造成死亡。

（3）鸡为恒温动物。鸡属于恒温动物，它具有发育完善、能保持恒定体温的调节机构。鸡的体温控制，主要是借中枢神经系统来调节的。当外界温度升高时，鸡站立、翅膀下垂，出现张口呼吸，或卧在潮湿的沙土中进行“沙浴”，以加速散热过程；当外界温度降低时，鸡则伏坐，头藏于翼下，毛根蓬松，甚至鸡只相互挤聚在一起，以减少散热。

(4)鸡具有自然换羽的特性。通常当年鸡有 4 次不完全的换羽现象；一年以上的鸡，每年秋冬季节换羽 1 次。鸡在换羽期间，母鸡多数停止产蛋，雏鸡增重缓慢。

☞ 2. 掌握鸡体的解剖学知识有何意义？

鸡体解剖学是研究机体各个器官的正常形态结构和发生发展规律的科学。掌握体解剖学知识，对在机体发生疾病时，对疾病进行诊断和治疗有着重要的意义和用途。在机体发生疾病时，通过对机体有关的解剖脏器进行系统的形态、功能和生理活动变化的检查，从而为正确地诊断和准确、有效地治疗疾病提供重要的依据。因此，熟练地掌握鸡体的解剖，是临床进行疾病诊断必不可少的知识之一。

☞ 3. 鸡体表各部位名称有哪些？

不同品种、性别、年龄的鸡外貌各不相同，但体表各部分的名称大同小异(图 1-1)。

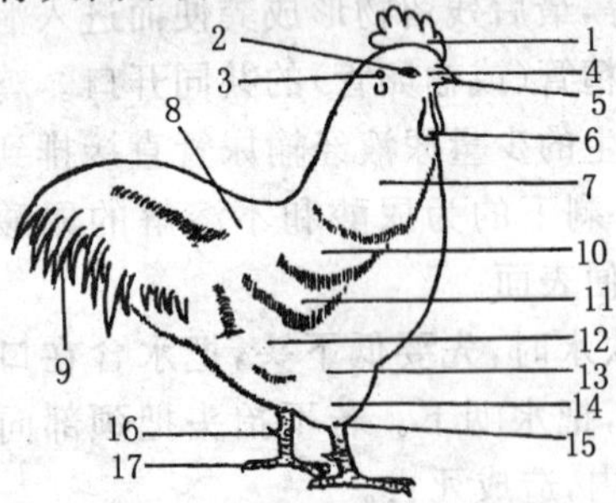

1. 冠 2. 眼 3. 耳环 4. 鼻 5. 喙 6. 肉髯 7. 颈部 8. 背部 9. 尾羽 10. 肩羽 11. 翼羽 12. 主翼羽 13. 腹部 14. 腿 15. 小腿 16. 距 17. 趾

图 1-1 鸡体表各部分名称

☞ 4. 鸡的皮肤有何特征?

鸡大部分皮肤较薄,无汗腺,不能出汗,所以鸡不耐高温。鸡尾上部有一对尾脂腺,其分泌物为脂性,内含麦角固醇,在阳光照射下能变成维生素D而被皮肤吸收。因此,成年种鸡只要能自由地晒太阳,一般不需要在饲料中添加维生素D。

☞ 5. 鸡皮肤衍生物有哪些? 各有什么特征?

鸡皮肤的衍生物除羽毛以外,肉冠、肉髯、耳垂、皮肤腺、喙部的角质、跖部和趾部的鳞片,以及趾和距部的角质鞘等都是由皮肤衍变而成的附属物。

(1)肉冠位于鸡的头顶,能表现性征,公鸡冠较母鸡冠大而厚。冠的颜色鲜红、肥润、柔软、光泽则表示健壮。肉髯也叫肉垂,位于鸡喙的下方,左右各一,两侧对称,呈鲜红色,也是第二性征。耳垂也叫耳叶,位于耳孔的下部,椭圆形或圆形且有皱褶,颜色因品种而异,最常见的有红、白两种。

(2)鸡与家畜不同,它们没有汗腺和皮脂腺,所以不能耐高温。它们只有一对很小的尾上腺。尾上腺呈卵圆形或圆形,大小如黄豆,属全浆分泌类型。其分泌物经腺腔开口于尾根背侧的小乳头上。它不仅可以润泽羽毛,并含有麦角固醇,在紫外线作用下能变成维生素D,并可被皮肤所吸收。

(3)喙为表皮形成的厚而粗糙的角质套,其中角蛋白高度钙化而使其特别坚硬。喙套在颌前骨和下颌骨前,可分上喙和下喙,上喙略大于下喙,较尖锐。

(4)跖部和趾部的皮肤表皮较发达,形成角质化鳞片,且随年龄增长变得更硬更粗糙。公鸡在趾的上方有一向后突出而成尖锐的距,其内有一骨质突起,外包质套。趾的游离端有爪,为表皮角质突起物,尖端锐利,用做扒取食物和防御的工具。

☞ 6. 鸡的运动系统是由哪些器官组成？各有什么功能？

鸡的运动系统主要是由骨骼和肌肉组织组成。

(1)骨骼。骨骼主要包括躯干骨骼、头部骨骼和四肢骨骼。它决定了鸡的外部形态，构成支架支持身体，保护内脏器官。骨骼中的骨髓能制造红细胞。为便于飞翔，鸡骨骼在结构上出现了两个特点：一是骨质坚硬，许多骨愈合成一整体，如颅骨、腰荐骨和骨盆骨等，以增加其坚固性；二是成年鸡的很多骨与气囊相通，其中的骨髓被吸收为空气所取代，以减轻身体重量。

鸡的颈椎数量多，有13～14枚，能使颈部灵活伸缩转动，便于啄食、警戒和啄取尾脂腺的分泌物、梳理与润泽羽毛。前肢骨骼变成翅膀，作为飞翔工具。耻骨后端略向内弯，但两侧耻骨末端并不相接，形成开放性骨盆，以便于产蛋。耻骨间距离大小常作为判定母鸡产蛋性能的标志（图1-2）。

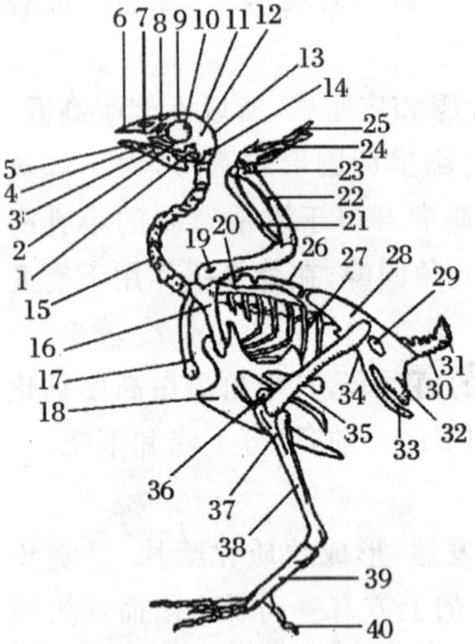

1. 方骨 2. 翼骨 3. 颧骨 4. 腭骨 5. 下颌骨 6. 颌前骨 7. 上颌骨 8. 鼻骨 9. 泪骨 10. 筛骨（垂直板） 11. 额骨 12. 颞骨 13. 顶骨 14. 枕骨 15. 颈椎 16. 乌喙骨 17. 锁骨 18. 胸骨 19. 肩胛 20. 臂骨 21. 桡骨 22. 尺骨 23. 腕骨 24. 掌骨 25. 指骨 26. 胸骨 27. 肋骨 28. 髂骨 29. 坐骨孔 30. 尾骨 31. 尾综骨 32. 坐骨 33. 耻骨 34. 闭孔 35. 股骨 36. 膝盖骨 37. 腓骨 38. 胫骨 39. 跖骨 40. 趾骨

图1-2 鸡的全身骨骼

(2)鸡的肌肉和其他动物一样,分为横纹肌、平滑肌、心肌三种。横纹肌主要附着在骨骼上,又称骨骼肌,构成鸡体可食用的主要部分。平滑肌分布于内脏和血管。心肌为构成心脏的肌肉(图1-3)。

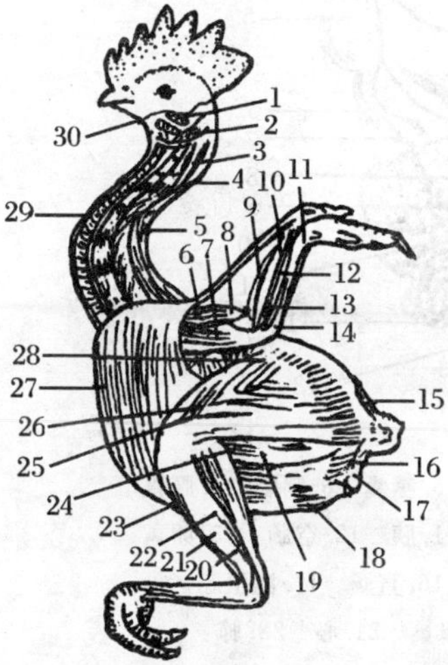

1. 咬肌 2. 枕下颌肌 3. 头半棘肌 4. 颈二腹肌 5. 颈半棘肌 6. 翼膜长肌 7. 臂三头肌 8. 臂二头肌 9. 腕侧 10. 旋前浅肌 11. 指浅屈肌 12. 指深屈肌 13. 旋前深肌 14. 腕尺侧屈肌 15. 尾提肌 16. 肛提肌 17. 尾降肌 18. 腹外斜肌 19. 半膜肌 20. 腓肠肌 21. 腓骨长肌 22. 第三趾第二趾节骨穿孔屈肌 23. 胫骨前肌 24. 半腱肌 25. 肌二头肌 26. 股阔筋膜张肌 27. 胸浅肌 28. 缝匠肌 29. 胸骨舌骨肌 30. 颌舌骨肌

图 1-3　鸡身肌肉

肌肉的主要功能是运动。鸡的肌肉很发达,能使皮肤、羽毛抖动,进行沙浴。颈部肌肉发达,所以头颈运动灵活。为便于飞翔和行走,胸部和大腿部的肌肉特别发达,仅胸部肌肉就占全身肌肉的40%以上。

☞ 7. 鸡的消化系统由哪些器官组成?各有什么功能?

鸡在生活中必须从外界摄取食物,吸收其营养供生长、发育、生殖等需要,同时排出残渣。这一任务主要依赖于消化管和消化腺来完成。消化腺包括唾液腺、胃腺、肠腺、肝、胰等(图 1-4)。

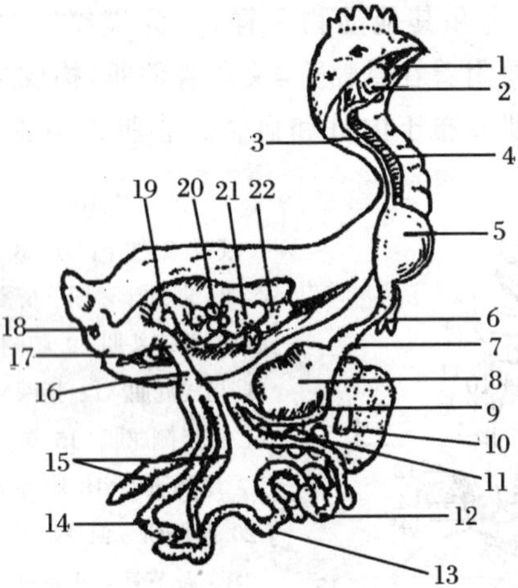

1.口腔　2.咽　3.食管　4.气管　5.嗉囊　6.鸣管　7.腺胃　8.肌胃　9.十二指肠　10.胆囊　11.胰　12.空肠　13.卵黄囊憩室　14.回肠　15.盲肠　16.直肠　17.泄殖腔　18.肛门　19.输卵管　20.卵巢　21.心　22.肺

图 1-4　鸡的消化器官

(1)口和咽。鸡口腔与咽之间没有明显的界限。口腔没有唇、颊和齿,上、下颌形成喙。舌黏膜没有味觉功能,鸡觅食主要靠视觉和触觉。鸡唾液腺很发达,能分泌大量唾液,因此鸡能适应迅速采食干粒、粉状饲料。

(2)食管、嗉囊。食管在颈部偏于气管右侧,宽大、易扩张,在进入胸腔之前,形成膨大的嗉囊。嗉囊具有临时储存和浸软食物的作用。

(3)胃。鸡的胃有两个,即腺胃和肌胃。

腺胃为食管末端的膨大部,位于肝的左右叶之间。腺胃黏膜上有 30～40 个腺乳头,为胃腺的开口。它排出的胃液含有蛋白酶和盐酸,有消化蛋白质和溶解矿物质的作用。

肌胃呈扁圆形，前接腺胃后连小肠。肌胃由两对强而厚的红色肌肉组成。肌胃黏膜有许多小腺体。它分泌的胶样物质能迅速硬化，形成一层淡黄色、坚硬的鸡内金，使胃壁在粉碎坚硬饲料时不致受损。

肌胃的主要功能是磨碎食物、代替牙齿的咀嚼作用。通常情况下，磨碎过程还需要依靠吃进的沙砾或细石子来辅助完成。因此，肌胃又叫砂囊。尤其是采食整粒料时，要将其完全消化，肌胃的研磨作用就显得相当重要。

(4)肠和泄殖腔。鸡的肠管较短，约为体长的 6 倍，分为小肠和大肠两段。小肠分为十二指肠、空肠和回肠。十二指肠位于肌胃右侧，以对折的盘曲为特征，盘曲内夹有淡黄色的胰脏。胰脏有 2～3 条管道开口于十二指肠末端。肝脏也有 2 条管道开口于十二指肠末端。空肠形成许多半环状肠袢，由肠系膜悬挂于腹腔顶壁。回肠短而直，以系膜与两盲肠相连。

饲料的消化与吸收主要在小肠。小肠分泌的肠液有淀粉酶。胰分泌的胰液含有蛋白酶、脂肪酶和淀粉酶，肝分泌的胆汁有助于脂肪乳化和加强胰液的消化作用。小肠黏膜上有许多皱褶、指状突起的绒毛和隐窝，扩大了吸收面积。因此，食物在不到 3 h 内就能被消化和吸收。

大肠可分为盲肠和直肠。鸡盲肠有两条，呈盲管状，盲端游离。由小肠来的物质有 6%～10% 进入盲肠。盲肠具有消化纤维、吸收含氮物质和水分的功能。距离回肠、盲肠交界处约 1 cm 的盲肠壁上有一对外观膨大的部分，称盲肠扁桃体。回肠、盲肠交界处的后面为直肠，直肠很短，末端连于泄殖腔。

泄殖腔是排泄粪便、尿液和生殖的共同出口。泄殖腔分为前、中、后三部分：前部为粪道，与直肠相通；中部为泄殖道，输尿管、输精管或输卵管开口于此；后部为肛道，是消化管的最后一段，其背侧壁上有腔上囊(又叫法氏囊)的开口。肛道向后通肛门(图 1-5)。

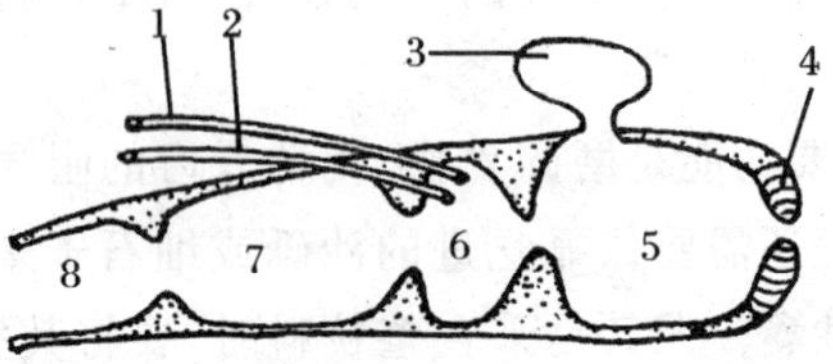

1. 输精管或输卵管　2. 输尿管　3. 腔上囊　4. 泄殖腔括约肌
5. 直肠　6. 粪道　7. 泄殖腔　8. 肛门

图 1-5　鸡泄殖腔纵剖面图

☞ 8. 鸡的呼吸系统由哪些器官组成？各有什么功能？

鸡与其他动物一样,要进行生命活动,必须不断地与外界进行气体交换,吸进新鲜氧气,排出二氧化碳。完成这一气体交换的任务,主要靠鼻腔、喉、气管、支气管、肺和气囊。母鸡每分钟呼吸20～36次,公鸡每分钟呼吸 12～20 次(图 1-6)。

(1)鼻腔。鸡有两个鼻孔,在鼻孔上缘有一膜质鼻瓣,能防止水进入鼻孔。在眼的前下方有一个与鼻腔相通的空腔,叫眶下窦。

(2)喉。鸡的喉分前喉和后喉。前喉由环状软骨和两个勺状软骨构成,没有声带,不能发音。后喉又叫鸣管,是鸡的发音器官,位于气管分叉处。母鸡在注射大量雄性激素后也会像公鸡一样啼叫。

(3)气管。气管很像洗衣机的进水管,由许多完整的软骨环连接构成圆柱状长管,能伸缩,保证颈能灵活运动。在心脏的前上方气管分为左右支气管进入肺脏。

(4)肺。鸡的肺呈鲜红色,位于胸腔背侧面并嵌入肋骨之间。支气管入肺后,穿过全肺,直通腹气囊。支气管在肺内多次分级,形成初级支气管、次级支气管、三级支气管互相通连的管道，最后从三级支气管上分出大量呼吸性支气管，且其壁上包绕丰富的毛细血管，是进行气体交换的地方。

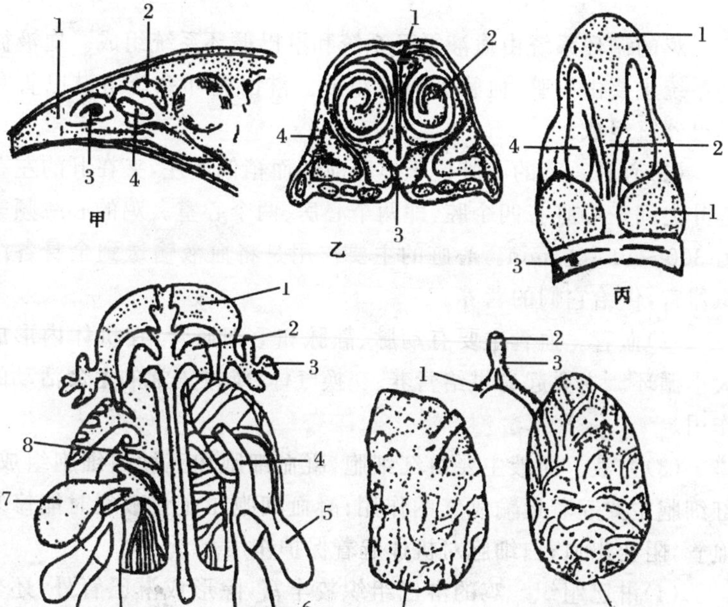

甲.鼻腔(矢状面)：1.鼻孔　2.上鼻甲　3.下鼻甲　4.前鼻甲

乙.鼻腔(横切面)：1.鼻中隔　2.下鼻甲　3.鼻孔　4.鼻腔

丙.喉软骨：1.环状软骨　2.喉口　3.气管软管　4.勺状软骨

丁.支气管与气囊联系：1.锁骨间气囊　2.颈气囊　3.支气管　4.后胸气囊　5.腹气囊　6.前胸气囊　7.支气管

戊.肺：1.支气管　2.气管　3.鸣管　4.右肺　5.左肺

图 1-6　鸡的呼吸器官

(5)气囊。气囊是由初级或次级支气管黏膜向外延伸后形成的很薄的膜性囊，一端与支气管相通，另一端与骨骼相通。气囊除了加强气体交换、减轻体重外，还参与体热散发。

☞ 9. 鸡的循环系统由哪些器官组成？各有什么功能？

鸡的循环系统由血液循环系统和淋巴循环系统组成。血液循环系统主要由心脏、血管和血液组成。淋巴循环系统由淋巴管和淋巴器官组成。

(1)心脏。鸡的心脏位于体腔前部而稍偏于左，夹在肝的左右心叶之间。心脏有四个腔，即两个心房、两个心室。鸡的心跳频率为 300～400 次/min。心脏的主要作用是将血液输送到全身各组织器官，供给它们的营养。

(2)血管。血管主要有动脉、静脉和毛细血管，在机体内形成大小循环。主要起着供给营养、交换气体、维持正常的生命活动的作用。

(3)血液。血液主要由红细胞、凝血细胞和五种白细胞组成。红细胞主要起着运输氧气的作用；凝血细胞在血管破裂时能修复血管，阻止出血；白细胞对机体起着保护作用。

(4)淋巴组织。鸡的淋巴组织较丰富，除形成淋巴管外，还分布于有机体各处。鸡没有明显的淋巴结，主要的淋巴器官有胸腺、腔上囊、脾脏。淋巴组织在机体的免疫和抗疾病方面起着很大的作用。

☞ 10. 鸡的泌尿系统由哪些器官组成？各有什么功能？

鸡的泌尿系统比较简单，主要由一对肾脏和输尿管组成。鸡没有膀胱和尿道，适于飞翔时减轻体重。

(1)肾。鸡肾是比较大而长的器官，紧靠腹腔背侧，每侧肾脏分为明显可见的三叶，周围没有脂肪。肾脏是排泄代谢产物非常重要的器官。

(2)输尿管。输尿管从肾的中间叶表面走出,沿肾的腹侧向后伸延,开口于泄殖腔顶壁的两侧。主要起着输送尿液的作用。

☞ 11. 鸡的生殖系统由哪些器官组成?各有什么功能?

生殖系统包括公鸡和母鸡的生殖系统,两者在组成上和功能上都有很大的差别。

(1)公鸡的生殖系统。公鸡的生殖系统是由睾丸、附睾、输精管和交配器官组成。

睾丸:俗称鸡"腰子",一对,呈豆形,颜色一般呈乳白色或浅黄色,左右对称,位于腹腔中,以短的系膜紧贴于肾前叶脊柱的腹侧。睾丸可形成大量的生殖细胞——精子,同时分泌雄性激素,维持公鸡的生殖活动。

附睾:较小,不发达,位于睾丸的内侧缘,呈纺锤形,与输精管相通。

输精管:为两条弯曲的细管,沿着肾脏腹侧向后延伸,与输尿管并行,末端突入泄殖腔壁形成两个输精管乳头。

鸡类没有副性腺,输精管上皮细胞与附睾管等一起共同分泌精清。

公鸡的交配器官不发达,位于泄殖腔肛道底壁近肛门处,一米粒大的小突起,称为阴茎乳头。孵出 24 h 以内的雏鸡较明显,可用于鉴别雌雄。成年鸡交配时也可见到。

(2)母鸡的生殖系统。母鸡生殖器官由卵巢和输卵管组成。成年母鸡仅左侧发育正常,右侧在个体发育过程中为了适应飞翔的需要而退化。

卵巢位于左肾前叶的下方。产蛋鸡的卵巢通常含有 5～6 个正在发育的大卵泡(卵黄)和大量的白色卵泡。卵巢除能形成卵子外,还能产生激素,维持母鸡正常的生殖机能。

输卵管是一条长而弯曲的管道。根据其构造和机能可分为漏斗部、蛋白分泌部、峡部、子宫部和阴道部五部分。漏斗部又称输卵管喇叭部，是输卵管的起始部，呈漏斗状，为接纳卵子和受精的地方。蛋白分泌部是输卵管中最长、弯曲最多的一段，黏膜层很厚，为形成蛋清的地方。狭窄部细而短，是蛋白分泌部和子宫部交界处较狭窄的部分，该部主要功能是形成蛋壳膜。子宫部为输卵管最膨大的部分，为形成蛋壳的地方。阴道部是输卵管的末端，开口于泄殖腔的左侧，能使蛋壳表面涂上一层薄膜，以减少蛋水分的损失和防止细菌侵入蛋壳(图 1-7)。

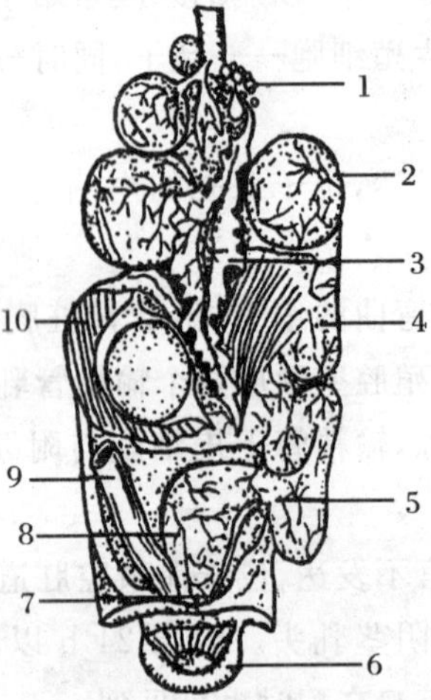

1. 卵巢 2. 成熟卵细胞 3. 漏斗部 4. 卵白分泌部 5. 峡部 6. 泄殖腔 7. 阴道部 8. 子宫部 9. 直肠 10. 黏膜褶

图 1-7 母鸡的生殖器官(腹面)

12. 鸡的内分泌系统由哪些器官组成？各有什么功能？

鸡内分泌系统是由内分泌腺组成的，对调节鸡的生理活动具有重要的作用。内分泌腺主要有甲状腺、甲状旁腺、肾上腺、脑垂体、性腺等。

(1)甲状腺。甲状腺成对存在，位于胸腔入口处附近、气管的两旁靠近颈总动脉和颈静脉，大小如赤豆，呈紫红色。甲状腺能分泌甲状腺素，其主要功能是促进鸡的新陈代谢和生长发育，影响到生殖系统的发育和生殖机能，缺乏时会使产蛋率降低。

(2)甲状旁腺。有两对，但体积很小，位于甲状腺后方，常与甲状腺共同包在一个结缔组织膜内。甲状旁腺分泌甲状旁腺素，能调节钙磷，维持血钙、血磷浓度的恒定。

(3)肾上腺。成对出现，呈黄褐色或乳白色、卵圆形，紧靠肾脏前叶。公鸡的肾上腺前端与附睾相连，母鸡左肾上腺与卵巢相连。肾上腺分为皮质和髓质两部分。肾上腺皮质分泌糖皮质激素，调节体内糖和脂肪的代谢。肾上腺髓质分泌肾上腺素，可调节血液循环。

(4)脑垂体。是机能最重要的内分泌腺，对其他的内分泌腺的活动具有一定的调节作用。

☞ 13. 鸡的神经系统由哪些器官组成？各有什么功能？

鸡的神经系统可分为中枢神经、外周神经和植物性神经。

(1)中枢神经。中枢神经由脑和脊髓组成。脑由延脑、间脑、中脑、小脑、大脑半球和嗅球组成。延脑为呼吸中枢、心跳中枢等重要生命活动中枢所在地。间脑短，背侧有一对较小的视丘，两视丘间有一内分泌器官——松果体。间脑内形成第三脑室。中枢较发达，其腹侧有一对大脑脚，内部形成中脑导水管。小脑有一很发达的体部，上面形成许多横沟，外周为灰质，内部为白质。大脑半球表面光滑无脑回，连接两大脑半球的胼胝体不发达。半球前端有一小嗅球，为嗅神经的发出地。

鸡脊髓与椎管等长，后端不形成马尾，腰膨大发达。颈部和腰部均有脊髓发出的神经通前肢和后肢。

(2)外周神经。外周神经由脊神经和脑神经组成。脊神经成对存在,从脊髓发出背、腹两根脊神经。前后分为颈神经、胸神经、腰荐神经和尾神经,其对数和相应椎骨数相同。最后三对颈神经和一、二对胸神经的腹侧支形成臂神经丛。其分支分布到肩带部肌肉和前肢肌肉。腰荐神经的腹侧支形成骨盆神经丛。其分支支配臀部、后肢肌肉和骨盆腔内脏。

鸡脑神经有十二对,即嗅神经、视神经、动眼神经、滑车神经、三叉神经、外展神经、面神经、听神经、舌咽神经、迷走神经、副神经和舌下神经。其中嗅神经、视神经和听神经是感觉神经。动眼神经、滑车神经和外展神经是支配眼球运动的神经。鸡三叉神经特别发达,为混合神经。其分支支配咀嚼肌、唾液腺和下颌部。

(3)植物性神经。植物性神经由交感神经和副交感神经两大部分组成。交感神经由一对交感神经干构成,分颈部、胸部和腰荐部。交感神经的主要功能是当环境急骤变化时动员许多器官的潜在力量来应付环境的急变。

副交感神经主要是迷走神经,分布于气管、食道的后部和肺、胃、肠、心、肝等器官。主要功能在于使机体休整,促进消化,储存能量以及加强排泄、生殖等方面。

☞ 14. 鸡的感觉器官有哪些?各有什么功能?

鸡的感觉器官主要有视觉器官和位听器官。视觉器官包括眼球和辅助器官。眼球由角膜、晶状体、玻璃体、虹膜、睫状体、巩膜、脉络膜、视网膜和视神经乳头等构成。辅助器官有泪腺、眼睑和眼肌。位听器官即耳,由内耳、中耳和外耳组成。

视觉器官的主要功能是观察外部环境,位听器官主要起听觉和位置觉的作用。

☞ 15. 鸡是怎样调节体温的？

鸡在新陈代谢过程中，不断地产生热能。所产生的能量除一部分被机体利用外，大部分以热能形式，不断地散发到周围环境中去，以维持体温。通常鸡的体温是相对恒定的，不因外界气温变化而显著改变。体温的相对恒定对鸡新陈代谢、各种功能活动的正常进行有十分重要的意义。

鸡的正常体温为 39.6～43.6℃。刚出壳的雏鸡绒毛还潮湿时，体温不到 30℃，以后慢慢升高，2～3 周达到成年鸡水平。所以，刚出壳时一定要注意保温。成年鸡能够自动地接受机体内外的刺激，调节产热和散热过程。鸡的喙部和胸腹部对温度特别敏感。当外界温度升高时，鸡站立，翅膀下垂，出现张口呼吸，加速散热过程。当外界温度降低时，鸡则伏坐，头藏于翼下，羽毛蓬松，甚至相互挤聚在一起，以减少散热。

第二章　鸡病的基础知识

☞ 16. 鸡病是怎样发生的?

通常情况下,鸡在不断变化的外界环境影响下,能通过神经和体液的调节,使机体的结构、机能、代谢及生理、生殖状况和生产性能保持正常,内环境维持相对稳定,并能适应外界环境。但当机体受到外界环境的不利因素(如寒冷、寄生虫侵袭、病原微生物感染等)影响时,若机体不能抵抗、排除这些影响,其本来相对稳定的状态受到破坏,不能进行正常的生命活动,机体的结构、机能和代谢等表现出不正常的状态,即为疾病状态。严重者危及生命。由此可见,病的发生是致病因素与机体相互作用引起的,患病与否决定于外界环境中的致病因素和机体本身抵抗力的抗衡结果。致病因素作用强,而抵抗力弱时,则发病;反之,则不发病。

☞ 17. 鸡病有哪几类?

鸡疾病的种类很多,按致病原因不同可分为传染病、寄生虫病和普通病三大类。传染病和寄生虫病是由生物性病原体引起的,普通病则是由非生物性病因引起的。

传染病由肉眼看不到的病原微生物(细菌、真菌、病毒等)引起,如鸡巴氏杆菌病、鸡曲霉菌病、鸡新城疫等。

寄生虫病由各种动物性寄生虫(吸虫、绦虫、线虫、原虫等)引起,如鸡血吸虫病、鸡剑带绦虫病、鸡蛔虫病、鸡球虫病等。

普通病由各种非生物性致病因素(饲养管理不善、营养代谢障碍、中毒等)引起,如外伤、维生素缺乏症、药物中毒等。

☞ 18. 什么是传染？传染有哪些类型？

病原微生物侵入机体，并在一定的部位定居、生长繁殖，从而引起机体的一系列病理反应。这个过程称为传染，有时也称之为感染。

按临床表现传染可分为以下几种类型：

(1)显性传染。指在感染后鸡表现出该病所特有的明显的临床症状的传染过程。此种传染过程引起传染病的发生。

(2)隐性传染。指鸡在感染后不呈现任何临床症状而呈隐蔽经过的传染过程。受隐性传染的鸡称为亚临床型，其机体往往会出现一定的病理变化，并能不断排出病原体，而当鸡机体抵抗力下降时也能转化为显性感染。

(3)消散型传染。又称为一过性传染。是指开始症状较轻，而在特征症状未出现时即已恢复。

(4)顿挫型传染。指开始症状较重，似急性发病，但特征性症状未出现时即迅速消退而恢复健康。顿挫型传染多见于鸡传染病流行的后期。

按传染的来源传染分为以下几种类型：

(1)内源性传染。病原体存在于家禽体内，在正常情况下不表现出致病性，当鸡受到不良因素影响，机体抵抗力减弱时，病原体活化，毒力增强，大量繁殖，最后引起鸡发病，这就是内源性传染。内源性传染的病原体称为条件性致病病原体。如鸡巴氏杆菌病常由内源性传染而引起，其病原体“多杀性巴氏杆菌”就是一种条件性致病微生物。

(2)外源性传染。是指病原体从鸡体外侵入机体而引起的传染过程。鸡的大多数传染性疾病都是由外源性传染引起的，如鸡新城疫、鸡马立克氏病、鸡球虫病等。

☞ 19. 什么是传染病？传染病与非传染病有何区别？

凡是由病原微生物引起具有一定的潜伏期和临床症状，并且有传染性的疾病，称为传染病。鸡的各种传染病都有其自己的特点，但也具有以下共同特征：

(1)传染病是由病原微生物与鸡机体相互作用而引起，每种传染病都有其特异的病原微生物。如鸡新城疫的病原微生物是鸡新城疫病毒，鸡霍乱的病原微生物是多杀性巴氏杆菌，鸡传染性法氏囊病的病原微生物是传染性法氏囊病病毒。

(2)鸡传染病具有传染性和流行性。传染性是指病原微生物可由某一病鸡传给另一健康鸡的特性。流行性是指同一传染病可由鸡群体中蔓延、扩散和传播的特性。

(3)被病原微生物感染的鸡，或患传染病耐过的鸡，能产生特异性免疫抵抗力，在一定时间内或终身能抵抗同一种病原微生物的再次感染。这种特异性免疫抵抗力可用血清学反应检查出来。

(4)鸡的每种传染病各有一定的潜伏期和特征性临床表现及病理变化。

☞ 20. 鸡传染病发生和发展的基本条件是什么？

鸡传染病的发生和发展必备三个基本条件：

(1)具有一定数量和足够毒力的病原微生物以及适宜的侵入门户。

(2)鸡对引起传染的病原微生物具有易感性。

(3)具有适宜病原微生物侵入鸡机体的外界环境。

☞ 21. 传染病的发展过程分哪几个阶段？

传染病的发病过程都具有一定的规律，大致可分为潜伏期、前驱期、明显期和转归期四个阶段。

(1)潜伏期。是指从病原微生物侵入机体到刚开始出现临床症状的这段时期。

(2)前驱期。是指潜伏期之后到该传染病的主要症状出现前的这段时期。

(3)明显期。是指前驱期之后到出现该传染病的特征性症状或主要症状的这段时期。

前驱期和明显期合称为病程。传染病的病程长短决定于机体的抵抗力和病原微生物的致病力等因素,不同的传染病病程长短不一,同一传染病的病程长短在不同情况下也可能发生改变。病程越短,发病越急,病情越重。

(4)转归期。是指传染病病程发展到结局的这段时期。

☞ 22. 鸡传染病有哪几个临床类型?

在实际工作中,常根据鸡传染病的病情轻重和病程长短,将鸡传染病分为最急性、急性、亚急性和慢性四种临床类型。

(1)最急性型。病程短促,仅数小时至 1 天,常不出现症状而突然死亡,病理变化也不明显。多发生在传染病流行的初期。如最急性型鸡新城疫等。

(2)急性型。病程较短,约数天或 2～3 周,伴有明显而典型的临床症状,病理变化也很严重。如鸡病毒性肝炎、鸡霍乱等。

(3)亚急性型。病程较长,达 3～4 周,临床症状不如急性型明显,介于急性型和慢性型之间。

(4)慢性型。病程较长,常在 1 个月以上,病情发展缓慢,临床症状不明显或不表现出症状。多发生在传染病流行的后期。如白血病、败血霉形体病(慢性呼吸道病)等。

☞ 23. 什么是传染病流行过程?鸡传染病流行过程的发生应具备哪三个基本环节?

传染病在鸡群体中发生、传播及终止的过程称为传染病的流行过程。也就是从鸡个体发病蔓延扩散到鸡群体发病的过程,此过程有时简称为流行。传染病在鸡群体中流行,是由传染来源、传播途径和易感群三个基本环节构成的,这三个基本环节互相连接、同时存在时,才能构成传染病的流行,缺少其中任何一个环节,均不能引起鸡传染病的流行。

☞ 24. 什么是传染源?传染来源有哪些?

传染来源简称传染源。是指某种传染病的病原体在其中寄居、生长、繁殖,并能排出体外的动物机体。具体地说传染病就是病原微生物的来源,是指受感染的鸡,包括患传染病的鸡和带菌(毒)鸡。

(1)患传染病鸡。病鸡是重要的传染病来源。处于前驱期和症状明显期的患病鸡,可以大量地排出病原微生物,起传染源的作用最大。潜伏期和恢复期的患病鸡,因患病种类不同,有时也具有传染源的作用。

(2)带菌(毒)鸡。指外表无临床症状,但体内存在并不断向外界排出病原微生物的鸡。带菌(毒)鸡是最容易被忽视的,也是最危险的传染病来源,在鸡传染病的传播中起着重要的作用。带菌(毒)鸡在临床上分为两类:一类是隐性感染病原微生物的鸡;另一类是患传染病康复后带菌(毒)的鸡。

☞ 25. 什么是传播途径和传播方式?传播方式有哪些?

病原微生物由传染源排出,经一定的方式再侵入其他易感鸡所经的途径,称为传播途径。病原微生物从传染源传入健康鸡的方式,称为传播方式。

不同传染病其传播途径和传播方式有所不同,同一传染病有时可具有几种传播途径和传播方式。

(1)直接接触传播。是指没有任何外界因素参加,病原微生物通过传染源与易感鸡直接接触而引起的传播方式。如病、健鸡的交配，互相打斗，啄毛、啄肛等。这种传播方式在鸡传染病中较少见。

(2)间接接触传播。是指在外界因素参与下，病原微生物通过各种传播媒介(生物性的和非生物性的)，使易感鸡发生传染的传播方式。如经污染的饲料、饮水、空气、土壤、饲养工具、孵化器及节肢动物、野生动物，包括人类等均可成为传播媒介。大多数鸡传染病均是通过这种传播方式传播扩散的。

(3)垂直传播与水平传播。垂直传播也称经卵传播，是种鸡感染(包括隐性感染)某些传染病时，体内的病原微生物侵入种蛋内部，传播给下一代雏鸡。如沙门氏杆菌病(白痢、伤寒、副伤寒)、霉形体病、脑脊髓炎、大肠杆菌病、白血病、包涵体肝炎、产蛋下降综合征等均可经卵垂直传播，引起胚胎死亡或弱胚；有的虽不能通过蛋壳表面的气孔侵入蛋内，但可在出雏器内出雏时，通过呼吸道等门户侵入幼雏，而引起传播，如马立克氏病等。水平传播也称横向传播，是指病原微生物通过直接接触或各种媒介，在同群鸡和地区之间传播。一般来说，垂直传播是指这一代的受感染鸡传给下一代鸡，而水平传播则是指病原体在同一代或同一代鸡间的传播。

☞ 26. 什么是易感鸡群？

在鸡群体中有一定数量的易感鸡称为易感鸡群。鸡群体中易感个体较少时，一般不会引起传染病的传播和流行，这种鸡群常常只能出现个体发病。影响鸡群易感性的因素很多，其中鸡的品种、年龄、饲养管理水平、特异性免疫水平等因素对鸡群易感性的影响最大。在实际工作中，降低鸡群易感水平，提高个体的免疫抗病力，是制止传染病流行的有力措施。一般情况下，鸡群的特异免疫水平达 70%～80%，则该传染病就不可能发生大规模的暴发流行。

☞ 27. 鸡传染病流行过程的表现形式有哪些？

根据在一定时间内鸡发病多少和传播范围大小(流行强度)，可将鸡传染病流行过程分为以下几种表现形式：

(1)散发性。在一个较长的时间内只有零星病例以散在形式发生，叫散发性。如巴氏杆菌病等。

(2)地方流行性。在一个较长的时间内，发病数量虽然较多，但常局限于某个或某些地区，叫地方流行性，如李氏杆菌病等。

(3)流行性。在一定时间内，发病数量较多，可传到几个乡或数县，甚至几个省，叫流行性，如鸡新城疫等。

(4)大流行性。发病数量很多，传播范围可波及到一个国家或几个国家，乃至全世界，叫大流行性，如禽流感等。

☞ 28. 鸡传染病流行过程发生时间特点有哪些？

(1)季节性。鸡的某些传染病常发生在一定的季节，或在一定的季节里出现发病率显著升高的现象，称为流行过程的季节性。有些传染病有严格的季节性；而有些传染病一年四季均可发生，只是一定的季节发病增多。如鸡新城疫一年四季均可发生，但以夏秋季节发病较多。

(2)周期性。某些传染病经过一定时间(一般以一年为单位计算)间隔后，还可能再次流行，称为流行过程的周期性。

☞ 29. 什么是疫区、疫点和疫源地？

(1)疫区。指有某种传染病正在流行的地区。其周围地区为受威胁区，受威胁区以外的地区为安全区。

(2)疫点。指发生传染病和饲养患传染病鸡的地点。一般指病鸡的圈舍、运动场、屠宰场及其周围病鸡活动过的地方。

(3)疫源地。除包括传染病源以外，还包括被污染的物体、房舍、场地，以及这个范围内可能被传染的其他动物。这种有传染源及其排出的病原体存在的地区，统称为疫源地。

☞ 30. **什么是生物性传播媒介？生物性传播媒介有哪些？**

生物性传播媒介主要是指非本种动物和人类。主要有节肢动物，如虻类、螯蝇、蚊、蠓、家蝇和蜱，以及野生动物和人类。生物性传播媒介主要起机械性传播作用。

☞ 31. **非生物性的传播媒介有哪些？**

非生物性的传播媒介主要有空气（飞沫、飞沫核、尘埃）、饲料和饮水、垫料和土壤、病鸡脱落的皮屑和毛发、污染的饲养用具传播、宰杀的废弃物传播。

☞ 32. **什么是寄生虫病？鸡寄生虫病有哪些特点？**

由动物性病原体所引起的疾病称为寄生虫病，一般把这种动物性病原体称为寄生虫，把被寄生虫侵袭的鸡称为宿主。鸡寄生虫病主要有以下几个特点：

(1)鸡寄生虫病是由动物性病原体侵袭鸡而引起的，具有传染性。大多数鸡体内均有寄生虫存在，同时又保持对寄生虫有一定的免疫抵抗力，这种现象称为带虫免疫。

(2)寄生虫对幼年仔鸡危害严重，而成年鸡对寄生虫有一定的抵抗力，大多数呈隐性感染或慢性病状态，影响鸡的生长发育和产蛋率及蛋的质量。

(3)鸡体内往往同时感染许多种寄生虫而发病，重复感染现象较严重，而且每种寄生虫的感染强度（数量）很大。

☞ 33. **鸡寄生虫病的发生必须具备哪三个条件？**

(1)寄生虫的致病力和数量。侵袭鸡的寄生虫必须具备一定的致病能力，才能引起寄生虫的发生。寄生虫的致病力主要表现在机械性损伤和阻塞作用，夺取营养，摄食鸡体的血液、组织液、淋巴液、组织和食糜等，分泌毒素，机械性传播和激活病原微生物引起并发或继发感染等几方面。

(2)机体的感受性。一般情况下，寄生虫对宿主有一定的专一性，如鸡球虫不感染猪和人，而猪球虫也不感染鸡。另外，鸡的品种、年龄、营养状况及饲养管理水平等也影响鸡对寄生虫的感受性和抵抗力。

(3)适宜的外界环境。大多数寄生虫的虫卵或幼虫及球虫卵囊需要在外界环境或其他宿主体内经过几个发育阶段，然后才能对鸡有侵袭能力。外界环境条件主要包括温度、湿度、空气、阳光、土壤、植被、海拔高度和动物区系等因素。有些鸡的寄生虫需要在其他宿主动物(中间宿主)体内发育，才具有感染力，有些寄生虫的感染还需要传播者。因此，在一定的地区和时间内，这些宿主动物和传播者存在与否，则影响该寄生虫病的发生和传播。

☞ 34. 什么是普通病？鸡普通病有哪些特点？

由非生物性致病因素引起的疾病，称为普通病，一般包括内科病、外科病和产科病三类。鸡普通病的发生通常与饲养管理、饲料品质及鸡场、鸡栏(舍)的环境卫生状况和各种自然因素有关。临床上常见的鸡普通病主要有营养代谢病、中毒病及其他疾病。其特点有以下几方面：

(1)鸡的普通病是由非生物性致病因素(病因)作用于机体后引起的，而传染病和寄生虫病是由生物性致病因素(病原)引起的。

(2)鸡的普通病没有传染性和流行性，局限在受致病因素作用的鸡机体发生。在一定的时间和地点，停止致病因素的作用，则由该致病因素引起的病情即很快得到控制。

(3)鸡对普通病的抵抗力主要是鸡体本身的生理平衡和新陈

代谢作用。致病因素的反复作用或患普通病的鸡康复后，还会产生对同种致病因素再次作用的特异性抵抗力。

(4)鸡普通病的症状，随致病因素、受害部位和程度不同而异。同一类型的普通病往往表现出相似的症状；不同类型的普通病有时各有其特殊症状，指示症状。

☞ 35. 什么是症状？鸡发病后表现出的一般症状有哪些？

鸡在疾病过程中表现出的不正常状态称为症状或病状。许多疾病都会出现的病状称为一般症状。主要有以下几种：

(1)体温升高。体温升高的临床表现是发热，大多数传染病及其他某些疾病都有这一症状出现。发热的程度由体温来反映，一般体温超过正常范围升高 0.5～1℃为微热；升高 1～2℃为中等热；升高 2～3℃为高热。

(2)精神不振。主要表现为反应迟钝，两眼无神，伏地嗜睡，不愿活动，甚至驱赶、捕捉时也不愿逃避。精神不振常表现在许多疾病中，与神经系统特别是大脑机能受到损害有关。

(3)食欲减退或停止。主要表现为不愿采食，食欲下降，甚至不食，采食动作缓慢而无力，食量减少，但有时饮欲增加。

(4)羽毛蓬乱。主要表现羽毛蓬松、干燥杂乱，有时出现掉毛。

(5)呼吸困难。主要表现为呼吸次数增多，呼吸动作改变，如喘气、张口呼吸、伸颈等。常发生在呼吸器官疾病和各种发热性疾病。

(6)腹泻。主要表现为排粪次数增加，粪便稀而不成形，甚至呈水样。粪便的颜色也因疾病不同而发生变化，有时出现血粪。常发生于消化系统疾病和一些传染病过程中。

☞ 36. 什么是特殊症状？识别特殊症状有何实际意义？

特殊症状是指鸡的某种疾病或某一类疾病所特有的症状，又称指征性症状或示病症状。如鸡维生素 B_1 缺乏时，鸡表现为坐在地上，两肢向前伸，头向后仰，形如“观星状”，临床上称其为“观星姿势”。鸡马立克氏病的“劈叉姿势”、鸡球虫病的血粪症状等，都是特殊症状。因此，在临床诊断中，注意特殊症状的检查和观察，对于确诊鸡病具有重要的意义。当然，鸡病诊断和其他动物疾病的诊断一样，应仔细观察，全面收集临床症状，综合分析判断，同时还必须结合发病情况调查、病理学检查和实验室检查的资料来进行确诊。

☞ 37. 如何区别病鸡与健康鸡？

一般说，健康鸡精神活泼，两眼有神，冠脸鲜红，羽毛丰满（雏鸡为绒毛）有光泽，喜合群，听呼唤。病鸡则表现精神沉郁，不爱活动，打瞌睡，冠脸发绀或苍白，羽毛蓬松，翅尾下垂，呼吸困难及拉稀等。

☞ 38. 什么是鸡病的内因和外因？两者在致病过程中的关系如何？

鸡病的发生是由一定的原因作用于机体而引起的，这些原因中包括存在于外界环境中的各种致病因素和鸡体的某些内在因素两大部分，病因学中常将前者称为外因，而后者则称为疾病的内因。

鸡病的发生既受外界致病因素和周围环境条件（外因）的影响，又与鸡体本身的特性内因有关。外界致病因素的存在和环境因素的影响，是引起鸡疾病的必需条件。但是，有了上述外因的作用是否一定引起疾病，主要决定于机体的内因。外因是鸡病发生的条件，内因是鸡病发生的基础，外因通过内因而起致病作用。但有时外因也起致病的决定作用，如机械性外伤等。

☞ 39. 鸡病发生的主要内因有哪些?

鸡发病的内因,主要包括机体防御机能降低、机体应激机能降低和机体反应性改变等因素。

☞ 40. 鸡病发生的主要外因有哪些?

鸡发病的外因,主要包括生物性致病因素和非生物性致病因素两类。

☞ 41. 什么叫应激? 鸡机体应激机能降低表现在哪些方面?

在正常情况下,鸡机体的各器官系统在神经及体液的调节下协调活动,与外界环境保持平衡状态,当鸡受到创伤、中毒、惊吓、过热、过冷等强烈应激因子刺激时,引起各种机能和代谢的改变,并出现一系列的神经内分泌反应来适应应激因子的刺激,维护机体的平衡,称为应激机能反应(应激)。这是鸡机体的一种适应能力,是一种非特异性防御反应。

鸡应激机能降低,主要表现神经调节机能和内分泌机能障碍或紊乱,机体的抵抗力和感受性降低,容易发生疾病。

☞ 42. 鸡的生物性致病因素有哪些?

鸡的生物性致病因素主要包括病原微生物、寄生虫和其他动物。

(1)病原微生物。是指能使鸡机体致病的微生物。有些病原微生物虽然生活在鸡体内,但不一定致病,如巴氏杆菌等,只有在鸡机体抵抗力降低时,才有致病作用,通常把此称为条件性病原微生物。大多数病原微生物既能在鸡体内生存,又能在适宜的外界环境中生长繁殖。由病原微生物引起的传染病,常见的主要有病毒、细菌、霉形体及真菌等。

(2)寄生虫。生活在鸡的体表或体内，靠吸取鸡的营养生活，并给鸡造成损伤和危害的较小的动物称为寄生虫。鸡常见的寄生虫主要有吸虫、线虫、绦虫、棘头虫、球虫和昆虫等。

(3)其他动物。由于饲养管理不善，一些野生动物的侵袭致使鸡只受伤而致病。

☞ 43. 鸡的非生物性致病因素有哪些？

鸡的非生物性致病因素种类很多，包括物理性、化学性、机械性及营养代谢性致病因素，主要有饲养管理不善、温度、湿度、密度、光照条件不适当，环境卫生条件差，空气和饮用水不洁，饲料配制不合理，饲料中营养成分如蛋白质、维生素及微量元素不足或过多等。目前，鸡最主要的非生物性致病因素是营养性物质的缺乏或过多。

☞ 44. 病原体侵入鸡体内的途径有哪些？

(1)消化道。很多病原体是通过污染饲料和饮水，被鸡食入后从消化道侵入机体而致病。

(2)呼吸道。有些病原体是随着飞沫或尘埃散布在空气中被鸡吸入体内而感染。

(3)皮肤黏膜伤口。有些病原体是通过破损的皮肤伤口进入机体而感染。

(4)机械性注入。某些病原体可以通过吸血昆虫吸血时机械性注入鸡体内；在防疫、治疗鸡病过程中，如果消毒不严，操作不当，也能人为地机械性注入病原体。

第三章　鸡病的诊断方法

☞ 45. 诊断鸡病常用的方法有哪些？

诊断鸡病常用的方法主要有：临床诊断、流行病学诊断、病理学诊断、病原学诊断和免疫学诊断等。诊断的方法很多，但是每一种病和每一次诊断工作都需要全面、综合地进行，以便及时确诊。特别是鸡的传染病，仅靠临床症状、流行病学和病理变化，只能做出初步诊断。要确诊还必须采用病理学诊断和实验室检查的方法。

☞ 46. 什么是鸡的发病情况调查？

鸡的发病情况调查是指向饲养管理人员询问、了解有关鸡疾病发生的情况、饲养环境及饲养管理状况、预防接种及疫病流行情况；查阅有关鸡饲养管理和疾病防治的资料、记录和档案等。调查要亲自深入现场进行，尽量做到详细确切，资料越丰富、越全面，就越有利于正确诊断。鸡发病情况调查是鸡病诊断的基本方法和基础。

☞ 47. 鸡发病过程调查的主要内容有哪些？

（1）了解何时开始发病的及发病到死亡的时间，据此可推测疾病是急性的还是慢性的。

（2）了解病鸡的主要表现，为临床检查做准备。询问发病后采取过哪些措施，是否用过药物，其效果怎样？如果发病后喂过磺胺药、抗生素类，病鸡症状减轻，死亡减少或停止，则提示为细菌性疾病，如鸡霍乱、沙门氏杆菌病等；反之，如果病情得不到控制，或仍然继续加重，则提示为病毒性疾病。

（3）了解疾病的传播速度。短期内在鸡群迅速传播，很快地引起许多同群鸡发病，有时可波及周围鸡群，则多为急性传染病，如鸡新城疫、传染性法氏囊炎等。突然大批发病死亡，且又排除某些急性传染病的可能时，应考虑为中毒性疾病，通过临床观察及剖检和实验室检查可确诊。散在发病，应主要考虑鸡霍乱和淋巴细胞性白血病。长期消瘦贫血、生长发育受阻、产蛋量下降等，应注意是否因寄生蠕虫侵袭而引起。

☞ 48. 进行病鸡年龄调查有什么实际意义？

（1）各种年龄的鸡都同时或相继发病，表现相同症状，且发病率和死亡率都很高，提示为新城疫、鸡流感等。

（2）1 月龄以内的雏鸡大批发生死亡，如果拉白色稀粪，且以 7～14日龄死亡为多，可提示为雏鸡白痢。1 月龄左右的雏鸡，单纯拉白色稀粪，有自啄肛门的现象，死亡率一般，应注意为传染性法氏囊炎。单纯出现呼吸困难，并有较高的死亡率，则提示为曲霉菌病，再结合饲料、垫草检查和病理剖检即可确诊。若雏鸡出现呼吸困难，但死亡不多，而成年鸡也出现呼吸困难，产蛋量下降，产畸形蛋等，可提示为传染性支气管炎。出现腿软无力、瘫痪和头颈震颤等神经症状的雏鸡可怀疑为脑脊髓炎和脑软化症。

（3）1～2 月龄的雏鸡多发生球虫病、马立克氏病、包涵体肝炎、锰缺乏症、维生素 B_2 缺乏症等，诊断时除进行病情调查外，应充分注意临床和病理剖检变化。

（4）2～6 月龄的鸡易发生传染性喉气管炎、传染性鼻炎、蠕虫病和代谢病等。开产前后的母鸡易发生鸡痘、淋巴细胞性白血病、产蛋下降综合征和鸡霍乱。

☞ 49. 病史及疫情调查的主要内容有哪些？

(1)了解养鸡场或养鸡户过去曾发生过什么重大疫情，是否与本次发病有类似情况，以前发病的处理和结果如何等，这样可以检查本次发病与前次发病有否联系。如果在鸡群中过去曾发生过鸡霍乱、雏鸡白痢、传染性喉气管炎等。若没有进行严格的消毒处理和预防接种，则以后会连续不断发病。

(2)询问附近鸡的疫病情况，因为有些疫病能通过空气、鸡的流通、人员的往来等传播，如新城疫、鸡流感、传染性支气管炎、鸡痘、马立克氏病等，能很快地从附近病场传入。

(3)询问种蛋、种鸡的来源情况，提供种蛋、种鸡地区的疫情等。有些鸡病是经种蛋垂直传播的；而引进带菌(毒)种鸡不经隔离和检疫，就和原鸡群混养，常是暴发鸡病及一些新的疫病的原因。

(4)询问各种鸡的发病情况，一种鸡发病时，其他种鸡类是否发病等。如鸡发生急性死亡，可怀疑为鸡霍乱；仅鸡发生急性病可提示为新城疫、传染性支气管炎、传染性喉气管炎等。

☞ 50. 防疫情况的调查主要内容有哪些？有何意义？

调查鸡场、养鸡户有无检疫制度及其执行情况，有无消毒设施或消毒器械，消毒工作是怎样进行的，病死鸡是如何处理的等；了解有无免疫程序或防疫计划和记录，使用疫苗的种类、来源、批号、保存方法，稀释液的种类等，预防接种的时间、方法，接种量和接种途径，以估计预防接种的效果；了解平时药物预防和驱虫情况，有利于病情的分析和疾病的诊断。

☞ 51. 饲养管理及卫生状况调查有什么实际意义？

饲养管理不善，卫生状况不良，鸡体质差，常常容易引起疾病的发生，也会影响免疫接种的效果，导致免疫接种失败。鸡舍内密度过大，通风不良，光照不好，常会引起呼吸道疾病和眼病的发生；而鸡舍温度过高，则常会引起球虫病的暴发。单一的饲料或饲料中某些营养物质缺乏或过多等常引起营养代谢障碍性疾病，并容易继发其他疫病或引起免疫接种效果不好。饲料发霉、变质或误喂毒物或药物用量过大、拌和不匀，会引起消化道疾病和中毒病。

☞ 52. 进行鸡生产性能调查有什么实际意义？

生产性能下降是疾病发生的标志之一。鸡生产性能调查主要包括蛋鸡的产蛋量及蛋的质量和肉用鸡的增重情况。引起产蛋量下降或停止产蛋及蛋的质量变差（如软壳蛋、畸形蛋等）的原因很多，除饲养管理因素、饲料因素、环境污染及气候因素外，还受许多疾病的影响，如传染性支气管炎、产蛋下降综合征及寄生虫的侵袭等；引起肉鸡增重缓慢，生长不良的原因也很多，在诊断过程中应结合发病情况、临床症状、病理变化和实验室检查结果来综合判断。

☞ 53. 什么是感染率、发病率、患病率、病死率和死亡率？

(1)感染率。指用临床诊断法和各种实验的方法（病理学、病原学、血清学和变态反应等）检查出来的所有感染鸡的只数（包括隐性感染者）与被检查的鸡只数的百分比。

感染率＝感染某种病原体的鸡数/检查总只数

(2)发病率。指鸡群中在一定时间内某疾病的新病例发生的频率。

发病率＝（某时期内某病发生的新病例数/同一时期内该鸡群的平均数）×100％

(3)患病率。又称流行率、病例率。指在某一指定时间内鸡群中存在某病的病例数的比率。

患病率=(在某一指定时间内鸡群中存在的病例数/在同一指定时间内总只数)×100%

(4)病死率。又称致死率。指因某病死亡的鸡的只数占该病患鸡总数的百分比。

病死率 =(因某病病死只数/该病患鸡总只数)×100%

(5)死亡率。指鸡患某病死亡数占发病时该鸡总数的百分比。

死亡率 =(某病的死亡只数/发病时该群鸡的总只数)×100%

☞ 54. 病鸡临床检查的方法有哪些?

由于鸡在解剖生理上与其他动物有较大的差异,所以,检查病鸡的方法也有其自身的特殊性。一般运用调查病史(问诊)、视诊、听诊等方法进行。主要内容包括病史调查、全群状态观察和个体检查。

☞ 55. 怎样进行鸡群全体状态的观察?有何意义?

全群状态观察,即在鸡舍内一角或运动场外直接观察鸡群的状态,亦可在鸡舍内巡视,但动作要轻、缓,防止惊扰鸡群。注意观察鸡是否表现异常,为进一步检查提供线索。

(1)一般状态观察。注意观察鸡对外界刺激的反应,饮食状况,活动情况等。健康鸡反应敏捷,活泼好动,不时啄羽或觅食。均匀地散布在鸡舍之中。食欲旺盛,给食时拥向食槽,争先抢食。病鸡精神不振,反应迟钝,呆立不动或伏在地上,发病只数多时,则常积聚在一起或挤在某一角落,食欲减退,对饲料无兴趣,或拒食,或只吃几口即停食。

(2)鸡冠、肉髯的状态观察。健康公鸡的冠较母鸡冠大而厚,冠直立,颜色鲜红、肥润、软柔、富有光泽,肉髯左右大小相称、鲜红。病鸡的冠髯常呈苍白、蓝紫或发黄变淡,有的冠上有许多结痂或水疱、脓包;有的出血、坏死、干燥萎缩等。

(3)羽毛状态观察。健康鸡的羽毛清洁,排列匀称,富有光泽。刚出壳时的雏鸡,被毛为细密的绒毛,颜色稍黄。病鸡羽毛蓬乱、污秽,无光泽,提前或推迟换羽,有的还有脱毛现象。病雏延迟生毛,绒毛呈结节状或卷缩。

(4)肛门及粪便不软不硬,多呈圆柱形,粪色多为棕绿色(通常与饲料有关),粪的表面一侧附有少量白色沉淀物。病鸡肛门松弛,高产母鸡可发生肛门外翻,腹泻时肛门周围羽毛潮湿,被粪汁污染。粪中黏液增多,或带有血液。雏鸡白痢常见粪便将肛门阻塞不通,虽有频频排粪姿势,但不见粪便排出,病雏发出“吱吱”的叫声。

(5)姿势与体态观察。健康鸡站立平稳,或以一肢站立休息,运动时两肢协调、敏捷,关节和肢腿伸屈自如,落地有力,躯体结构匀称,两翅收缩完全,能做短距离的飞翔。病鸡站立不动或站立不稳,甚至卧地;或两翅收缩无力,不能紧贴肋骨,呈翅膀下垂支地,羽毛松乱。运动时两翅勉强缓慢移动,关节伸屈无力,或关节肿大、麻痹、变形等。

(6)呼吸状态的观察。健康鸡呼吸时没有声音,也无其他特殊表现。病鸡呼吸较快、咳嗽、张口伸颈,或发出各种呼吸音。鸡霉形体病时,发出“呼呼”声;鸡白喉和鸡新城疫时,发出“咯咯”声等。

☞ 56. 病鸡个体检查的主要内容有哪些?

病鸡个体检查的主要内容有:体温检查、头部检查、嗉囊检查、胸部检查、腹部检查、泄殖腔检查等。

☞ 57. 怎样进行病鸡的头部检查?有何意义?

(1)喙检查。注意检查喙的硬度、颜色,上喙或下喙是否特别长或变形等。

(2)鼻孔和鼻腔检查。注意检查鼻孔和鼻腔有无分泌物及其数量和性状。鼻有分泌物是鼻道疾病最显著的特征之一。

☞ 58. 怎样进行病鸡的嗉囊检查？有何意义？

鸡的嗉囊检查，常用视诊和触诊方法。检查时可一手握持鸡腿，使鸡头部向下，另一手由嗉囊基部轻捏，压出部分内容物。注意嗉囊的大小、硬度及内容物的气味、性状。

☞ 59. 怎样进行病鸡的胸部检查？有何意义？

鸡的胸部检查，主要通过触摸胸骨两侧肌肉，了解鸡的营养状况（胸肌厚薄）。同时注意胸骨、肋骨有无变形，是否疼痛，有无囊肿、皮下水肿、气肿等。

☞ 60. 怎样进行病鸡的腹部检查？有何意义？

鸡的腹部检查，主要用视诊和触诊的方法，注意腹部的大小、腹壁的柔韧性。在左侧后下部还可触到部分夹在左、右肝叶之间的肌胃。触摸产蛋鸡的肌胃时，注意不应与蛋相混淆，肌胃较扁平呈椭圆形或圆形，两侧突起，而蛋呈椭圆形，一头钝圆，另一头较尖圆，位于腹腔上侧近泄殖腔处。初生弱雏肌胃呈面团状。

☞ 61. 怎样进行病鸡的泄殖腔检查？有何意义？

鸡的泄殖腔检查，可用拇指和食指翻开泄殖腔，观察其黏膜的色泽、完整性及其状态。若怀疑有肿瘤、囊肿、难产等，可先用凡士林涂擦食指，然后小心伸入泄殖腔内触摸鉴别。

☞ 62. 怎样检查鸡的体温？

检查鸡的体温须用高刻度的小型体温计，从泄殖腔或腋下测温。如通过泄殖腔测温，将体温计消毒涂油润滑后，从肛门插入直肠（右侧）2～3 cm 经 1～2 min 取出。注意不要损伤输卵管。鸡的正常体温为39.6～43.6℃，体温升高，见于急性传染病、中暑等。体温降低，见于慢性消耗性疾病、贫血、下痢等。

☞ 63. 诊断病鸡为什么要进行尸体剖检？

尸体剖检是最客观最迅速的鸡病诊断方法之一。患各种鸡病而死亡的鸡尸体，多有一定的病理变化，可作为诊断的依据。如鸡瘟、鸡马立克氏病时，都有特征的病理变化，常有很大的诊断价值。况且许多鸡病是急性病，患病时往往在表现临床症状之前就已死亡，有些疾病虽有明显的临床症状但又多相似，没有什么特征，血清学、病原学及病理组织学等诊断方法，又需要一定的条件、设备。因此，比较起来，尸体剖检方法最方便、可行、直观、客观，是最常用的诊断方法。实际上尸体剖检是联系现场诊断与实验室诊断的桥梁，尸体剖检是其他诊断的前提和基础。

☞ 64. 剖检前应做好哪些准备工作？

(1)了解发病情况。剖检前，通过问诊，先了解当地的疾病流行、饲养管理和饲料，以及病鸡的症状、临诊、化验和治疗等病史情况。

(2)剖检场地的选择。为了便于消毒和防止病原扩散，剖检最好在设有解剖台的剖检室内进行。若条件所限又需在户外剖检时，应选择距居民点、畜禽舍、道路和水源较远、地势高燥的地方剖检。剖检前先挖2 m左右的深坑，坑内撒一些石灰，坑旁铺上塑料布和旧报纸或旧席子、干草等，将尸体放在上面进行剖检。

(3)剖检器械及药品。常用的剖检器械有剖检刀、手术剪、镊子、肋骨钳、量尺、量杯、天平、搪瓷盘和桶、酒精灯、注射器、载玻片、广口瓶、培养皿等。常用的消毒药物有3%来苏儿、0.1%新洁尔灭、百毒杀、含氯消毒剂、3%碘酊、2%硼酸水、70%酒精、0.2%高锰酸钾液等。常用的固定液有10%福尔马林溶液、95%酒精等。

☞ 65. 病鸡剖检前应进行哪些检查？

剖检病鸡最好选择发病濒死期的鸡进行。对已经死亡的鸡只，应尽早剖检，时间久了尸体易腐败，影响病理变化的观察，失去剖检的意义。

(1)剖前检查。对待剖检的病鸡，先进行外部检查，重点观察营养状况，眼结膜、口腔、肛门等处有无出血、坏死等变化，观察呼吸动作、冠和脸的颜色等，然后处死。如果剖检的病鸡已经死亡，在剖检前也应注意外部状态的检查。为了防止污染，病鸡的处死一般不采用放血致死的方法，可采用折断颈椎法致死。折断颈椎法是用左手握住病鸡的两腿和翅膀，以右手拇指和食指及中指握着鸡头，并用力向前方紧拉，使靠近头部的颈椎分离致死。也可把鸡只倒提，左手固定腿和翅膀，用右手握紧头部并向后方与颈部呈垂直方向屈折，同时向下牵拉，直到颈椎分离致死为止。

(2)体腔剖开。用水或消毒液将羽毛浸湿，防止绒毛和尘埃飞起。将鸡尸体仰放在解剖盘中或垫纸上。切开两侧大腿与腹壁之间的皮肤和筋膜，用力下压两大腿，使髋关节脱离躯体，两腿外展平放于解剖盘中或垫纸上。然后，在胸骨末端后方，将皮肤做一横线，切开胸部皮肤至大腿与腹壁间的皮肤切口，并将其拉起向前方剥离，翻置于头部，暴露胸腹部及颈部的皮下组织和肌肉，注意观察胸肌的发育情况、颜色及有无出血、皮下有无水肿和脂肪的颜色等。皮下及肌肉检查完毕后，在胸骨末端与肛门之间做一切线，切开腹壁，并用剪刀沿两侧肋骨关节向前下方剪开肋骨和胸肌，剪断乌喙骨和锁骨，最后将整个胸骨翻向头部，此时胸腔及腹腔就剖开了。注意观察胸、腹腔内有无积水和渗出液或血液等，并观察内脏器官的位置及表面有无异常变化。若要采取病料进行微生物学检查，一定要用无菌方法采取。取完病料后，再分别进行各脏器的检查。

(3)脏器检查。在食管末端剪断,并切开泄殖腔周围的皮肤组织,将整个胃肠取出,包括腺胃、肌胃、小肠、大肠、盲肠和泄殖腔,肝、脾也同时取出检查。先观察浆膜面有无水肿、出血等,然后剪开腺胃、肌胃、肠管和泄殖腔,检查黏膜及腺胃乳头有无出血、肿胀、坏死和溃疡等。肝、脾、肾主要观察其色泽、大小,有无出血、坏死、结节等,胆囊是否肿大,胆汁性状如何等,必要时可剖开肝、脾检查。卵巢和输卵管应注意有无肿瘤或出血、萎缩等,卵子有无出血、变色或坏死等变化。在尾部泄殖腔的上方找到法氏囊,并分离出来,剪开检查有无出血、肿胀和干酪样渗出物等变化。心脏和肺通常在原位检查,必要时也可取出检查,观察有无出血、淤血和结节等。最后,将尸体的位置倒转,使鸡头部朝向剖检者,剪开嘴的上下联合,并伸进口腔和咽喉直剪到嗉囊,检查口腔、咽喉及食道和嗉囊的情况,再用剪刀从喉头剪开气管、支气管进行检查,观察有无异常分泌物及出血等。必要时,可剪开鼻孔,轻压鼻部,如鼻腔积液则可流出。

(4)其他检查。检查脑时,可先用剪刀沿眼后角剪掉头部皮肤,再用刀沿头骨中线切开头骨,剥去脑部骨片,检查脑膜及脑髓的情况;检查外周神经时,可先将大腿部肌肉分离或扒开,暴露出坐骨神经,然后将尸体背部羽毛和皮肤剥去,在肩胛骨和脊椎之间检查臂神经丛,注意观察神经的色泽、有无肿大等。

剖检结束后,应立即将需要进行送检和长期保存的病料按常规方法进行送检或保存,并随时做好剖检记录,填好病料送检单或保存病料的标签,然后将剖检病鸡尸体深埋或焚毁,防止病原体扩散和传播。

☞ 66. 怎样进行病鸡的剖检?

(1)剖检时首先检查尸体外部变化,包括病鸡的体况、羽毛、皮肤、口腔及肛门有无异常，身体各部有无肿瘤等，然后用消毒液或水将羽毛浸湿，以防剖检时绒毛和尘土飞扬。

(2)将尸体仰卧在剖检板或塑料垫布上，用刀或剪将两腿与腹壁之间的皮肤、筋膜切开，并将两侧下压，使髋结节脱位，两腿外展。

(3)沿两侧髋结节的连线横行切开腹部的皮肤，直至两侧大腿，再沿腹中线纵行切开皮肤，并向前方及两侧剥离皮肤。剥离时应观察皮下组织和肌肉有无出血、水肿，胸肌是否丰满。

(4)从后腹横切腹壁，沿胸脯两侧分别向前剪断肋骨、乌喙骨，掀开胸骨，再沿腹中线剪开腹壁至肛门，即可暴露胸、腹腔及其中的器官。此时应注意观察体腔器官有无病变和畸形，体腔内有无积水、渗出物和血液等。

(5)取出内脏器官逐个检查。首先把肝脏与其他器官连接的组织剪断，将脾脏、胆囊连同肝脏一同摘出；其次在腺胃前将食道做双重结扎，并从两线中间剪断，向后牵拉腺胃、肌胃、肠管至肛门，再分离肛门周围的皮肤肌肉组织，一并取出，即可逐个检查，也可取出心脏、肺及生殖器官进行检查。

(6)剪开口角、喉头、气管，摘出食道、嗉囊，在鼻孔上方横向剪断上喙部，即露出鼻腔，轻压鼻部，可检查鼻腔有无异物存在。

(7)小心剥离大腿肌肉，找出坐骨神经，进行检查。

☞ 67. 病鸡剖检的内容有哪些？

(1)头、颈部器官的检查。口腔有无黏液、伪膜；鼻腔有无分泌物阻塞，黏膜是否肿胀、出血；喉头和气管有无黏液及黄色干酪样分泌物，黏膜是否有出血、溃疡；嗉囊有无食物、液体及其性状、气味，嗉囊壁有无假膜与溃疡。

(2)胸腔器官的检查。气囊壁是否肥厚、混浊，有无分泌物和渗出物；心包有无渗出物、沉积物，心包液的数量、颜色及其性状；

心脏表面，尤其是冠状沟周围有无出血、坏死灶、肿瘤及纤维素性粘连；肺脏有无淤血、出血，白色坏死灶及肿瘤结节，支气管内有无渗出物或泡沫。

(3)腹腔器官的检查。肝脏大小、色泽、质地，表面有无出血点、坏死灶，有无结节；脾脏大小、颜色、质地，有无结节；肾脏及输尿管是否肿胀，有无出血、坏死和尿酸盐沉积；腺胃、肌胃、肠管的黏膜、浆膜及腺胃乳头有无出血、溃疡，肠道有无寄生虫、血液及黏性物；卵巢或睾丸的发育是否正常，是否肿大或萎缩，有无出血、坏死及肿瘤结节；输卵管是否萎缩，有无腐败渗出物等。

(4)其他检查。法氏囊应注意其大小、色泽，有无出血、充血、肿胀或萎缩现象。坐骨神经的两侧大小是否一致，横纹是否清晰，有无肿胀、变色。

☞ 68. 鸡剖检常见的病理变化有哪些？

(1)充血。局部器官组织的小动脉和毛细血管扩张，血液含有量增多，称为充血。充血部位表现为发红、增温并轻微肿胀。充血是鸡机体的一种防卫反应，主要见于炎症初期。

(2)淤血。淤血也称静脉充血，是静脉血液回流发生障碍所引起，表现发紫、肿胀、温度降低；切开时，从血管内流出多量暗红色不凝固的血液。淤血大多发生于肺脏和肝、脾、肾等实质器官。

(3)出血。血液流出心血管系统之外，称为破裂性出血；血液中的细胞从小血管渗出，称为渗出性出血。前者仅见于较少数病鸡，如鸡传染性喉气管炎时，病鸡咽喉部血管由于炎症侵蚀而破裂出血，常咳出血凝块；后者多见于很多疾病，大多因病原体在血液中繁殖，使血管壁通透性改变所造成，表现为局部组织器官有出血点和小的出血斑。例如鸡瘟、鸡伤寒、鸡传染性喉气管炎等病。

(4)贫血。血液中红细胞数量不足或减少称为贫血，表现为皮肤、黏膜苍白。引起贫血的原因很多，主要有失血、营养不良、溶血

(红细胞被致病因子破坏)、红细胞再生障碍(多见于慢性中毒)等。

(5)水肿和积水。组织间隙积聚过多的液体称为水肿;体腔和心包积聚的液体称为积水。水肿和积水主要见于急性炎症,心、肝、肾病,营养不良和中毒等。

(6)炎症。炎症是鸡机体的一种防卫性反应,主要表现为红、肿、热、痛和机能障碍,炎区多出现变质、渗出、增生三种基本病理变化。鸡的许多传染病,都是炎性疾病,除局部组织器官炎症外,还伴有全身性变化,主要是发热,血液中白细胞增多及整个机体抗感染机能增强。

(7)坏死。鸡体内局部组织细胞的病理性死亡称为坏死。坏死主要是由于病原体直接破坏鸡体的组织细胞及其周围的血液循环所造成的。分为凝固性坏死、液化性坏死和坏疽三种类型。

(8)糜烂和溃疡。坏死组织脱落后所形成的浅层缺损称为糜烂,较深的缺损称为溃疡。

(9)败血症。病原体进入血液,在其中繁殖和产生毒素,引起严重的全身症状,称为败血症。败血症常使血管壁的通透性改变,红细胞渗出,在许多器官造成出血性病变。

(10)肿瘤。当鸡机体一部分细胞的生长失去正常控制,发生异常增生,形成肿块,称为肿瘤。分为良性和恶性两类。恶性肿瘤生长迅速,能向周围组织浸润扩散(良性肿瘤通常外有包膜包裹),并向其他部位转移,对机体危害严重。

☞ 69. 剖检病鸡时应注意哪些问题?

(1)剖检病鸡时应选择远离鸡舍、水井和交通要道的地方。光线要充足,最好在室内平台上进行。剖检场地应垫上废纸、席子或其他垫物等。

(2)应选择症状典型的濒死鸡进行剖检。病死的鸡尸体,一定要在死后不久即行剖检,越早越好(夏天不得超过 12 h)。为了客观准确可多选择几只在疾病流行期间不同时期出现的病死鸡。

(3)剖检前要先准备好剖检用具、病料保存器皿和保存液、消毒液等，并准备好酒精灯、玻片和各种剖检记录表格等。

(4)剖检人员，特别是剖检死于人、畜共患传染病的鸡尸体时，应穿工作服，戴胶皮手套和线手套、工作帽，必要时还要戴上口罩或眼镜。如无手套，可在手上涂上凡士林或其他油类，以保护皮肤，预防感染。剖检中若皮肤破损时，应立即用消毒药液冲洗，并挤出伤口血液，然后涂上碘酊，妥为包扎。剖检后，双手用肥皂水洗涤，再用消毒液浸泡冲洗。

(5)剖检前应在尸体体表喷洒消毒液。剖检中的脓汁、血液和分泌物、排泄物及各种脏器检查后，应收集在一起，最后集中销毁。死于传染病的尸体及垫纸和污物均应焚烧或深埋，剖检用具和场地也应进行消毒处理。

☞ 70. 怎样进行鸡的尸体剖检记录？

鸡的尸体剖检记录是尸体剖检(病理)报告的重要依据，也是对疾病进行综合分析研究的原始资料。在剖检过程中或剖检结束时，需由剖检人员认真做好记录。记录的内容力求完整详细，能如实地记录下剖检所见的各种病理变化，对病变的形态、位置、色彩、硬度、性质、切面的结构变化等，要客观地用描述的语言加以说明，不能用诊断术语和病变名词(或性质)代替病变形态。如病变有时用文字难以记录，可绘图补充说明。对特殊的病理变化，有条件时可以用照相机拍摄彩色或黑白照片保存。拍照时应在病料上附上标尺及简要说明。对无眼观变化的器官一般不记录为“正常”或“无变化”，因为无眼观病变不一定就无组织学变化，通常可用“无眼观可见变化”或“未发现异常”来概括。

☞ 71. 怎样采集病理材料？

（1）微生物材料的采集。对慢性或局部性疾病，可采集病变处的材料，如脓汁、乳汁、水疱液、关节液、结节、局部淋巴结以及其他分泌物、渗出液等；对急性败血性疾病，可采取心血、肝、脾、肾、淋巴结等。有神经症状的，可采集脑和脊髓等；有消化系统症状者，可采取粪便、肠管等；对不能估计是何传染病时，应全面采集。

（2）病理组织学材料的采集。根据怀疑所患疾病和剖检所见等具体情况，有重点地选取一些组织，组织块大小以长和宽 10 cm 左右、厚 0.3～0.5 cm 为宜。在病情不明的情况下，不管是否有肉眼病变，要尽量做到系统、全面采取，以防遗漏。

（3）毒物材料的采集。除收集可疑的饲料、饲草（约 100 g）、饮水（约 2 L）外，应根据毒物的种类、中毒时间及染毒途径选择尸体样品，经消化道急性中毒死亡的病例以胃肠内容物为主，慢性中毒则应以脏器及排泄物为主。一般取样包括肝、肾（各 100 g）、胃内容物（500 g）、血液（10 mL）、尿（50 mL），必要时可取毛、皮及骨骼等。

☞ 72. 怎样保存病理材料？

供微生物检查的液体病料和供血清学检查的血清应装入灭菌试管、小瓶（如青、链霉素瓶）内后，放入装有冰块的保温瓶内保存送检。为了防腐，还可在每毫升被检血清中加 5%石炭酸生理盐水 1 滴。实质脏器病料，在短时间内（夏季不超过 20 h，冬季不超过 2 天）能送至检验单位的，可将装有病料的容器放在盛有冰块的保温瓶内送检。暂时不能送到的，则必须用化学药品保存。供细菌学检查的病料，可放入灭菌液状石蜡或 30%甘油生理盐水中保存；供病毒检查的病料，放入 50%甘油生理盐水中保存；病理组织学材料放入 10%福尔马林或 95%酒精溶液中保存（病料与保存液之比为1∶10)。

☞ 73. 怎样运送病理材料?

(1)病料的包装。包装要求密封、坚固,防止容器破裂。盛有病料的容器外面要用浸过消毒液的纱布充分擦拭,瓶口用灭菌棉塞或胶塞塞紧,用胶布密封,也可用蜡或火焰封口。贴上标签,注明病料名称、采取日期、保存方法,装入盒内,周围用棉絮、纸屑等填充。

(2)病料的送检。病料采取后应及时送检,将盛有病料的容器放在装有冰块的保温瓶内。如无冰块,可在保温瓶内放入氯化铵450～500 g,加水1 500 mL,也能使瓶内温度保持在0℃左右近24 h。送检过程中,要避免高温及日光照射,防止腐败和病原体死亡。送检病料的同时,应附上送检单、病历表、尸体剖检记录、病料清单等有关资料。

☞ 74. 鸡常见传染病应送检的病料有哪些?

(1)鸡新城疫。取脑、脾、肺、骨髓等进行分离培养,取血液(HA、HI)直接检查,脑做病原及病理组织学检查。

(2)鸡痘。取痘痂分离培养,取痘疹组织学检查。

(3)鸡传染性喉气管炎。取气管及渗出物、肝、脾脏病原学检查,取喉、气管组织学检查。

(4)鸡传染性支气管炎。取呼吸道及渗出物、肝、脾、肾、血液病原学检查。

(5)鸡马立克氏病。取羽囊上皮病原学检查,取内脏、皮肤肿瘤,坐骨、臂、肋间等外周神经组织学检查。

(6)鸡白血病。取肝、脾、骨髓、血液病原学检查,取肝、脾等内脏肿瘤组织学检查。

(7)鸡传染性法氏囊炎。取法氏囊、血液病原学检查,取法氏囊组织学检查。

(8)鸡传染性脑脊髓炎。取脑、脊髓病原学检查,取脑、延髓、脊髓组织学检查。

(9)禽霍乱。取心血、肝、脾等进行分离培养,取心血、肝、脾直接检查。

(10)鸡沙门氏杆菌病。取肝、脾等进行分离培养,取血液(凝集反应)直接检查。

(11)禽大肠杆菌病。取肝、脾、气囊病原检查。

(12)鸡坏死性肠炎。取肠黏膜等进行分离培养,取肠直接检查,取肠组织检查。

(13)鸡霉形体病。取肺、气囊、血液等进行分离培养,取血液(平板凝集)直接检查。

(14)产蛋下降综合征。取输卵管、卵巢、软壳蛋等进行分离培养,取输卵管、卵巢组织学检查。

(15)禽链球菌病。取心血、肝等进行分离培养,取心血、肝、水肿液直接检查。

(16)禽结核病。取肝、肺、脾、可疑病变等进行分离培养,有可疑病变的脏器组织进行组织学检查。

(17)禽曲霉菌病。取肺、气囊等进行分离培养,取肺、气囊直接检查,取肺、气囊病变组织学检查。

(18)球虫病。取粪便进行分离培养,取肠黏膜、内容物、血粪等直接检查。

(19)组织滴虫病。取肝、盲肠病变直接检查,取肝、盲肠组织学检查。

(20)禽住白细胞虫病。取血液、肝、脾直接检查,取肝、脾组织学检查。

☞ 75. 微生物学检查的方法和步骤有哪些?

微生物学检查是诊断鸡传染病常用的实验室诊断方法之一。常用的下列方法和步骤如下:

(1)病料涂(触、抹)片镜检。取有显著病变的病料,进行涂(触、抹)片,然后镜检。此法对于一些具有特征性形态的病原菌,如巴氏杆菌等可以迅速做出诊断,但对大多数鸡传染病,只能提供进一步检查的依据和参考。

(2)分离培养和鉴定。用人工培养方法将病原体从病料中分离出来,对细菌、真菌、螺旋体等可选择适当的人工培养基,对病毒等可选用禽胚、各种动物或组织培养等方法分离培养,分得病原体后,再进行形态学、培养特性、动物接种及免疫学试验等方法做出鉴定。

(3)动物接种试验。选择对疑似传染病的病原体有易感性的实验动物,进行人工接种试验。根据接种后的发病情况,病理变化及病原分离培养结果等进行判定。

☞ 76. 病理组织学检查的内容有哪些?

病理组织学检查是将病料切片染色制成病理组织切片,在显微镜下观察组织学变化。鸡病诊断中需做组织学检查的有以下几种。

(1)包涵体检查。用于鸡传染性喉气管炎、包涵体肝炎、鸡痘等包涵体的检查。

(2)脑组织检查。用于鸡脑脊髓炎时,脑脊髓等组织中淋巴细胞样细胞积聚、脑中血管周围有“套管”现象的检查。

(3)肿瘤组织检查。用于马立克氏病与淋巴细胞性白血病肿瘤组织中细胞成分的检查和区别诊断。

☞ 77. 寄生虫的检查方法有哪些?

(1)剖检。按寄生虫学剖检方法将病鸡剖检,用清洁的水将其胃肠内容物、肝脏等彻底洗净后,让其自然沉淀,然后挑拣虫体进行检查。

(2)粪便检查。取病鸡粪便直接涂片或用沉淀和饱和盐水漂浮法检查寄生虫卵囊。

(3)制片镜检。取病鸡血液进行涂片,染色后检查住白细胞虫;刮取肠黏膜、泄殖腔和输卵管黏膜涂片镜检,检查球虫卵囊、裂殖体和前殖吸虫;采集新鲜盲肠内容物,制作悬滴标本,检查组织滴虫。

☞ 78. 怎样进行病料的涂(抹、触)片制作?

病料的涂片制作分为不染色标本和染色标本两种。不染色标本主要是用于观察细菌运动情况,染色标本主要用于观察细菌大小、形态特征,最为常用。其制作方法主要包括涂片、干燥、固定、染色和封片几个基本步骤。

(1)涂片。按标本性质和检验目的分为 4 种。一是组织触片,以灭菌或洁净的剪毛剪剪取一块组织,将其新鲜切面在玻片上轻压或轻而快地涂抹;二是血液推片,将血液加一滴于玻片上,用另一载玻片边缘接触血液,轻微左右推动后再以 45°左右的角度向前推进,形成均匀薄层;三是液体材料,用接种环取 1 或 2 环液体置于载玻片中央,涂布均匀即可;四是固体材料,用灭菌接种环取一滴生理盐水,再挑取菌落少许与生理盐水混匀,涂布即成。

(2)干燥。一般置空气中自然干燥。也可在温箱或火焰上方温热干燥。

(3)固定。有火焰固定和化学固定两种。一般用火焰固定法,即以涂有材料的玻片背面在酒精灯火焰上方来回通过数次,略做加热进行固定。化学固定时，多用甲醇、酒精等浸泡 2～3 min。

(4)染色。根据需要使用不同染液进行染色。

(5)封色。若标本需长期保存，可在标本上滴加 1 滴加拿大树胶，用盖玻片盖上，自然干燥即成。

☞ 79. 常用的染色方法有哪些？怎样进行镜检？

常用的染色方法分简单染色法和复杂染色法两种。

(1)简单染色法。常见有美蓝染色法。在已干燥、固定好的抹片上，滴加适量美蓝染色液覆盖涂面，染 2～5 min 后，水洗晾干或用吸水纸吸干，即可镜检。适用于观察细菌形态特征，显示某些细菌的两极着色，用多色性美蓝染液可染出荚膜，菌体呈蓝色，荚膜呈粉红色。

(2)复杂染色法。主要有革兰氏染色、瑞氏染色和姬姆萨染色等几种。

①革兰氏染色：在制备好的涂片上滴加草酸铵结晶紫染液(以覆盖涂面为度，下同)1～2 min 水洗，滴加革兰氏碘液作用 1～3 min，水洗，再滴加 95%酒精于涂片上脱色，约 30 s，水洗，吸干，镜检。革兰氏阳性菌染成蓝紫色，阴性菌染成红色。本染色法为最常用的方法，主要用于细菌的鉴别、分类。

②瑞氏染色：在干燥的抹片上滴加适量的瑞氏染液，经 1～3 min后，再滴加与染液等量的蒸馏水，轻晃玻片使之混匀，经 3～5 min后，水洗，吸干，镜检。细菌染成蓝色，组织、细胞等呈其他颜色，细菌荚膜呈淡紫红色。该法用于血液涂片染色和组织涂片中巴氏杆菌的两极着色。

③姬姆萨染色：涂片经甲醇固定待干后，在其上滴加足量染色液或将涂片浸入盛有姬姆萨染色液的染色缸中，染色 30 min，或者染色数小时至 24 h，取出水洗，吸干或烘干，镜检。细菌呈蓝青色，组织细胞等呈其他颜色，视野常呈红色。

镜检方法：在玻片上染色和透明度较好的部位先用低倍镜寻找到模糊的物像，然后滴上香柏油，用油镜逐视野观察。

☞ 80. 怎样进行细菌的分离培养？

（1）细菌的分离培养。为了研究细菌的特性及鉴定，必须将细菌从它的自然基质中分离出来，获得单个菌落的纯种。分离培养的方法视待检材料中菌数多少和所分离的细菌特征不同而异，但常规方法有平板分区划线法和斜面分离法。前者用于菌数多的基质，如粪便、污染的培养物等，后者用于菌数少的基质，如从病料中分离出病原菌。

①平板分区划线法：左手斜线执平板置于酒精灯上烧灼灭菌，冷后蘸取待检材料，在平板边缘先涂一小区 a，再将铂耳通过火焰灭菌，冷后（即在无病料的培养基上靠一下，使灭菌灼热的铂耳冷却），涂布 b 区。转动平皿，再涂 c 区、d 区（图 3-1）。接种时将铂耳轻轻接触平板边，即成 30°～40°角，以腕力在平板表面滑动划线。接种完毕后烧灼铂耳灭菌放置，平皿加盖在盛有培养基的平皿边外用蜡笔注明病料或菌名、日期，倒置于 37℃恒温箱内培养 18～24 h 观察结果。

a、b 区菌数太多，菌落间距离很靠近而不易分出单个菌落。c、d 区菌数渐少，可出现单个菌落，达到分离细菌之目的。粪便检料通常用普通培养基平板划线如上法。而脏器检料可用血平板，划线方法同上，只有铂耳中途不灭菌而连续使用，接种完毕才将铂耳灭菌后放置。

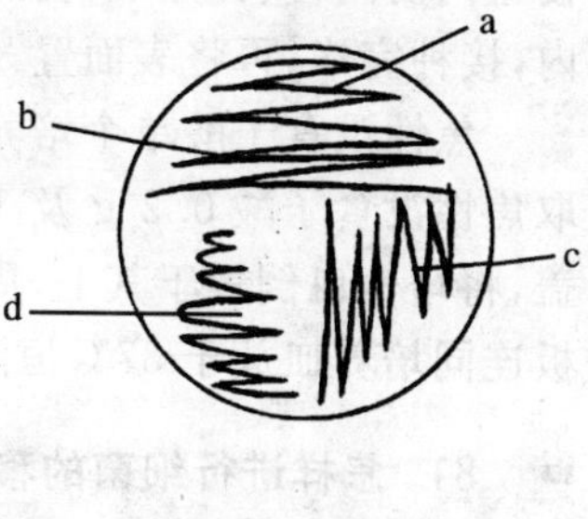

图 3-1　平板分区划线法接种细菌

②倾注分离法：取 3 支融化后冷至 50℃的琼脂管，用灭菌的

接种环冷后取一环培养物于第一管内，随即用两手掌心握住搓转振荡，使培养物与培养基充分混匀，如此依次从第一管中取一环至第二管，搓转匀，由第二管移一环至第三管搓转料匀，然后将这三管分别放入三个灭菌平皿中，注明序号、病料、日期、加盖，倒置入恒温箱培养。第一个平板菌数甚多，第二、第三平板菌数渐少，可形成单个菌落，以达到分离之目的。

③斜面分离：用镊子取一酒精棉球点燃，在待检病料（肝、脾、淋巴结、心）表面微微烧灼消毒，然后用消毒的刀或剪在病料消毒部刺一小口，左手执培养管，斜面朝上，右手持耳，在火焰上灭菌，冷后在小孔内蘸病料，随即用右手小指和手掌拔出棉塞，管口在火焰上灭菌，避开火焰将铂病料、日期，置于试管架上送 37℃恒温箱培养，为了得到单个菌落，可将铂耳灭菌冷后，从第一管斜面上蘸一点，再在第二管斜面上划线，如此划 3 或 4 支斜面管或 5 或 6 支斜面管，得到单个菌落，则分离成功，得不到单个菌落则分离失败。

④厌氧菌分离培养：常用的有两种方法。

熟肉基培养法：临用前将熟肉基水浴煮沸 5 min（以排除基中空气），待冷后使用。接种时，先将覆盖的固体石蜡沿管壁在火焰上略烤，使与管壁脱离，然后以铂环挑取待接石蜡烤融使之平整地覆盖肉汤内，接种完毕，仍然将表面石蜡烤融使之平整地覆盖肉汤内，接种完毕，再将表面置 37℃恒温箱中培养。

焦性没食子酸单个培养皿法：即将厌氧菌接种于血琼脂平板，取焦性没食子酸 0.2 g 及 10％氢氧化钠溶液 0.5 mL，迅速去皿盖，将培养皿倒置于其上，周围以融化石蜡或胶泥密封，将其玻璃板连同培养皿放于 37℃恒温箱中经 24～48 h，取出后观察。

☞ 81. 怎样进行细菌的移植？

为了做细菌的纯培养及保存菌种等须进行细菌的移植。操作时，左手持菌种管及琼脂斜面管，一般菌种管在外侧，用右手小拇指和无名指及掌相对应地把两管棉花塞并齐拔出，两管口向上倾斜并靠近火焰，右手拇指及中间指持接种棒，将接种环在酒精灯上烧灼灭菌在菌种培养基上冷却后挑取少许细菌，拔出接种环迅速插入斜面管，使接种环接触底部培养基表面，然后由下而上做弯曲折转划线。接种完毕拔出接种环，使两管口通过火焰，将棉花塞同时塞好，随即烧灼接种环、灭菌后放置。并在琼脂斜面上用蜡笔注明菌种名称，移植日期，放在试管架上置于37℃恒温箱内培养。

若从平皿挑取菌落时，只需用灭菌环蘸取菌落少许移植斜面（斜面划线移植方法同上），而菌落的另一部分做涂片、染色、镜检等用。

☞ 82. 怎样进行全血平板凝集试验？

用已知的平板凝集抗原与不同稀释度的被检血各一滴于玻板上，充分混匀，根据凝集反应强度来定性和定量称为平板凝集试验。操作时，取洁净玻片一张，用蜡笔划成约 4 cm^2 的小格，每列 5 格，第 1 至 4 格分别加待检血清 80 μL，40 μL，20 μL 和 10 μL，每列第 5 格可分别加阴、阳性血清和生理盐水做对照。然后，每格加平板凝集抗原 30 μL，混匀，静置 5～10 min，观察结果。结果判定，按下列标准记录反应强度。

＋＋＋＋：出现大量凝集块，液体完全透明，即为 100％凝集。

＋＋＋：有明显的凝集颗粒，液体几乎完全透明，即为 75％凝集。

＋＋：有可见的小凝集颗粒，液体不甚透明，即为 50％凝集。

＋：有很少量的凝集，液体浑浊，即为 25％凝集。

一：液体均匀浑浊，无凝集。

以出现＋＋以上凝集血清的最大稀释度为该被检血清的凝集效价。

☞ 83. 怎样进行试管凝集试验?

(1)被检动物血清制备。在鸡采食前或停食 6 h 后,以无菌操作取血 7～10 mL,盛于灭菌试管中,立即摆成斜面使其凝固,经过 10～12 h,血清析出后用毛细吸管吸出置于另一灭菌小瓶中,立即送检。

(2)试管凝集试验操作方法。取 5 只小试管,每管加入 0.5%石炭酸生理盐水,第一只加入 2.3 mL,以后 4 管均各加 0.5 mL。取被检血清 0.2 mL 加入第一管混匀(一般要吸吹 3 次),吸取1.5 mL弃于消毒缸内,再吸 0.5 mL 于第二管混匀,再从第二管吸0.5 mL于第三管,如此类推,到最后一管混匀后吸 0.5 mL弃于消毒缸内。然后每管加入抗原(1∶20 石炭酸生理盐水稀释)0.5 mL,加完后各管摇匀,如此每管血清稀释倍数依次为 1∶25,1∶50,1∶200,1∶400。同时设阴、阳血清和抗原对照,每管加抗原0.5 mL,使每管总量为 1.0 mL。然后将各管置于 37℃ 4～10 h,再置室温 18～24 h,观察记录结果,按下列标准记录反应强度。

＋＋＋＋:管底有极显著的伞状沉淀物,上层液体完全清亮、透明,摇荡时沉淀成片状,表示抗原100%凝集。

＋＋＋:管底有明显的伞状沉淀物,但上层液体稍浑浊,振荡时呈小片或大片状,表示抗原75%凝集。

＋＋:管底有部分伞状沉淀,上层液中等浑浊,振荡时呈小片状,表示抗原50%凝集。

－:液体完全浑浊,不透明,管内无凝集沉积,表示抗原完全不凝集。

以出现＋＋以上凝集血清的最大稀释度为该被检血清的凝集效价。

☞ 84. 怎样进行琼脂扩散试验？

(1)琼脂平板的制备。取日本琼脂粉 1 g，用 0.01%硫柳汞生理盐水配制成 1.5%～2%琼脂，加热溶化后倒入平皿中，约 3 mm 厚。然后用琼脂打孔器在琼脂板上按七孔图案(中间一孔，周围等距离 6 孔，孔径 0.5 cm，孔距 0.7 cm)打孔，用针头挑出中心琼脂即形成孔。把琼脂板底部在酒精灯火焰上来回晃动、加热，使琼脂底部微融但不能把孔融塌，冷却备用。

(2)琼脂扩散试验操作.用吸管吸取已知血清，在琼脂板中央孔加 1 滴，以琼脂孔加平为度。外周六孔一孔加标准抗原做对照，其余五孔分别加入待检样，做好顺序标记，然后将平皿平置于垫有湿纱布的搪瓷盘内，盖严，放入 37℃温箱中，每天检查一次，连续观察 3 天，记下结果。

(3)结果判定。琼脂板中心孔与外围孔之间出现清晰致密沉淀线的为阳性，不出现沉淀线的为阴性。本试验常用于炭疽等病的检测。

该方法因简便易行，特别适于鸡场等基层单位使用。

☞ 85. 怎样进行间接红细胞凝集试验？

间接红细胞凝集反应是指用可溶性抗原(抗体)致敏红细胞，并与相应的抗体(抗原)进行混合后所发生的凝集现象。该试验具有敏感、简便、快速等优点，加之致敏红细胞经适当处理或冻干保存可长期保存敏感性，适于鸡场等基层应用。

(1)红细胞的保存与固定。常用人 O 型红细胞或绵羊红细胞。红细胞可用肝素抗凝集或玻珠脱纤，在 4～8℃可保存 3～4 天。为了使红细胞保存时间延长，可采用甲醛固定制成醛化红细胞，常用的方法有两种：

①甲醛固定法：将新鲜红细胞液离心，沉淀物用生理盐水洗涤

3～5 次，配成 8%红细胞悬液，加入等体积 3%甲醛，置 24℃搅拌固定 17 h，用 pH7.2 的 PBS 洗 5 次，用同液配成 10%红细胞悬液，4℃保存。

②丙酮醛-甲醛双固定法：洗涤后的红细胞用 pH 值 7.2 的 PBS 配成 8%红细胞悬液，加入等体积的 3%丙酮醛，置于 24℃搅拌固定 17 h，用 PBS 洗 5 次，用同液配成 10%红细胞悬液。再加等体积的 3%甲醛，按上述方法同样处理后，用 pH 值 7.2 的 PBS 配成 10%红细胞悬液，4℃保存。

(2)红细胞的致敏。蛋白质抗原(如细菌、病毒等)一般需要致敏处理过的红细胞，常用鞣酸法致敏。将红细胞液用 pH 值7.2的 PBS 现配 1∶10 000～1∶20 000 的优质鞣酸，将两者等量混合，37℃水浴 15 min，用 PBS 洗 3 次后，再配成 2.5%鞣酸化红细胞液。取该液 1 mL 与 pH 值 6.4 的 PBS 4 mL、抗原 1 mL 混匀，置室温振荡 30～60 min 或者 37℃水浴 30～45 min。以 pH 值 7.2 的 PBS(含 1%灭活兔血清)洗 3 次后，用同液配成 1%～2%的悬液即成。这种致敏红细胞冻干可长期保存。

(3)间接血凝试验。常用微量法在 96 孔板上进行，待检血清先 56℃灭活 30 min，按 2 倍系列稀释，同时设阴、阳性血清对照，每孔加入等量的 1%～2%致敏红细胞液，混匀，置 37℃1～2 h，观察结果，按下列标准记录反应强度。

＋＋＋＋：凝集的红细胞均匀覆满孔底，强凝集时凝集块皱缩成团状或边缘呈锯齿状。

＋＋：红细胞凝集成薄层，但中央有红细胞沉积的小圆点，约为阴性对照圆点的 1/2 大。

－：红细胞全部沉于中心呈光滑的圆点状，无分散的红细胞薄层。

当红细胞、抗原和血清对照正常时，以出现＋＋以上凝集的血清最大稀释度为该被检血清的凝集价。

利用反向间接凝集试验可检测未知抗原。

☞ 86. 怎样进行血凝试验?

多种病毒能凝集动物的红细胞,此种凝集作用可被相应抗血清抑制。因此,可用血凝抑制试验鉴定病毒,并可检测病毒毒价和血清中的抗体效价。血凝试验时可根据病毒血凝特性用适当动物的红细胞。流感病毒用鸡红细胞、乙脑病毒用鹅红细胞、鸡细小病毒用豚鼠或鸡红细胞。

(1)操作方法。采集抗凝血液,用生理盐水洗涤离心 3 次,至上清液透明无色,取离心沉积红细胞配成 1%红细胞悬液。在 96 孔微量板上按 2 倍系列稀释待检病毒液,加样为 25 μL,然后每孔加 1%红细胞 25 μL,摇匀,同时设稀释盐水对照。室温下经 30～60 min判定结果。

(2)结果判定。凝集程度的判定标准同间接血凝,以出现 50%凝集的最大稀释度为血凝效价。

☞ 87. 什么是动物接种试验? 有何意义?

动物接种试验是指选择对该种传染病病原体最敏感的动物进行人工感染试验。即将病料用适当的方法进行人工接种(一般选择家兔、小白鼠、豚鼠等),然后根据对不同动物的致病力、症状和病理变化特点来帮助诊断。当实验动物死亡或经过一定时间杀死后,剖解观察体内变化,并采取病料进行涂片检查和病原体分离鉴定。在微生物实验室工作中,实验动物的接种试验,对疾病的诊断和病原菌的鉴别都具有重要的意义。

☞ 88. 什么是药敏试验? 怎么进行细菌对抗生素等药物的敏感试验?

药敏试验是指测定细菌对抗生素等药物的敏感度的一种试验,可为临床上正确选用抗菌药物提供依据。

细菌对抗生素等药物的敏感试验方法步骤如下：

(1)取 6～8 h 的病料(菌体)的肉汤培养物,以密集均匀划线法，分别接种在两个普通琼脂平板表面(磺胺类药物用无胨琼脂平板)。

(2)在平皿底部背面用蜡笔标记"青霉素"、"链霉素"、"磺胺嘧啶钠"、"盐水"、"黄连素"等。

(3)用灭菌镊子夹取浸有药物的干燥滤纸片，按标记位置，轻轻贴在已接种好细菌的琼脂培养基的表面，一次放好，不得移动。

(4)置 37℃温箱内培养 18～24 h 后取出，观察并记录，分析结果。根据纸片周围有无抑菌圈及其直径大小，按下列标准确定细菌对抗生素等药物的敏感度(表 3-1)。

表 3-1　细菌对不同抗生素药物敏感度标准

药物名称	抑菌圈直径(mm)	敏感度
青霉素	小于 10	不敏感
	11～20	中度敏感
	大于 20	高度敏感
链霉素及其他抗生素药物	小于 10	不敏感
	11～15	中度敏感
	大于 15	高度敏感

干燥抗生素纸片的制备方法：取直径 6 mm 的无菌滤纸片，浸于一定的抗菌药液中(如青霉素为 100 U/ mL，链霉素等其他抗生素为 2 mg/ mL，黄连素或其他中药可根据需要稀释原液)，一般每毫升抗生素药液中，装有滤纸片 100 片，浸泡 1～2 h 后干燥备用(药剂维持 1～2 个月有效)。

☞ 89. 怎样进行鸡胚接种？

鸡胚接种最常用的是尿囊腔和卵黄囊接种方法。

(1)尿囊腔接种法

①确定尿囊腔位置:选 8～10 日龄鸡胚,在照蛋光下画出气室,在气室线以下无血管的部位用铅笔画圈作记号,表示尿囊腔注射点。

②打孔:在标记处涂以碘酒消毒后,以消毒的钻头啄胚壳,使胚壳破裂,而保留壳膜不破。

③接种:吸取可疑病料(每毫升含双抗各 1 000 U),注射针头沿壳膜刺入约 5 mm,注入 0.1～0.2 mL,拔出针头。

④封口:在注射部位以融化的石蜡封孔。在胚壳上注明接种材料、方法、日期,仍然大头朝上。

⑤培养:在 36～37℃恒温箱中培养接种后 24 h 照蛋一次,遇有血管不清,胚不动者应弃去。以后每天照蛋一次,取出死亡胚(24～48 h 的死胚)置于 4℃冰箱。

⑥采毒:将有效死亡蛋气室向上竖立于蛋架上,在气室部位消毒,打碎卵壳,除去碎片。用消毒镊除去壳膜,撕开绒尿膜和羊膜,以镊子压住鸡胚并防止绒尿膜堵塞吸液口。用注射器或装有橡皮头的吸管伸入镊子两齿之间吸取绒尿液储存于消毒小瓶中。同时,对采毒的胚进行各部检查有无病变,并与健康同龄胚比较作记录。

⑦菌检:将绒尿液进行无菌手术滴在琼脂斜面上和熟肉基中,在恒温箱中培养 24～48 h 无细菌生长才合格。如有细菌生长则将收获液无害处理后弃之。

⑧病毒定性、定量检查。

(2)绒毛尿囊膜接种法

①选胚:取 9～12 日龄的鸡胚横放,此时胚胎应位于侧面或下面,但不能在上面。

②消毒:在横胚的上中部用碘酒涂擦消毒。在气室顶部也如此消毒。

③打孔:在横胚上中、气室顶部各打一个小孔。

④人工气室形成：在横胚中部小孔用消毒针头小心划破壳膜而不破尿囊膜，在气室顶部小孔处，用橡皮乳头紧靠，轻轻一吸，使横胚上中部孔下的绒毛尿囊膜下陷成小凹便是人工气室。

⑤滴种：用注射器吸取病毒材料，通过壳膜孔滴一小滴病毒材料，使之在壳膜和尿囊膜之间的夹层中。

⑥封口：以石蜡将上述两个小孔均封闭。然后注明接种材料、方法、时间。

至于标记、孵化、照蛋、采毒、菌检等基本同上述。

☞ 90. 怎样进行鸡的蠕虫学剖检？

鸡的蠕虫学剖检是诊断动物寄生虫病比较可靠和常用的方法，剖检时可利用自然死亡的动物或急宰的患病动物，亦可利用屠宰的动物。在检查过程中，既要检查各器官的病理变化，也要检查各种器官的寄生虫(包括种类和数量)，以便最后综合判断。

(1)鸡的剖检法。采用舌动脉放血或颈动脉放血的方法宰杀。鸡在死亡或宰杀 6～8 h 内进行检查。首先拔除羽毛，检查皮肤表面，发现虫体及时采集。同时对新生肿胀和结节要刮取下来，压片镜检。然后剥开皮肤仔细检查，用小刀将两肩胛骨到背脊和肩部的附着肌肉切开分离，并把胸骨从尸体上剥离，检查其内侧面，然后让尸体仰卧，检查其内部，并把各器官分别取出。

食道和气管：剪开后，仔细地检查其黏膜面。

嗉囊：内容物一般可以不检查，但应刮取黏液检查。

腺胃：在小瓷盘内剪开，倾去内容物，检查黏膜面。如有紫红色斑点和肿胀时，则剪下做压片检查。洗下的内容物；在反复洗涤沉淀后，检查沉淀物。

肌胃：沿狭小部位剪开，内容物可以不检查，应检查角质膜下。用手慢慢剥离角质膜，使与黏膜分开，然后细心检查暴露出的腺胃黏膜和剥离开的角质膜内面。

肠管:按十二指肠、小肠、盲肠和直肠几部分分别处理。肠管剪开后,将内容物各黏膜刮下物一起倾入玻璃杯内,用生理盐水反复进行洗涤沉淀,最后检查沉淀物。对有结节等病变的肠管,应刮取黏膜,压片检查。

法氏囊和输卵管:按处理肠管方法检查。

肝、肾、心、肺:在盛生理盐水的盘中分别剪碎洗净,捞出大组织块,反复沉淀,然后检查沉淀物。对于病变部位,要压片镜检。

鼻腔:剪开后观察表面,然后用水冲洗,检查沉淀物。

眼:用镊子掀起眼睑,取下眼球,用水冲洗后检查沉淀物。

(2)登记。寄生虫病的蠕虫学剖检结果,要记录在寄生虫病学剖检登记表中,对于发现的虫体,应按种分别计数,最后统计寄生虫的总数,各种(属、科)寄生虫的感染率和感染强度。

☞ 91. 怎样采集、保存寄生虫虫体?

由于虫体的形态、大小不同,在采集、保存时要求不一。

(1)吸虫。在各器官中或其冲洗物沉淀中,如发现吸虫时,应以弯头解剖针或毛笔将虫体挑出(不应用镊子夹取,以防镊子夹住的部位,使虫体损坏变形,影响以后的观察)。挑出的虫体,体表常附有粪渣、黏膜等污物,应先放入1%盐水溶液中。较小的虫体,可和盐水放入小试管中,加塞塞紧,充分振荡,将污物除去洗净。较大的虫体,可用毛笔刷洗。有些虫体肠管内含有大量食物,可在生理盐水中放置过夜,待其食物消化或排出。洗净的虫体在常水中将其杀死,而后放入70%的酒精或5%的福尔马林溶液中固定。

(2)绦虫。绦虫大部分寄生于肠管中,并以头节牢固地附着于肠壁上。采集标本时,为了保证虫体的完整性,切勿用力猛拉,而应将附着有虫体的肠段剪下,连同虫体浸入清水中,5~6 h后,虫体会自行脱落,体节也自行伸直。而后放在70%的酒精或5%福尔马林溶液固定保存。

(3)线虫。在剖检鸡时，如发现线虫，以弯头解剖针或毛笔将虫体挑出，移入生理盐水中，洗净；寄生于肺部的线虫和丝虫目的线虫，在略为洗净后即应尽快地放入固定液中固定，否则虫体易于破裂。较大的虫体放在5%热福尔马林溶液中保存；较小的线虫放在巴氏液或甘油酒精中保存。固定液应加热，以便使虫体彻底舒展。

巴氏液配方：福尔马林30 g、食盐7.5 g、水1 000 mL。

甘油酒精配方：70%酒精95 mL、甘油5 mL。

(4)蜘蛛昆虫。在鸡体表，常有吸血虱、毛虱、虱蝇、蚤和蜱类寄生，在检查发现后用手或小镊子捏取，或将附有虫体的羽毛剪下，置于培养皿中，再仔细收集。寄生于鸡体上的蜱类，常以假头深刺入皮肤，如不小心拔下，则可将其口器折断而留于皮肤中，致使标本既不完整，且留在皮下的假头还会引起局部炎症。拔取时应使虫体与皮肤垂直，慢慢地拔出假头，或以煤油、乙醚或氯仿抹在蜱身上和被叮咬处，而后拔取。鸡体上的蚤类，大多活动性较强，捕捉困难。可以用撒有樟脑的布将鸡体包裹，数分钟后，取下布来，则蚤即落于布内。也可用杀虫药喷洒鸡体，待其死亡后采集。

采集到的昆虫，应放在毒瓶中杀死，用针插法干燥保存，或干燥后放于广口试剂瓶中保存。蜱类在70%酒精中保存。螨类等小型虫体以贝氏液封固。

贝氏液配方：蒸馏水35 mL、甘油20 mL、水合氯醛20 g、糖浆3 mL、阿拉伯胶20 g、酸性复红液10多滴，按顺序混合溶解后加热浓缩到胶状。

(5)原虫。寄生于鸡的原虫主要有血液原虫、生殖道原虫、消化道原虫和组织内原虫等，它们的采集方法亦有所不同。血液内原虫一般是用消毒过的针头自静脉采取血液，制成染色标本。生殖道原虫通常采取泄殖腔内黏液等进行虫体浓集、涂片镜检。组织内原虫可采集一小块组织，做成组织触片检查。对于经过染色的原虫玻片，直接装于标本盒内保存。

凡保存的虫体和病理标本，都应附有标签，注明采自动物种类、器官、寄生虫名称，采取的日期和地点。瓶装标本应外有标签，内有用硬质铅笔写的标签，其样式正面写动物种类、性别、年龄、编号、虫体寄生部位及寄生虫初步鉴别的名称。反面写上动物来源、解剖时间、解剖者姓名和虫体数目等。

☞ 92. 怎样在鸡体表检查寄生虫？

鸡体表寄生虫检查可以在生前或死后进行，对各部位皮肤及天然孔应做详细观察。特别应注意耳壳内面、眼睑、颌下、体躯下部等处。大型体外寄生虫（如虱、蚤、虱蝇、蜱）可直接在体表寻找。小型的特别是表皮层寄生的（如螨）可以采用皮表。在体表检查时，还应注意某些寄生虫的生活习性，选择不同的时间进行。例如收集吸血昆虫蜱类应在温暖季节进行，螨类则在冬天容易检查。又如蚊类及某些蝇蛆则在夜间出来吸血，而副丝虫、微丝蚴的检查则应选择在有太阳的中午。

☞ 93. 怎样进行虫卵及卵囊的粪便检查？

粪便检查不仅可以直接获得消化道的蠕虫卵，而且由于肺、胰管、胆管以至于血液内的寄生虫，如分体吸虫等虫卵亦从粪便内排出，因此均可获得诊断。除蠕虫外，有一部分原生动物，如球虫及结肠小袋纤毛虫也可以粪检方法建立生前诊断。

检查时所采用的粪便材料，一般尽可能取新排出的，这样可以使虫卵保存固有的状态。有时可直接由动物直肠采粪，更可减少污染。

(1)直接涂片法：首先在载玻片上滴几滴50%甘油水溶液，以牙签或火柴棒挑取少许粪便与之混匀，剔除粗大粪渣，涂开使成一薄层，其厚度要求放在报纸上能透过薄层粪液模糊地看出板上字迹。然后在显微镜下检查。缺少甘油生理盐水时可以用常水代替，但不如甘油盐水清晰。在检查原虫的滋养体时，必须以生理盐水进行稀释，不应加甘油，否则会影响其运动而妨碍观察。

这种方法简单易行，但检出率不高，尤其对轻度感染时，往往得不到可靠的结果，所以每次检查必须重复 8～10 次。

(2)沉淀检查法：取粪便 5 g，加清水 100 mg，搅匀成粪液，通过 40～60 目铜筛过滤，滤液收集于三角烧瓶或烧杯中，静置沉淀 15 min，轻轻倒去上清液，再加水混匀，再沉淀，如此反复操作数次，直至上层液体透明后，吸取沉渣检查。在具有离心机的情况下，将上述滤液以 2 500～3 000 r/min 离心 2～3 min，取出后倾去上清液，加水搅匀，再离心，反复 2～3 次，取其沉渣。此法多用于吸虫卵、棘头虫卵以及少数比重较大的线虫卵的检查。

(3)漂浮法：取粪便 5～10 g 与 20 倍左右的饱和盐水混合均匀，然后通过 60 目或 80 目铜筛过滤于另一杯中，静置 0.5～1 h 后，再用直径 0.5～1 cm 的铁丝圈蘸取其表面液膜抖落在载玻片上，加盖片镜检；或将滤液置于试管内加满，加上盖玻片(加盖片应与液面完全接触，不许留有气泡)，0.5 h 后轻轻取下盖玻片，贴在载玻片上镜检。

这种方法可检出多种线虫卵、绦虫卵和球虫卵囊，其检出率较高。当检查某些密度较大的虫卵时，可用密度较大的漂浮液代替饱和盐水。但检查时速度要快，以防虫卵或卵囊变形，必要时可在制片时加上一滴清水。

☞ 94. 怎样进行幼虫的培养和检查?

(1)幼虫的培养。取被检新鲜粪便和适量水调成半固体状(如粪便稀可加适量木炭末)，置于预先衬以草纸或滤纸的平皿内，加盖，置于 25～30℃的室温或温箱中经 7～10 天孵育，用漏斗幼虫分离法处理，检查有无活动的幼虫。

(2)分离检查

①法依德法：又称平皿幼虫分离法。取被检新鲜粪球3～5个，放入平皿或表面玻璃皿中，加40℃温水浸没粪球为止，经10～15 min后，除去粪球用低倍镜或解剖显微镜检查平皿内液体，观察有无活动的幼虫。

②贝尔曼法：又称漏斗幼虫分离法。取新鲜粪便15～20 g，置于直径10～15 cm的衬以金属筛的漏斗上，漏斗下端套以长10～15 cm的橡皮管，橡皮管的末端接1根小试管，然后固定于漏斗架上，装置1～3 h，幼虫由粪中游出沉入到小试管底部，然后吸取底部沉淀物镜检。此法需要特殊装置——贝尔曼氏分离器，检出率高，适用于各种动物的检查。

☞ 95. 怎样进行鸡的血液寄生虫的检查？

血液寄生虫的检查主要用于检查寄生于血液的线虫和原虫，常用方法有以下几种：

(1)血液涂片法。由静脉采血一滴于载玻片上，另以载玻片或盖玻片推制成涂片(检查梨形虫时，血片越薄越好)，待干，滴数滴甲醇固定5 min，再以姬姆萨液或瑞氏液进行染色，染好的血片白细胞核和细胞质应十分清晰。查微丝蚴用低倍镜，查原虫用高倍镜或油镜。

(2)鲜血压滴标本检查法。由静脉采取血液一滴，置于清洁的载玻片上，立即加上生理盐水一滴，混合后加上盖玻片，于低倍镜下检查，看有无活动的虫体，必要时以高倍镜观察。冬季检查时应将做好的片子放在手心上或火炉旁稍许加温，以增加虫体的活力而便于观察。

(3)浓集检查法。静脉采血，置于预先备有柠檬酸钠的试管内，混合后静置30～50 min，用离心机离心3～5 min或自然沉淀

2～3 h,此时细胞沉于管底部,而虫体集中于红细胞表面和白细胞层,然后以吸管吸取白细胞层做压滴标本或染色检查。这种方法主要用来检查锥虫。

检查微丝蚴时,将采得的抗凝血加 10 倍量的水使红细胞溶解,然后离心沉淀取沉渣镜检。

(4)毛细管集虫法。毛细管内径约 0.8 mm,预先进行肝素抗凝处理,吸入耳静脉血至管长 4/6 处,熔封其无血端,3 000 r/min 离心 5 min,然后将毛细管置于载玻片上直接镜检(100 倍),必要时以 450 倍检查,阳性者可在白细胞与血浆交界处查到活动的虫体。

第四章　鸡的常用药物及给药方法

一、常用药物

☞ 96. 什么是药物？药物与药品有何不同？

药物是指用来预防、治疗和诊断疾病，并根据品种不同分别规定其作用、用途、用法、用量和注意事项等的一类物质。

药品是指药物中的某一品种，药物和药品是两个常常通用的名称。

☞ 97. 兽医临床上使用的药物分哪几类？

兽医临床上使用的药物统称为兽药。兽药与人用药物实质上没有什么区别，而且有不少药品是可以通用的。兽医临床上使用的药物主要包括化学药品、抗生素、生物药品、生化制品和中药制品等几类。

☞ 98. 什么是化学药品？化学药品的制剂有哪几种？

化学药品的制剂是指药物经过适当加工制成，便于应用、保存、运输，以及能更好地发挥药物疗效的制品。兽医临床上常用的药品制剂主要有以下几种：

(1)溶液剂。是指将药物(固体、液体、气体)溶解于溶媒(水、乙醇或油等)中而得到的透明液体。可供内服或外用。

(2)注射剂。是指药品的灭菌溶液、混悬液和供临时制成溶液的注射用灭菌粉末。

(3)酊制。是指用不同浓度乙醇浸制生药或溶解化学药品而制成的液体剂型。

(4)煎出液。是指用水煎煮生药所得的煎出液。多供内服。

(5)浸膏剂。是指用适当的溶媒将生药中含有的可溶性有效成分浸出、过滤,滤液用微火浓缩制成粉状或膏状的固体或半固体制剂。

(6)片剂。是指用一种或多种药物与赋型药混合均匀,经压片机压制成扁平形制剂或半固体制剂。供内服用。

(7)散剂。是指一种或多种药物的干燥、均匀的粉末状制剂。供内服或外用。

(8)软膏剂。是指将药物用适宜的基质混合制成的半固体制剂。供外用。

(9)搽剂或擦剂。是指将刺激性药物加油、肥皂或乙醇制成的混悬液或乳浊状液。专供外用,局部涂擦。

99. 什么是抗生素?抗生素有哪几类?

抗生素(原称抗菌素)是由真菌、放线菌或细菌等微生物在其代谢过程中产生的化学物质,这种物质在低微的浓度下能抑制或杀灭多种生物(主要是微生物)。

抗生素对细菌的作用主要是影响细菌细胞壁的形成、原生质的功能、蛋白质合成和核酸代谢等四个环节。临床上主要用于传染病的治疗,来抑制或杀灭病原微生物。此外,尚有多醚类抗寄生虫抗生素,用于寄生虫感染的化学治疗,部分抗生素还能促进生物的生长,而被作为饲料添加剂用于畜牧业生产中。某些具有生理活性而能治疗官能性疾病的抗生素及抗肿瘤抗生素也开始在兽医临床上推广应用。

☞ 100. 什么是生物药品？生物药品有哪些？

生物药品或称生物制品，是指用微生物及代谢产物适当处理制成的产品。生物药品常用来进行传染病的预防、诊断和治疗。

目前我国现有的禽类常用生物制品较多，主要有疫苗、菌苗、油乳剂灭活苗（含二联、三联甚至四联苗）、高免卵黄抗体、高免血清等几种。

☞ 101. 什么叫疫苗？疫苗有哪些种类？

疫苗是指接种动物能产生免疫抵抗力的一种制品，主要用于预防传染病。

通常所说的疫苗包括菌苗和疫苗两种。菌苗是指用细菌、霉形体、钩端螺旋体等培养物制成的生物药品；疫苗是指用病毒制成的生物药品。另外，用寄生虫体制成的生物制品称为虫苗。根据疫苗的性质不同，又分为灭活疫苗（死苗）和活疫苗（活苗）。

（1）灭活疫苗。是指将大量繁殖的病原微生物或经动物体繁殖，取适当组织制成乳剂，经纯粹检验合格后，采用物理（加热）或化学（杀菌药品）的方法，使其灭活，再加入适量铝胶或其他佐剂，制成液体状疫苗。如鸡霍乱油乳剂灭活苗、传染性法氏囊炎油乳剂灭活苗等。

（2）活疫苗。是将病原体用生物学或物理化学方法处理，减弱其毒力，或选用自然弱毒或无毒的菌株或毒株，接种于适当的培养基或细胞繁殖后加工制成，有液体活疫苗和真空冻干活疫苗两种。根据疫苗毒力的有无，又分为无毒活疫苗和减毒活疫苗两种。如鸡新城疫Ⅱ系疫苗、鸡痘弱毒苗、鸡霍乱弱毒活菌苗等。

☞ 102. 什么叫抗病血清？抗病血清有哪些种类？

抗病血清是将病原微生物或微生物的代谢产物，经适当处理后免疫适宜的健康动物，使其获得高免后，采其血液提取血清加入防腐剂，即成为具有特效的抗病血清。主要用于传染病的治疗和紧急预防注射。

☞ 103. 什么叫诊断制品？诊断制品有哪些种类？

诊断制品也称诊断液，是利用微生物或其他代谢产物，或动物组织、血液制成，主要用于传染病的诊断。

诊断制品分为标准抗原和标准抗体两种。凡是用病原体经加工制成的诊断液称为标准抗原；采取免疫动物或非免疫动物血液制取的血清诊断液称为标准抗体，又称为阳性或阴性血清。如鸡白痢全血凝集反应标准抗原和阳、阴性血清等。

☞ 104. 什么是饲料添加剂？鸡常用饲料添加剂有哪几类？

饲料添加剂是指添加到饲料中，能保护饲料中的营养物质，促进营养物质的消化效率，提高动物生产水平，改进动物产品品质的微量物质的总称。鸡用饲料添加剂种类很多，按其作用性质和成分分为营养性添加剂和非营养性添加剂两大类。

(1)营养性添加剂。主要包括氨基酸、维生素和矿物质三大类。氨基酸类添加剂主要是赖氨酸和蛋氨酸等合成氨基酸。维生素类添加剂一般是多种维生素的混合制剂。矿物质类添加剂主要是钙、磷、钠和氯等。含钙的添加剂有碳酸钙、贝壳粉；含磷的添加剂有骨粉和磷酸钙、磷酸氢钠等。

(2)非营养性添加剂。包括抗生素、抗球虫剂、抗氧化剂等。用做添加剂的抗生素主要有青霉素、链霉素、杆菌肽、四环素、螺旋霉素等。抗球虫剂主要包括氯苯胍、球痢灵、氯羟吡啶等。抗氧化剂主要有乙氧喹或二丁基羟基甲苯等。此外，还有食欲增进剂、防霉剂等、益生素、酸化剂、营养重分配剂等。

☞ 105. 饲用微生物添加剂的种类有哪些？

按美国药物与食品管理局公布的可以作为直接饲用的微生物添加剂，一般认为是安全的菌种有 40 多种，但能构成研究和应用于配合饲料的活体微生物产品的种类较少。目前主要研究和应用的有芽孢杆菌属、乳酸杆菌属（以嗜酸乳杆菌为主）、粪链球菌及酵母等。单一菌属饲用微生物添加剂较少，复合菌属饲用微生物添加剂较多。如由芽孢杆菌属与乳酸杆菌属联合组成，或由乳酸杆菌与酵母联合组成的复合微生物添加剂。主要作用是直接提高饲料转化率，防止拉稀，促进鸡生长，同时具有防病治病作用。

☞ 106. 饲用微生物添加剂有何作用？

（1）产生乳酸。活性微生物进入肠道后，尤其是乳酸杆菌和链球菌将产生乳酸，这对新生雏鸡非常有益。据体外试验研究表明，添加芽孢属杆菌可使空肠内容物 pH 值下降，乳酸、丙酸、乙酸的含量上升。

（2）产生过氧化氢。有些微生物在某些特殊肠内基质中可产生过氧化氢，而它对几种潜在的病原微生物有杀灭作用。

（3）防止产生有害物质氨和胺。肠内大肠杆菌活动增强，导致蛋白质转化为氨和胺，二者具有刺激性和毒性，而有益微生物则有使肠内粪便及血液中的氨下降的作用。

（4）合成酶。有益微生物在体内可产生各种消化酶，能提高饲料转化率。如芽孢杆菌具有很强的蛋白酶、脂肪酶、淀粉酶的活性，且还能降解植物性饲料中某些较复杂的碳水化合物。胃肠菌群可分为三大类，其中颗粒结合群可与饲料中液体部分组合，并迅速通过胃肠道。由于这类菌常含有消化酶，因此有利于食物在鸡盲肠内的消化。

（5）合成 B 族维生素。有益微生物在鸡体内还可产生各种 B

族维生素，从而加强鸡体的营养代谢。盲肠中的微生物活动可提供鸡营养需要量的25％～35％。

(6)产生抗生素类物质。某些乳酸杆菌和链球菌在体外可产生抗生素，如嗜酸菌素、乳糖菌素和酸菌素。

(7)产生非特异性免疫调节因子。乳酸杆菌以某种免疫调节因子的形式起作用，刺激肠道某种局部型免疫反应。直接饲喂微生物可提高鸡体抗体水平或提高巨噬细胞的活性，增强机体免疫功能。对特种饲用微生物添加剂产品的效果而言，可能是上述一种或几种或全部综合的作用所致，作用的方式取决于所用特种微生物的质量，因此分别考虑各种饲用微生物添加剂产品的作用是非常有用的。

☞ 107. 怎样使用饲用微生物添加剂?

(1)微生物添加剂与抗生素联合使用。由于抗生素的抗菌性质不同，在鸡饲料中添加抗生素有时会妨碍微生物添加剂的使用，但是根据它们相容的原则，如果灵活掌握应用，就能有效地提高鸡生产效率。

(2)尽量使用多菌联合制剂的微生物饲料添加剂。按照仿生学的原理，用多种占优势的、具有协同作用的生理性细菌或促进成分制成的复合菌剂，将更有利于恢复机体内环境的微生态平衡。细菌培养物或细菌与酵母培养物联合使用，可刺激后肠和盲肠的发酵，从而导致挥发性脂肪酸和细菌发酵终产物增加，可提高鸡饲料利用率和生产性能。

(3)微生物添加剂与肽联合使用。将肽和乳酸杆菌联合用做饲料添加剂，可降低腹泻鸡的死亡率，防治消化道疾病，提高生长速度。

(4)先用抗生素处理后再用益生素。在用药期间如果有高浓度的微生物寄居在肠道中，或者益生细菌不能替代那些微生物时，则细菌在鸡体内的功效将会减小。在这种情况下，饲喂益生细菌以前先用抗生素做预处理则是必需的。这也有利于非病原菌或益生素微生物重新占据已“消毒”过的肠道。

(5)饲用微生物添加剂的用法。将微生物添加剂直接加入到配合饲料中(亦可按每日每只鸡用量计算)，搅拌均匀即可，也可采用在饮水中添加的方式。使用剂量一般按配合饲料的0.1%～2%添加。微生物饲料在制作过程中，由于培养条件、机械干燥、分装、保存等因素，可使细菌失活和菌数减少，而影响防治效果。因此，要注意微生物饲料的活力和数量。用做饲料添加剂的微生物饲料，最好在饲料加工处理之后混合，以免在加工过程中影响细菌存活；并且饲料加工处理后的湿度要求在3%以下，否则活的微生物难以保持其稳定性。

(6)应用时间要早。根据先入为主的理论，通过先入菌素的占住性控制，减少或阻碍致病菌的定居。要注意在鸡应激期前后的2～3天投喂微生物添加剂。鸡由于运输、饲料更换等应激作用，会影响胃肠道内环境的动态平衡失控。在应激期和其前后2～3天内投服微生物饲料添加剂，可有效地预防和使破坏或失调的微生态平衡得以恢复，从而保证鸡处于最佳生理平衡状态。

(7)使用的微生物饲料添加剂菌种最好来自本鸡群。因为来自本动物的微生物饲料，有利于细菌在宿主体内的定植。医疗用(腹泻及菌群失调等)的微生物饲料最好选自肠道中占优势的菌群，如乳酸杆菌、双歧杆菌等，这样更能使微生物在肠道原生活环境中迅速生长和繁殖，发挥其功能。

☞ 108. 应用药物添加剂需注意哪些事项？

(1)作为添加剂的药物，应该是毒性较低，易混入饲料，长期应用对鸡体无不良反应，对公共卫生危害较小的药物。近年来，国际上对饲料中应用抗生素问题有争议，欧美各国已少用医用抗生素做添加剂。我国由于尚未建立饲用较多的抗生素工业，所以还用医用抗生素做饲料添加剂。目前应用较多的抗生素有土霉素、金霉素、青霉素、链霉素及杆菌肽等。为了维护公共卫生，这些抗生素，必然会逐渐受限制。而非医用的抗生素，如泰乐菌素、林可霉素、硫肽霉素、维吉尼亚霉素等，将受欢迎。

(2)药物作为添加剂应用时，要根据添加剂的目的来确定药物的剂量。一般用于治疗疾病而添加的剂量＞用于预防疾病而添加的剂量＞防止应激反应而添加的剂量。

(3)应用药物添加剂的时间长短，要根据应用于鸡类的情况以及药物的性质来确定。如将抗生素用于肉用鸡时，多用于 1～2 周龄的肉用仔雏，有较好的促进生长发育的作用。对产蛋鸡，一般应连续使用，并在不影响效果条件下过一段时间更换另一种药物，交替使用。一般要求第一种抗生素使用 60 天，然后更换另一种抗生素，如此可防止细菌产生抗药性。如用磺胺类药物，一般只用3～5天，最多不超过 1 周，以免影响鸡的胃肠道消化。

(4)由于鸡类的肉、蛋产品都直接为人们食用，因此应该对药物添加剂在肉、蛋中残留量加以重视。为了减少药物的残留量，除严格控制添加剂量外，还应在上市前数天停药。一般肉鸡在屠宰前 3～7 天停药。但有些药的停药天数还要增加，如磺胺类药物要求在上市前停药 10 天，酚噻嗪、哌嗪则要求上市前停药 28 天，才能符合公共卫生标准。

☞ 109. 什么是药物的剂量？药物的剂量范围是如何划分的？

药物的剂量是指给药时对鸡产生一定反应的药量。一般所说的剂量是指防治疾病的常用量。因为药物要有一定的量，被机体吸收后，在体内才能达到一定的浓度，出现相应的药物治疗作用。如果药量过小，在体内不能达到有效浓度，药物就不能发挥其有效作用。反之，如果药量过大，超过一定的限度，则又会对机体产生毒副作用。为了维持药物在体内的有效浓度，以达到治疗目的，需要根据药物的特点，在一定的时间内重复给药，一般以天数和次数表示，这称为药物的疗程，如 1 天 1 次，连续数天，或 1 天数次，连续数天给药。因此，要更好地发挥药物的有效作用，同时尽可能减少其不良反应，就必须严格掌握药物的剂量范围和疗程。

☞ 110. 药物的剂量范围有哪些？

(1)药物的计算单位。一般固体、半固体剂型的药物以克(g)或毫克(mg)为计算单位；液体剂型的药物以毫升(mL)为单位；一些抗生素、维生素以单位(U)来计算。

(2)鸡用药剂量的表示法。鸡个体用药时以每千克体重或每只的药量来表示，如 20 mg/kg 体重、2 000 U/只等。鸡群体给药时，将药物混于饲料或饮水中，药物的剂量一般以百分浓度(%)、百万分浓度(mg/kg 或 mg/L)来表示，如 0.03%浓度，即为 1 kg 饲料中加药 0.3 g，或 1 000 mL 水中加药 0.3 g，同时也可用 0.3 g/mg 饲料和 0.3 g/L 水来表示；1 ppm，表示 1 t(100 万 g)饲料或饮水中含药 1 g，即 1 kg 饲料或 1 L 饮水中含药 1 mg。鸡的用药剂量一般是指一次用量为 20 mg，若该鸡重 1.5 kg，则一次用药量即为30 mg。此外，鸡用药剂量和疗程常有一定的范围，如20～30 mg/kg 体重，每天 2～3 次，连用 5～7 天等。在具体应用时，应根据鸡的品种、日龄、性别、药物特性及疾病情况等各方面的因素，来决定药物的具体用量和疗程，以达到最佳的用药效果。

☞ 111. 什么是药物的作用？药物对鸡机体有哪些作用？

药物的作用是指药物对机体和病原体所产生的影响。在使用药物防治鸡病时，药物对鸡体可以产生有利的作用，以促进病鸡受破坏的机能恢复正常；同时，药物对病鸡也可以产生有害的作用。因此，药物的作用可分为治疗作用和不良反应两种。

☞ 112. 药物的治疗作用有哪些?

在防治鸡病中,药物能针对治疗的目的产生有利于机体的作用,促使机体恢复健康,这种作用称为治疗作用。根据临床治疗的目的不同,治疗作用又分为对因治疗作用和对症治疗作用。

(1)对因治疗作用。主要是消除致病因素,它对防治疾病,特别是防治鸡传染病和寄生虫病,具有重大的意义。

(2)对症治疗作用。主要是消除疾病的某种症状。如各种病因引起的体温升高、疼痛、水肿等症状,可应用解热镇痛药、利尿药等的治疗作用,调整机体的功能,以达到对症治疗的目的。

☞ 113. 药物的不良反应主要有哪些?

药物除有治疗作用外,还可产生与治疗目的无关的或有害的作用,统称为药物的不良反应,主要包括副作用、毒性作用和过敏反应。

(1)副作用。指在应用药物治疗量进行治疗时,同时还出现与治疗目的无关的作用,叫做副作用。

(2)毒性作用。指在治疗疾病时,药物剂量过大或用药时间过长,往往对鸡体产生损害性作用,此作用称为毒性作用。

(3)过敏反应。机体对药物的耐受性有个体差异。某些个体对某种药物的敏感性比一般个体为高,呈现质量差异,这种病理反应称为过敏反应。在过敏反应中有免疫机制参与的称为变态反应,即首次接触药物过敏后,再次给药时所出现过敏反应。

☞ 114. 什么是药物的协同作用、拮抗作用和配伍禁忌?

(1)药物的协同作用。两种药物合并使用时,其产生的总的作用比单独使用其中一种药物为大,药物的作用得到增强,称为协同作用。协同作用又分为相加作用和增强作用。相加作用是指合并用药时数种药物总的药效等于各药单用时药效的总和；增强作用则是指总的药效大于各药单用时药效的总和。如磺胺类药与抗菌增效剂合用，可提高疗效几倍到几十倍。

(2)拮抗作用。是指两种或两种以上的药物合并使用后，由于各药作用相反，使药效降低或消失，称为拮抗作用。拮抗作用可用于中毒病的治疗和防止药物副作用的产生，如可用阿托品缓解有机磷中毒症状等。

(3)配伍禁忌。两种或两种以上的药物相互混合在一起应用时，有的会产生理化性质的变化，使药物产生分解或沉淀、结块、变色等，从而影响药效，甚至失效或对机体产生毒副作用。这种配伍用药上的矛盾称为配伍禁忌。

☞ 115. 选择和使用药物时应注意哪些问题？

(1)选择药物时，应注意查看药物的标签，了解药物的特性作用、使用方法和注意事项等，严禁使用超过有效期的或失效的药品，防止购买伪劣药品，否则容易延误治疗时机，不能及时控制病情，甚至会出现毒副反应，而引起更大的经济损失。长期使用的预防性药物，应选择安全范围广、毒副作用小、残留量少、残留期短的药物，以防引起蓄积中毒和影响鸡肉的质量。

(2)大群鸡使用药物时，最好选少量的鸡先进行小群给药观察。使用抗生素时，也可先做药敏试验，以便选择效力较好而又价廉的药物。非必需的预防性用药应尽量减少。切忌滥用药物，而增加开支，破坏正常菌群和生理状况，带来一系列不利影响。

(3)使用药物时应严格掌握剂量和用药次数与时间，以保证药物在鸡体内的有效浓度，防止产生抗药性和耐药性。对于磺胺类药和抗生素类药在临床治疗使用中，一般连续用药不宜超过5～7天，必须时可停药2～3天后再使用。同时使用两种或两种以上的药物时，应注意发挥药物间的协同作用，减少和避免药物间的拮抗作用，注意药物间的配伍禁忌。

(4)使用生物药品时应逐瓶检查，注意包装瓶有无破损，封口是否严密，标签是否清楚，药品的物理性状有无变化等，有任何疑虑不清的，均不要使用。

(5)使用添加剂应根据鸡的各生长期的生理需要和基础饲料中的营养成分及预防疾病，促进生长等不同目的，选择毒性低，易混入饲料，长期应用无不良反应，对公共卫生影响小的添加剂。并严格控制使用剂量和时间，必要时可以将作用相同的不同种类的添加剂交替使用，同时应注意各种添加剂的休药期，以控制和减少药物添加剂在鸡肉中的残留量。

(6)使用药物时应严格按照说明书及标签上规定的给药方法和剂量给药。内服给药一般宜在饲前给药，以减少胃内容物对药物的影响。刺激性较强的药物宜在饲后给药。能溶于水的药物最好是采用饮水的方法给药，不要混饲。混饲给药一定要混合均匀，最好用搅拌机拌和，手工拌和时先将药物与少量饲料混匀，然后再将混过药的饲料与其他料混合。注射给药时，要注意按规定对注射部位进行消毒。

(7)每次用药都必须注意观察鸡群状况和生产性能。养鸡场和养鸡大户要做好用药情况记录，内容包括：用药目的、用药时间、药物名称、批号、生产厂家、用药方法、用药剂量、用药次数、用药效果、鸡只反应等。用药后将购药发票、标签和安瓿瓶等要保存一个月时间。

☞ 116. 怎样进行药物的保存？

(1)售药单位应有专人负责药物的保管，并建立严格的保管制度，特别是毒、剧毒药品和麻醉药品应严格按国家有关法令、条例进行保存。一般药物按其理化特性、用途等分类储存。不同品种药物的储存条件有所差异，但总的要求是：遮光、密封保存，防止药物被污染，或发生挥发、潮解、风化、变色、变质、燃烧，甚至爆炸等事故。对于有一定保存期限的药品，应经常检查，以免过期失效。对过期失效的药品应及时填写单据进行报废处理。生物药品应根据品种不同，分别进行低温或冷冻保存，并按照防疫计划需要，及时进行使用，不宜久存，以免影响效力。

(2)养鸡场(大户)使用的药物也应妥善保存，有条件的要配备专用药橱或药柜，并由专人进行药品的采购和保管。采购和使用药物要有计划，不能过多地购进药物，以防时久失效，减少资金积压。但养鸡常用的一些药物和添加剂，要保证随用随有，同时，应按照药物保管和存放的要求保存好药品。最好配备一台冰箱，以便临时存放暂不使用的疫苗等生物药品。

(3)农家养鸡户所用的药物一般都是用时临时购买。由于饲养量少，购药量也较小，有些药物没有原包装和使用说明书，多是用纸包的，此时应让售药人员在纸上注明药品名称、用法用量及疗程，以防出错。购回的药物应及时按规定使用，并注意存放在遮光、干燥的地方。使用剩下的药物，可将其分类包裹好，分别写上药名、用法、用量等，存放在有盖的棕色空瓶中，在瓶上贴上标签(记)，放在遮光、干燥的地方，短期内可以再使用。再用之前应得到兽医的指导，并注意检查药物有无发霉、结块、变色、变质、潮解等现象，如发现有上述现象时，则不能再用，应该废弃。

☞ 117. 什么叫消毒？消毒的种类有几种？

用化学药物或物理方法杀死物体上的病原微生物的方法，称为消毒。

消毒的种类，根据其时间、目的可分为以下几种：

(1)预防消毒。在平时饲养过程中，为预防疫病发生而有计划地定期对鸡舍、运动场、用具、饲槽等进行的消毒。

(2)紧急消毒。又称临时消毒。是指当场内发生了传染病后，为了迅速控制和扑灭疫病，而对疫点、疫区的病鸡排泄物、分泌物及被污染的用具、场地等所进行的消毒。

(3)终末消毒。当传染病被控制后，经 2 周没有新的病例发现，在解除疫区封锁前，为消灭疫区内可能残留的病原体而进行的消毒。

☞ 118. 消毒的对象是什么？

消毒的对象包括：鸡及其排泄物、分泌物，经过的道路、停留过的场地、圈舍、污染的用具、饲槽、水盆，鸡产品及病尸，运输病鸡的车船等交通工具，工作人员衣帽、手套、胶靴；疫情检验的实验设备等。

☞ 119. 常用的消毒方法有哪几种？

(1)机械性清除。用清扫、铲刮、洗刷、通风等机械方法，清除尘埃、污物及沾污于墙壁、地面、设备上的有机物等，同时也使大部分的病原微生物清除。这虽然不能杀灭微生物，但可以使物体表面的微生物数量大大减少，它需要与其他消毒法相配合。

(2)物理学消毒。利用阳光照射、干燥、火焰焚烧、煮沸、紫外线等杀灭病原微生物。但紫外线消毒由于设备费用大，效果差，目前大多不主张使用。

(3)生物学消毒。将粪便、垃圾、垫草等污物堆积，使其通过微生物发酵产热，温度可达 70℃ 以上，能杀死无芽孢菌、寄生虫卵等。

(4)化学消毒。将消毒剂配制成溶液喷洒、洗刷、浸泡物体或密闭熏蒸。化学消毒是使用较广泛、效果较好的消毒方法。其消毒机理是破坏微生物原生质的化学结构，损害正常代谢的物质基础，导致病原体死亡。有些消毒剂为“广谱”性的，有些则对有限的几种微生物有效。购买时，应选用性质稳定、毒性小、杀菌力强的药物，并要求容易配制和使用。

☞ 120. 什么是防腐消毒药物？分为哪几类？

防腐消毒药物是指一些应用于鸡体表及周围环境能杀灭或抑制病原微生物的药物。习惯上把能杀灭病原微生物的药物称为消毒药物，如甲醛等；能抑制病原微生物的药物称防腐药，如甲紫等。但是两者的作用并无严格的界限，有时可随浓度的变化而变化。消毒药低浓度时只能抑制病原微生物，而高浓度的防腐药也能杀灭微生物。

根据防腐消毒药品对微生物与机体组织的作用特点常将防腐消毒药分为以下几类：即用于周围环境、用具、器械的防腐消毒药物，用于皮肤、黏膜的防腐消毒药物和用于创伤的防腐消毒药物。

☞ 121. 影响防腐消毒药物作用的因素有哪些？

(1)浓度。消毒药物的抗菌活性取决于其与微生物接触的浓度。在有效浓度水平以上的一定范围内，药物的浓度与效力成正比。微生物接触的药物浓度越高效力越强，反之则效力越弱。但是，当消毒剂达到一定浓度，其效应不再增高。因此，为取得良好的灭菌效果，消毒过程中应选用适当的药物浓度。

(2)时间和温度。药物的作用与时间有关。因为药物向菌体渗透和产生反应，需要一定时间。故使用防腐消毒药时必须达到规定的时间。温度的影响，一般是药物温度升高，其作用增强，每增温 10℃，抗菌效力约增加 1 倍。故消毒过程应达到规定的作用温度。

(3)有机物。有机物能与防腐消毒药结合使作用减弱，或机械性保护微生物而阻碍药物的作用。因此，在药物作用的环境中有机物数量越多，药物的效力越低。因此，在用药前必须先清除脓、血、坏死组织和排泄物等，并根据有机物的性质选择防腐消毒药，方能取得最好的消毒效果。

(4)微生物的敏感性。不同种(型)的微生物,对药物的敏感性不同,均影响药物的效力。故必须根据微生物的种(型)特性,选用适宜的防腐消毒药物。

(5)其他。环境的 pH 值和温度、药物剂型、药物的配伍禁忌等,都能影响药效,使用防腐消毒药时,必须予以考虑。

☞ 122. 用于环境和用具的消毒药物有哪些?怎样使用?

(1)煤酚皂溶液(来苏儿)。本品为三种甲基酚的混合物,能使细菌蛋白质变性,杀菌力强,内服有制酵作用。

【用法】2%溶液消毒手、皮肤,5%溶液浸泡器械,消毒鸡舍、用具和排泄物。由于本品具有特臭味,屠宰场不宜使用,以免影响鸡肉品质。

(2)煤焦油皂溶液(克辽林、臭药水)。本品为含有煤酚的粗制剂,用煤焦油加松香、肥皂、氢氧化钠等加温制成。该种药防腐消毒作用大,而毒性小,对于大多数病原微生物及疥螨均有效。

【用法】3%~5%溶液用于消毒鸡舍,用具和排泄物;1%~2%溶液治疗疥螨。并有收敛、制止发酵作用,内服可治疗胃膨胀、下痢、传染性胃肠炎,常稀释成1%溶液口服2~5 mL。

(3)氢氧化钠(苛性钠、烧碱)。本品对细菌和病毒具有强大的杀灭力。

【用法】3%~5%溶液用于鸡舍、车辆、用具、封锁疫区地面及道路消毒。由于本品具有腐蚀性,用具消毒完后要用水冲洗干净。消毒鸡舍时,应将鸡赶出隔离,消毒数小时后,再用清水冲洗干净,方可让鸡进圈。

(4)过氧乙酸(过醋酸)。本品为高效广谱杀菌药,对细菌、霉菌、芽孢和病毒均有效。但该品易溶于水、易挥发,高浓度易热、易爆炸。

【用法】0.01%～0.05%溶液用于搪瓷、玻璃及橡胶制品短时间浸泡消毒。0.5%用于环境、鸡舍消毒，1%用于排泄物消毒，5%溶液用于密封的实验室等消毒。

(5)石灰乳(氢氧化钙溶液)。本品对细菌有一定程度抑制杀灭作用，但对芽孢无效。应现配现用。

【用法】10%～20%石灰乳(用1～2 kg生石灰加10 kg水制成)用于涂刷鸡舍墙壁、地面，与排泄物混合以进行消毒。

(6)漂白粉。本品用水溶解后，放出有效氧和氯使蛋白质变性，呈现消毒作用，能杀灭细菌，芽孢和病毒，作用短而快。主要用于饮水和排泄物消毒。

【用法】10%～20%混悬液消毒鸡舍、地面、车船等，3%～5%混悬液用于粪便、尿、脓液的消毒。0.5%混悬液用于器皿及饲具等表面消毒。粉末可用于粪尿、污水等液体物消毒。

(7)复合酚消毒剂(菌毒敌)。本品有杀灭细菌、霉菌和病毒的作用，对鸡常见病病原有杀灭作用，还能抑制蚊蝇等昆虫的滋生。

【用法】预防消毒可用0.33%溶液喷雾鸡笼舍、用具等；1%溶液可用于发生特殊病情时消毒。

(8)百毒杀。本品为双链季铵盐消毒剂，对细菌、真菌、霉菌等微生物都有较强的杀灭作用。可用于饮水消毒、带鸡消毒、种蛋和孵化室的消毒。也可用于室外大环境的消毒。

【用法】饮水消毒用50～100 mg/L，带鸡消毒用300 mg/L。

☞ 123. 用于皮肤、黏膜的防腐消毒药物有哪些？怎样使用？

(1)碘。本品能氧化细菌原浆蛋白的活性基因，并与菌体蛋白质的氨基结合而使其变性，具有很强的杀菌力，能杀灭细菌、霉菌、芽孢和病毒。

【用法】5%碘酊用于注射部位皮肤、手指、器械的消毒；10%碘酊可做皮肤刺激药。

(2)乙醇(酒精)。本品能使蛋白质变性或沉淀,起到杀菌作用。以70%～75%的乙醇消毒作用最强。用低浓度的乙醇涂擦局部皮肤,有刺激作用,可促进血液循环,也能促进炎性渗出物消散。

【用法】75%乙醇用于皮肤、器械的消毒,40%以下乙醇口服25～50 mL,可用于胃肠弛缓、胃扩张等的治疗。

(3)新洁尔灭。本品为阳离子表面活性剂,能使菌体蛋白变性,而呈现杀菌作用。低浓度能杀灭多种革兰氏阳性菌和阴性菌,在碱性环境中作用更强,并能杀灭多种真菌和病毒。作用快,毒性低,对组织无刺激作用,且能脱脂、除污。

【用法】0.1%溶液用于皮肤、手臂、术部消毒;0.01%～0.05%溶液用于黏膜和创面冲洗;在0.05%～0.1%溶液中加入0.5%亚硝酸钠后,可浸泡金属器械消毒。

(4)消毒净。本品抗菌作用较强,对组织刺激性小,不损坏器械。

【用法】0.1%溶液消毒手和皮肤,0.02%以下水溶液冲洗黏膜,0.05%～0.1%溶液浸泡金属器械。

(5)洗必泰。本品为广谱消毒药,效力比新洁尔灭强,作用迅速持久,毒性小,无刺激性,对各种细菌和霉菌都有效,对绿脓杆菌也有效。多用于洗手消毒、皮肤消毒、创伤冲洗,也可用于鸡舍、器具设备的消毒。

【用法】0.02%～0.05%水溶液冲洗腹腔、口腔、创面等,也可用于手术消毒;0.1%水溶液浸泡器械、工作衣等;0.5%水溶液用于术部皮肤、手术室用具消毒。

124. 用于创伤的防腐消毒药物有哪些？怎样使用？

(1)过氧化氢溶液(双氧水)。本品系氧化剂,遇腐败组织或脓液,能放出大量氧而杀菌。具有防腐、除臭、清洁、收敛、止血等作用。

【用法】30%溶液用于洗涤污秽的陈旧化脓创等。

(2)高锰酸钾。本品为强氧化剂，与微生物或腐败组织接触放出生态氧，呈现杀菌作用。本身则还原成二氧化锰，又能与蛋白质结合。因此，低浓度有收敛作用，高浓度有腐蚀作用。

【用法】0.05%～0.1%水溶液给鸡饮水或消毒种蛋，预防传染病；0.05%用于中毒时洗胃，可避免或减轻中毒反应。

(3)甲紫。本品对革兰氏阳性菌杀灭力强，对表皮癣菌、念珠菌也有抑制作用。对组织无刺激性。

【用法】1%溶液可用于感染创。除有防腐作用外，还能与创面上组织结合形成保护膜。

☞ 125. 什么叫带鸡消毒？带鸡消毒有何特点？

带鸡消毒，就是在对鸡的饲养环境(鸡笼、鸡舍、用具等)进行全面消毒时，同时将消毒药直接作用于鸡的体表一道进行消毒。带鸡消毒，不仅能将饲养环境中的病原微生物杀灭，同时也能将黏附在鸡体表羽毛上的病原微生物杀灭，从而收到彻底消毒的效果，这对预防和控制鸡传染病的发生和传播具有积极的意义。

进行带鸡消毒时，要求所选用的消毒药对鸡必须无毒害作用、无刺激性或刺激性较小。一般可用0.3%的过氧乙酸、0.1%的新洁尔灭、爱迪伏、消毒王等进行喷洒，但喷洒鸡体时，应当避开头部。如果对雏鸡进行带鸡消毒，要求将消毒液加温到35～40℃，且应及时将喷湿的雏鸡放入已消毒的出雏器或孵化器中烘干。

雏鸡的带鸡消毒也可用福尔马林熏蒸法进行。方法是：用市售的36%的甲醛和高锰酸钾7.5 g，水3.7 mL。将高锰酸钾和水放在瓷器皿中，置于密闭箱底，再倒入甲醛液，然后立即关箱，待产生蒸汽0.5 min后开始计算时间，熏蒸25 min。熏蒸箱内的温度保持在20～30℃，相对湿度80%。这种方法对雏鸡体表的杀菌率可达 93%～94%。

☞ 126. 为了确保带鸡消毒的效果,在具体方法上有哪些要求?

(1)雏鸡太小不宜带鸡消毒,首次带鸡消毒最小日龄不能低于 10 天。以后再次消毒时间可以根据鸡舍内污染情况而定。以饲养 13 000 羽育雏、育成舍为例,在育雏期(50 日龄前)每 7 天消毒 1 次,育成鸡每 10 天消毒 1 次,成鸡每 15～20 天消毒 1 次。在发现疫情时应增加消毒次数,必要时每天可消毒 1～2 次。

(2)带鸡消毒可用市面上销售的压缩喷雾器。消毒时喷口不能直射鸡群。

(3)药液的浓度和剂量一定要掌握准确。如用过氧乙酸消毒,在育雏期限用 0.1%的浓度。育成期和成鸡用 0.3%～0.4%的浓度。如用菌毒敌消毒,育雏期用 1∶300 浓度,育成期和成鸡用 1∶250浓度。喷雾密度,育雏期为 30 mL/m^3 药液,育成期和成鸡为 50～60 mL/m^3 药液。

(4)带鸡消毒时,舍内温度要求控制在 22～25℃为好。

(5)在实施疫苗免疫前后各 1 天内不可带鸡消毒。

☞ 127. 鸡舍的一般卫生消毒程序如何?

消毒是养好鸡的主要措施之一,鸡舍等消毒是饲养过程中不可缺少的一个非常重要的环节,其消毒的范围和具体消毒程序有以下几点:

(1)彻底清除一切污物。主要包括支架、网架、设备、料槽、水槽、垫料、尘土、羽毛、粪便等。

(2)彻底清除鸡舍地面、窗台、屋顶及鸡和人员可能到达的每一个角落。然后用高压喷水枪由上而下,由内向外冲洗。

(3)撤出的设备及食槽、水槽彻底清洗消毒后,置阳光下暴晒 2～3 天;鸡舍冲洗后开窗干燥 1 天。

(4)空舍后及时填补鼠洞，修补屋顶漏雨处及破损门窗。用20%生石灰乳粉刷鸡舍墙面。鸡舍地面若为土地面，也可刨松后铲去表层污染土再加生石灰拌匀夯实，可起到消毒作用。

(5)喷洒消毒药物浓度适当，药量充足，不留空档。常用药物有3%火碱水、1∶500的威岛牌消毒剂、1∶300～1∶400抗毒威或1∶3 000百毒杀等，剂量为1～2 L/m^3。消毒后干燥1～2天。

(6)全部设备经冲洗、喷药消毒或日光曝晒干燥后，搬入鸡舍，关闭门窗进行熏蒸。通常每立方米空间42 mL福尔马林、21 g高锰酸钾、水21 mL，熏蒸12～24 h。温度20～24℃，湿度80%左右作用最佳。

(7)通风12 h以上消除气味后准备进鸡(但进鸡前一定要室内没有余气)。进鸡前不得再进人，以防污染。

(8)鸡场进鸡后，要坚持带鸡消毒。原则上是在傍晚鸡群较安静时进行，方式由上而下喷雾，小心实施。一般对50日龄以内雏鸡每周可带鸡消毒1～2次，育成鸡以后可适当延长时间或每10天消毒1次。若发生疫情，则应每天1次，连续3～5天。

☞ 128. 孵化箱(室)及种蛋如何消毒?

(1)孵化箱的消毒。先将孵化箱用0.1%新洁尔灭液或0.2%～0.5%过氧乙酸液洗刷干净，待干后再在密封状态下用福尔马林蒸气熏蒸消毒5～10 h，每立方米容积用福尔马林28 mL、高锰酸钾14 g、水14 mL。

(2)孵化室的消毒。先将孵化室清理干净，然后将通风口用纸条封严，直接用福尔马林蒸气熏蒸5～10 h。

(3)种蛋的消毒。种蛋在入孵前，首先要进行认真的挑选，不宜过大或过小，而且要新鲜，一般保存不得超过7天，破损、软壳、畸形蛋均要淘汰掉。然后将选好的种蛋清洗干净，进行消毒。一般可采用以下消毒方法：

①高锰酸钾水浸泡法：先用温水把蛋壳洗净，再放在45℃的0.1%高锰酸钾水中，浸泡3～5 min，取出后用消毒纱布抹干。

②新洁尔灭浸泡熏蒸法：将洗净的种蛋放入20℃左右的0.1%新洁尔灭溶液中浸泡5～10 min，然后捞出放入密闭器内，用福尔马林蒸气熏蒸30 min（每立方米容器用福尔马林30 mL、高锰酸钾15 g、水15 mL）。种蛋入孵后，先将种蛋预温至37.8℃时取出，再放入0.2%的红霉素或乐菌素溶液中浸泡5～10 min，然后继续孵化。

③漂白粉消毒法：漂白粉1 kg，加水100 kg，配成溶液，将种蛋放入浸泡5 min。

④新洁尔灭喷雾法：用0.1%的新洁尔灭，对选好洗净的种蛋喷洒消毒。

⑤紫外线照射法：将选好洗净的种蛋摆平，用紫外线直接照射1 min，然后翻面再照1 min。

不管用什么方法进行消毒的种蛋，都应在消毒后沥干尽快入孵。

☞ 129. 鸡笼如何消毒？

首先用10%的漂白粉溶液，或2%～3%的来苏儿，或克辽林，或其他一些消毒液进行表面消毒，然后再用高压自来水冲洗干净，待干后，在密闭室内，用福尔马林蒸气熏蒸5～10 h。一般是每立方米容积（容器）用福尔马林14 mL、高锰酸钾7 g、水7 mL。也可用火焰喷灼法进行消毒。饲槽和水槽消毒后，要用清水刷洗，将消毒药除去，否则会影响鸡的食欲。

☞ 130. 工作服常用的消毒方法有哪几种？

工作服包括工作衣和工作帽。一般正常情况下，每周要洗涤、消毒一次。常用的消毒方法有：

(1)阳光消毒。在夏季,太阳光照强、温度高,将洗净的工作服放在太阳下直接照射 6～8 h,可以杀死细菌、病毒。

(2)浸泡消毒。将工作服浸入 4%的碳酸钠溶液或 0.1%的新洁尔灭溶液中,浸泡 30 min 后,再洗净晾干。

(3)紫外线消毒。将洗净晾干后的工作服、工作帽挂在紫外线灯下,照射 20 min 以上,可以达到消毒目的。

(4)高压消毒。这是最严格彻底的消毒法。将洗净晾干的工作服、工作帽折叠整齐,用干净布包好,放入高压消毒器内,在 6.8 kg (15 磅)压力下消毒 30 min,可以彻底消毒,但高压消毒不宜用于化纤布制作的工作服。

☞ 131. 注射器如何消毒?

在消毒前,应先检查注射器是否损坏,然后拆开、洗净,最后用纱布包好再进行消毒。消毒方法主要有以下几种:

(1)煮沸消毒。将备好的注射器和针头,放在装有冷水或温水的铝盒里煮沸 20～30 min,冷后倒掉水,可供当日使用。

(2)药物消毒。将备好的注射器及针放入 0.1%的新洁尔灭溶液中浸泡 30 min 即可。值得注意的是,凡是用药物消毒法消毒的注射器及针头,使用前,均应用灭菌生理盐水冲洗掉注射器和针头内外残留的消毒液,用消毒纱布擦干后再行使用。

(3)高压蒸汽消毒。采用高压消毒器或蒸饭用的高压锅进行消毒,是一种比较好的方法。高压消毒通常用 6.8 kg(15 磅)压力维持 15～20 min。采用高压锅消毒时,通常在放气阀放气后,再蒸煮 15～20 min。农村也可用蒸饭用的蒸笼进行消毒。

☞ 132. 工作人员进出鸡舍如何消毒?

有条件的鸡场,工作人员在进入各生产区(鸡舍)前,必须先在更衣室内脱衣、洗澡(或沐浴),换上经过消毒的工作衣裤和工作帽、鞋，洗手后经过消毒池消毒后进入生产区。出生产区(鸡舍)也必须在更衣室内脱下工作服、工作帽和工作鞋，更换便服后经消毒池方可出去。条件差一些的鸡场，工作人员进入生产区(鸡舍)时，也必须更换生产区专用的工作服、工作帽和工作鞋，并在紫外线照射室照射10～15 min后，经过消毒池消毒出入生产区。

☞ 133. 鸡粪如何消毒？

鸡粪的消毒，可以采用焚烧法、掩埋法、化学消毒法、生物发酵法及大田铺撒法等。其中，以生物发酵法为常用，而且既能保证粪便不失去肥效，又能达到消毒目的。

(1)焚烧法。即用火将粪便烧毁，通过高温达到消毒目的。对于比较干燥的鸡粪或垫草来说，采用焚烧消毒法较为方便。

(2)化学消毒法。即在粪便中拌入一定数量的化学消毒药品，从而达到消毒目的。在发生某种疫病后，为了切实控制疫情扩散、蔓延，通常采用这种方法对鸡粪进行消毒。

(3)掩埋法。即挖坑将粪便掩埋，有时还应洒上一定的消毒药品。在处理粪便数量不是很多的情况下，可以采用此法。

(4)大田铺撒法。即按照每666.6 m^2(每亩)田用鸡粪2～3 t，在大田里薄薄地铺撒，让自然界(如太阳紫外线等)进行消毒。这种方法对正常情况下的所有鸡场都适用，但在有疫病发生的情况下，不能用这种消毒方法。

(5)生物发酵法

发酵池法：即在距鸡舍及水井100～200 m以外的平坦地面上，挖一个宽、深各2 m左右的池子(长度视粪便量而定)，将每天清扫出来的鸡粪、垫草和垃圾倒入池内，倒满后封上一层泥土，经2～3个月后即可用做肥料，这种方法适用于大的鸡场。

堆积法：即在地面上挖一条1～2 m宽、20 cm深的沟，长度依粪便量而定，将清扫出来的鸡粪、垫草和垃圾疏松地堆积在沟中，堆积高度以 60～70 cm 为宜,使之成人字塔形,两侧坡度呈 70°。如在冬季,应在覆盖前先适量浇些热水,然后再严密封顶,经 2～3 个月后,即可用做肥料。这种消毒方法,凡有条件的鸡场或养鸡户均可应用,而且无论是在有疫病发生或无疫的情况下都可运用。

☞ 134. 饮水如何消毒?

根据水源质地的不同,可采用煮沸、过滤或漂白粉等方法处理。如果是清水,可直接煮沸,也可以用含 5%有效氯的漂白粉澄清液,于每立方米水中加入 0.5～1 L 进行消毒。水质较好的水,如井水或自来水,也可按 0.02%的比例加入高锰酸钾后饮用。

☞ 135. 消毒剂常带来哪些危害?

(1)对皮肤和黏膜的刺激性。强酸、强碱、福尔马林和苯酚等,对皮肤和黏膜都有很大的刺激性。特别是在配制和使用过程中一旦进入口、眼中,常引起急性炎症,对呼吸器官的黏膜也有同样副作用。

(2)消毒剂中毒。消毒剂可杀死细菌、病毒等,必然对鸡体细胞也有有害作用,中毒与否只是一个量与时间的问题。如石炭酸对皮肤腐蚀性较强,被皮肤吸收后具有慢性中毒作用,可损害肾脏和肝脏。氯制剂和福尔马林对皮肤、黏膜有刺激作用,用于带鸡气雾消毒可产生吸入毒性。如果使用的消毒剂是强酸、强碱、酚类、氯制剂,浓度较大,时间又长,也会引起中毒。

(3)消毒剂在鸡肉、鸡蛋中的残留。为预防和治疗鸡的各种细菌性传染病,经常使用抗菌药物,导致这些药物在鸡肉、鸡蛋中的残留问题,已引起了社会的普遍关注,“药残”已成为世界性问题。

(4)破坏水质和环境污染。消毒剂对活的细菌、病毒可以杀灭,但如果剂量不适宜必然对水中有益生物产生毒害作用,从而破坏水质。此外,大量的消毒污水直接排入农田也可能对作物产生危害。

☞ 136. 什么叫抗生素？有何作用？

抗生素(原称抗菌素)是由真菌、放线菌或细菌等微生物在其代谢过程中产生的化学物质,这种物质在低微的浓度下能抑制或杀灭多种生物(主要是微生物)。

抗生素对细菌的作用主要是影响细菌细胞壁的形成、原生质的功能、蛋白质合成和核酸代谢等四个环节。临床上主要用于传染病的治疗,来抑制或杀灭病原微生物。此外,尚有多醚类抗寄生虫抗生素,用于寄生虫感染的化学治疗,部分抗生素还能促进生物的生长,而被作为饲料添加剂用于畜牧业生产中。某些具有生理活性而能治疗官能性疾病的抗生素及抗肿瘤抗生素尚未在兽医临床上推广应用。

☞ 137. 使用抗生素时应注意哪些问题？

(1)正确掌握应用范围。抗生素各有其主要适应症,可根据临床诊断估计致病菌种,选用适当抗生素。凡病情不清,诊断不明,缺乏使用抗生素的指征时,不要随意使用,更不能滥用、乱用,不仅造成药物浪费、加重养鸡的经济负担,更重要的是引起耐药菌增多,给鸡疾病防治带来麻烦。

(2)合理选用药物。按照抗生素的抗菌谱,结合病鸡的生理、病理及免疫状态等,有针对性地选用抗生素。有条件的地方,最好通过药敏试验,选择对致病菌敏感的药物。

(3)要注意用量、疗程、不良反应和经济价值等问题。根据药物使用说明,开始宜用较大的治疗量,使血清中产生较高的有效浓度,给致病菌以致命性打击,以后再根据病情酌减用量。药物疗程应根据疾病的类型、病鸡的具体情况决定。用药期间应密切注意药物可能产生的不良反应,及时采取停药、换药和相应的解救措施。此外,临床选用抗生素时,还要考虑药源、药价等问题。

(4)正确掌握联合用药的原则。凡是用一种抗生素即可达到治疗目的,不使用两种及两种以上的抗生素;联合用药会增加其毒性应慎用,凡有配伍禁忌、配伍后降低药效者不能联合使用。

(5)避免药物残留。治疗慢性感染性疾病或用做保健添加剂时,在长期用药情况下,应分期轮流交叉用药。要严格控制预防性用药,以免药物残留,特别对于将要出售上市的鸡更要注意。

☞ 138. 常用抗生素类药物有哪些?如何使用?

(1)青霉素G(苄青霉素)

【作用与用途】本品为窄谱抗生素,但作用很强。多用于葡萄球菌病、链球菌病、螺旋体病、李氏杆菌病、禽霍乱以及霉形体病和球虫病的并发性细菌感染等。如鸡霍乱、鸡螺旋体病、鸡链球菌病及鸡球虫病等。

【用法和剂量】肌肉注射量:每日每千克体重2万～5万U,每日2～3次。内服量:雏鸡每次2 000 U,混料或饮水。也可以喷雾。

【注意事项】本品水溶液不稳定,宜现配现用,应注意过敏性反应。

(2)氨苄青霉素(安比西林)

【作用与用途】本品为广谱抗生素,对细菌具有杀灭作用。常与庆大霉素、链霉素、卡那霉素等联合应用,防治大肠杆菌病、腹膜炎、输卵管炎、气囊炎及沙门氏菌病等。

【用法和剂量】内服量:每日每千克体重5～20 mg。

(3)红霉素

【作用与用途】本品抗菌谱与青霉素相似。对革兰氏阴性菌如葡萄球菌、链球菌等的作用较强,对立克次氏体、螺旋体和霉形体也有作用。多用于治疗葡萄球菌病、链球菌病、霉形体病、传染性鼻炎和坏死性肠炎等疾病。

【用法和剂量】用量：按 100 mg/L 混水，连用 3～5 天，或按 20～50 mg/kg拌料饲喂。

注射剂量：10～40 mg/kg 体重，每日 2 次。

【注意事项】粉针剂不可用生理盐水等含无机盐类的溶液溶解，以免发生沉淀。

(4)硫酸链霉素

【作用与用途】本品抗菌谱较青霉素广，对结核杆菌、大多数革兰氏阴性菌有抑制和杀灭作用。对沙门氏菌、大肠杆菌有抑制和杀灭作用。对沙门氏菌、大肠杆菌、嗜血杆菌和巴氏杆菌等也有作用。主要用于治疗禽霍乱、鸡伤寒、传染性鼻炎、溃疡性肠炎、大肠杆菌病等。对慢性呼吸道病菌也有较好的疗效。

【用法和剂量】注射量：小鸡 4 万～10 万 U/次，成鸡 10 万～20 万 U/次，每日 2 次。内服量：每千克体重 0.05g (5 万 U)。混水浓度为 500 mg/L，连续饮用。常与青霉素联合使用。

【注意事项】用量过大或用药时间过长，往往会出现神经系统的毒性。

(5)新霉素

【作用与用途】本品对葡萄球菌、大肠杆菌、沙门氏菌、亚利桑那菌等有较强抑制作用，对链球菌、肺炎球菌、巴氏杆菌和结核杆菌也有一定效力。多用于治疗细菌性肠炎、鸡白痢、禽伤寒、大肠杆菌、亚利桑那菌病和呼吸道感染等。

【用法和剂量】内服量：拌料 70～140 mg/kg，混水浓度为 35～70 mg/L。注射量：20～30 mg/kg 体重。

(6)硫酸庆大霉素

【作用与用途】本品为广谱抗生素，对葡萄球菌、链球菌、肺炎球菌等革兰氏阳性菌有作用，对绿脓杆菌、大肠杆菌、沙门氏菌等革兰氏阴性菌也有杀菌和抑制作用，对结核杆菌和霉形体的作用也较强。主要用于治疗鸡白痢、坏死性皮炎、肉垂水肿、慢性呼吸道病等。

【用法和剂量】内服很少吸收，肌肉注射后吸收快而完全。注射量：每千克体重 6 000～10 000 U，每日 1 次，连用 3 天。预防量：混水 2 万～4 万 U/L。

用庆大霉素 0.5%溶液，浸泡种蛋进行处理，可杀灭蛋内病原体。

【注意事项】细菌对本品易产生耐药性。其不良反应与链霉素相似。

(7)土霉素、金霉素、四环素

【作用与用途】为广谱抗生素。对革兰氏阳性菌和阴性菌均有较强的抑制作用。高浓度有杀菌作用。对衣原体、霉形体、螺旋体和球虫等也有抑制作用。可防治多种疾病，如禽伤寒、鸡白痢、禽霍乱、传染性鼻炎、慢性呼吸道病、链球菌病、葡萄球菌病、李氏杆菌病、螺旋体病等。另外还可用于减少应激刺激，提高产蛋率和孵化率等。

【用法和剂量】内服量：每次 50～100 mg/kg 体重，混饮浓度 60～260 mg/L 水，连用 2～3 天。

(8)洁霉素(林肯霉素)

【作用与用途】本品抗菌谱与红霉素相似。多用于治疗鸡的霉形体病、葡萄球菌病、链球菌病及坏死性肠炎等。

【用法和剂量】内服量：每次 15～30 mg/kg 体重，饮水浓度 31.5 mg/L。注射量：10～30 mg/kg 体重，连用 3 天。

(9)泰乐菌素

【作用与用途】本品对革兰氏阴性菌和一些革兰氏阳性菌有抗菌作用，如葡萄球菌、链球菌和棒状杆菌等。对霉形体有特效，对螺旋体也有效。多用于治疗霉形体病，也可用于治疗坏死性肠炎、溃疡性肠炎，还可以缓解应激，提高产蛋率和孵化率。

【用法和剂量】内服量：成年鸡 25 mg/kg 体重，每日 1 次。饮水 500～800 mg/L，连用 5 天。拌料 20～50 mg/kg 体重。注射量：成鸡 25 mg/kg 体重，每日 1 次，连用 3～5 天。

(10)制霉菌素

【作用与用途】本品对曲霉菌、白色念珠菌等各种真菌有效，并对球虫有作用，但对细菌无效。主要用于防治白色念珠菌病、曲霉菌病等真菌性感染疾病，也可用于家禽球虫病的防治。

【用法和剂量】治疗念珠菌病：按 100 万～150 万 U /kg 饲料拌料，连用 7～14 天。治疗球虫病：每只小鸡每日 2 万 ～3 万 U。治疗曲霉菌病：每只每次 5 000 U，每日 2～4 次，连用 2～3 天。

☞ 139. 为什么青霉素与四环素不宜同时应用?

在用青霉素的同时，若同时使用四环素，则青霉素的抗菌作用明显降低，会出现抗菌疗效反而低于每种药物单独应用时的效果。究其原因是：青霉素与四环素的抗菌作用方式有显著差异。

青霉素的抗菌作用，主要是因为能使细菌细胞壁的合成受到抑制，造成细胞壁残缺不全，其渗透性屏障作用也遭到破坏，细菌则因此而吸收水分，使菌体膨胀变形，最后导致菌体死亡。另外，青霉素对生长旺盛的细菌作用强，对静止状态下的细菌作用弱，因而被称为繁殖期杀菌剂(处于静止期的细菌，其合成的细胞壁不受青霉素的影响)。

四环素主要是阻断细菌体蛋白质的合成，抑制细菌的生长繁殖，故被称为快速抑菌剂。应用四环素后，细菌体蛋白质的合成迅速被抑制，细菌处于静止状态。这样在两药同时应用时，青霉素干扰细胞壁合成，导致细菌细胞壁缺损的作用就不能发挥出来。由于两者的抗菌方式不同，所以不宜同时使用，否则会降低青霉素疗效。

同时应用抗菌药物一定要合理，除了考虑和了解其同时应用以后能否增强疗效外，还要注意到有些抗菌剂有相似的毒性，如果同时应用，势必毒性可能增强，所以同时使用两种抗菌药物一定要既合理，又慎重。

☞ 140. 磺胺类药物有何作用？使用时应注意哪些问题？

磺胺类药物的作用是阻碍细菌的核酸和核蛋白的合成，从而抑制细菌的生长繁殖，最终被机体的防御系统消灭。本类药物具有抗菌范围广，可供口服，不但适用于细菌性疾病，而且对球虫病等原虫性疾病也适用等特点。

使用磺胺类药物时，必须注意以下几点：

(1)本类药物只有抑菌作用，无杀菌作用，因此，在治疗时必须同时提高机体的抵抗力。

(2)首次应用剂量应加倍，必要时可静脉给药，连用 2～3 天不显效时立即改用他种药物。

(3)服用本药后，应让鸡充分饮水，对肝或肾功能不全、少尿、脱水、酸中毒、休克的病鸡应慎用或不用。

(4)用本类药物期间，应避免使用含对氨基苯甲酸的药物，发现急性毒性反应时立即停止给磺胺药，并静脉注射 5%碳酸氢钠和输液。

☞ 141. 常用的磺胺类药物有哪些？如何使用？

(1)磺胺噻唑(ST)

【作用与用途】本品有抑制细菌生长与繁殖作用，抗菌能力强。主要用于禽霍乱、沙门氏菌病、大肠杆菌病、传染性鼻炎等。

【用法和剂量】内服首次量，鸡每千克体重 0.2 g，维持量减半。或按 0.2%拌料，或用 0.1%～0.2%饮水，连用 3 天。

【注意事项】内服时应配合等量的碳酸氢钠。

(2)磺胺嘧啶(SD)

【作用与用途】本品对敏感细菌的全身性治疗效果较好，也是抗脑脊髓部细菌感染的首选药物。主要用于防治沙门氏杆菌病、大肠杆菌病、巴氏杆菌病、传染性鼻炎等。

【用法和剂量】用法和剂量与磺胺噻唑相同。

【注意事项】内服时应配合等量的碳酸氢钠。

(3)磺胺甲基异恶唑(新诺明、SMZ)

【作用与用途】同磺胺嘧啶。本品药效较长，其作用较 ST 差，但抗大肠杆菌和葡萄球菌的效果明显。如与抗菌增效剂 TMP 合用，抗菌作用可增强数十倍。主要用于大肠杆菌病、巴氏杆菌病、葡萄球菌病、沙门氏杆菌病的治疗。

【用法和剂量】内服量，鸡首次每千克体重 0.1 g，维持量减半，每日 2 次。或按 0.01%～0.02%拌料，或 0.025%～0.05%饮水，连用 3 天，停药 3 天，再用 3 天。

【注意事项】内服时应配合等量碳酸氢钠。

(4)磺胺二甲基嘧啶(SM_2)

【作用与用途】本品作用较 SD 差，但药效较长，毒性较低。其用途基本同 SD、ST。另外还可用于球虫病的防治。

【用法和剂量】用法及剂量与磺胺噻唑相同。

☞ 142. 常用的喹诺酮药物有哪些？如何使用？

(1)氟哌酸(诺氟沙星)

【作用与用途】本品为广谱抗菌药，抗菌效力强，抗菌谱广，对革兰氏阴性菌作用强，对革兰氏阳性菌和霉形体也有较强的作用。主要用于治疗鸡白痢、大肠杆菌病、霉形体病、产蛋鸡卵黄性腹膜炎等。

【用法和剂量】内服用量，鸡每千克体重 10 mg，每日 2 次。或按 50～100 mg/L 拌料，或按 20～40 mg/L 饮水。

(2)环丙氟哌酸(环丙沙星、恩诺沙星、百毒杀)

【作用与用途】本品抗菌谱与氟哌酸相似，为广谱抗菌素。对霉形体高效，比泰乐菌素和硫黏菌素强。多用于治疗霉形体病、大肠杆菌病、沙门氏菌病、巴氏杆菌病和传染性鼻炎等。

【用法和剂量】内服：混水浓度为 50 mg/L，拌料浓度为 100 mg/kg，每日 2 次，连用 3～5 天。

☞ 143. 什么是抗菌增效剂？有何功能？

抗菌增效剂是一类广谱抗菌药物，其抗菌谱与磺胺类药物基本相似，且与磺胺类药并用时，能显著提高疗效数倍到 10 倍，曾称为磺胺增效剂，后来发现本类药物亦能增强多种抗生素的疗效，同时它本身也有抗菌作用。并且较磺胺类药物为强，所以现称为抗菌增效剂。

常用的抗菌增效剂主要有：三甲氧苄氨嘧啶(TMP)、二甲氧苄氨嘧啶(DVD)等。

☞ 144. 什么叫抗寄生虫药？分为哪几类？

用于驱除或杀灭鸡体内外寄生虫的药物，叫抗寄生虫药。

抗寄生虫药分为以下三类：

(1)抗原虫药。有抗球虫药、抗其他原虫的药物等。

(2)抗蠕虫药。有抗线虫药、抗绦虫药、抗吸虫药等。

(3)杀虫药。有机磷制剂、除虫菊酯类、其他杀虫药等。

☞ 145. 常用的抗寄生虫药有哪些？怎样使用？

用于驱除或杀灭体内外寄生虫的药物，叫抗寄生虫药。常用的抗寄生虫药有以下几种。

(1)左旋咪唑(左咪唑、左噻咪唑)

【作用与用途】本品为广谱、高效、低毒驱虫药。主要用于控制禽类的多种线虫病、蛔虫病、异刺线虫、毛细线虫等。

【用法和剂量】驱蛔虫:24 mg/kg 体重,内服。驱线虫:36 mg/kg体重,内服,均有较佳的效果。主要用于控制鸡的蛔虫、气管线虫、毛细线虫等。

【注意事项】忌与碱性药物配合,中毒时可用阿托品解毒。

(2)噻苯咪唑

【作用与用途】本品为广谱、高效、低毒的驱虫药。除对成虫有效外,还有抑制虫卵的作用。

【用法和剂量】内服按 0.1%混饲,连用 7 天,以驱除气管线虫。按 100 mg/kg 体重口服,可驱除毛细线虫和蛔虫。

(3)丙硫苯咪唑(抗蠕敏、丙硫咪唑)

【作用与用途】本品为高效、广谱驱虫药。主要用于驱除鸡蛔虫、异刺线虫、卷棘口吸虫,甚至某些绦虫均有效。

【用法和剂量】内服量为每千克体重 20～30 mg。

(4)哌嗪(哌吡嗪)

【作用与用途】本品与虫体接触后,能阻断其乙酰胆碱,使虫体肌肉麻痹不能附着肠壁而被排泄出。主要用于驱除禽蛔虫、蛲虫、绦虫等。

【用法和剂量】制剂有枸橼酸哌嗪和甲磷酸哌嗪,每次每千克体重 0.2～0.3 g,拌料内服。或 0.4～0.8 g 混饮,每日 1 次。重感染可连服 2～3 天。

(5)甲咪唑(甲苯咪唑)

【作用与用途】本品为广谱、高效驱线虫药,毒性小,无不良反应。对线虫、绦虫等均有很好的效果。

【用法和剂量】内服量为每次每千克体重 300 μg,或按 125 mg/kg拌料给药。

(6)莫能菌素

【作用与用途】本品毒性小，使用安全，对多种艾美耳球虫有杀灭作用，作用高峰期在感染后的第2天。

常用125 mg/kg拌料给药防治球虫病。

【注意事项】一般宰前3天停药，产蛋鸡限制给药。

(7)盐霉素(沙利霉素)

【作用与用途】本品对锥形、巨型、脆弱艾美耳球虫等有效，对某些细菌及某些真菌也有效，为抗球虫病抗生素，另外还能促进生长，增加体重，缓解热应激。

【用法和剂量】按50～100 mg/kg饲料的比例拌料混饲。

☞ 146. 如何选用抗寄生虫药？

抗寄生虫药是用来杀灭或驱除体内、外寄生虫的一类药物。选用时要注意以下几项基本原则：

(1)要选用广谱抗寄生虫药。鸡群受寄生虫侵袭，混合感染很常见，因此使用广谱抗寄生虫药具有重要意义。但是，广谱也是相对而言的，并不是一种广谱寄生虫药就对所有的寄生虫有作用，故在混合感染时，除应选用广谱驱虫药外，还应根据感染范围，合用几种驱虫药，以期达到治疗混合感染的目的。

(2)要选用高效抗寄生虫药。所谓高效抗寄生虫药，是指使用小的剂量起到满意的驱杀寄生虫的效果，即对成虫、幼虫甚至虫卵均有较高的驱杀效果。但是，目前较好的驱虫药也不具备同时对成虫、幼虫及虫卵均有驱杀作用，只能对其中之一具有好的驱杀效果，因此在实际使用时，还要注意配合用药。

(3)要选用低毒性抗寄生虫药。所谓低毒性，是指抗寄生虫药要求对寄生虫有强大的毒性，而对宿主无毒性或毒性低。衡量抗寄生虫药毒性的安全指数(最大耐受量/最低有效量)越大越好，也就是说，药物对机体的毒性越小，而疗效越高，一般来说，安全指数必须大于5。另外，还要求药物在宿主体内能及时迅速地排出。

(4)要选用适合大规模驱虫的药物。近年来,由于养鸡业的不断发展,上规模集约化的养鸡场不断增多,为节省人力,提高工作效率,以采用通过饮水、混饲或喷雾等方法给药,适合于大规模驱虫的药物为宜。也就是说,只有选用药量小、投药方便、适口性好、安全有效的药物,才能满足大规模驱虫的要求。

(5)要轮换使用几种抗寄生虫药。有些寄生虫对抗寄生虫药可产生耐药性,甚至对同一类药物也产生交叉耐药性。

(6)要选用价格便宜、易于购买的抗寄生虫药物。

☞ 147. 使用抗寄生虫药应注意哪些问题?

在使用抗寄生虫药时,首先必须考虑和正确处理好药物、虫体和宿主机体三者之间的关系,这样才能达到用药安全有效的目的。为此,使用抗寄生虫药时应注意以下事项:

(1)要掌握好抗寄生虫药的基本知识。熟练掌握抗寄生虫药的理化性质、作用特点、应用范围、体内过程、毒性、有效量及中毒量、给药途径和剂型等,以便正确选用药物。

(2)要掌握本地区、本场鸡群寄生虫病的动态规律。本地区及本场鸡群寄生虫病的种类和遭受侵袭的程度,以及寄生虫病的流行季节和流行规律,都是合理安排驱虫的依据,因此,必须全面了解掌握。

(3)要掌握口服给药的应用原则。在实施口服给药驱虫时,给药前应禁食 12～24 h,以使药物能更快地充分发挥作用。

(4)要掌握好群体驱虫的方法。采用混饮或混饲投药时,宜先选用数量较少的鸡群进行驱虫试验,证实安全可靠后,再集体进行驱虫。另外药物与饲料要混合均匀,饮水给药时药物要完全溶解搅拌均匀。

(5)使用肠道驱虫药驱除肠道寄生虫时,要禁止使用油类泻药,以免促使抗寄生虫药物溶解、吸收而引起中毒。

(6)应注意防止产生耐药性。在对寄生虫病的防治中,要注意经常更换不同类型的抗寄生虫药物,以减少或延缓寄生虫对某些抗寄生虫药物产生耐药性。

(7)要注意到药物的残毒和危害。要了解药物在机体内的残留时间,含有残毒的鸡产品对人体的健康有威胁,甚至会造成公害。因此,有机氯类杀虫药已逐步被淘汰禁用。用左旋咪唑驱虫的鸡,在用药 7 天之后其肉、蛋方可食用;用噻苯咪唑驱虫的鸡,则要经过一个月后其肉方可食用。

(8)用药后一定要密切观察鸡群是否有毒性反应,在进行大规模驱虫时尤其要注意。

☞ 148. 常用的维生素类药物有哪些?怎样使用?

(1)维生素 A

【作用与用途】有维持视网膜的感光功能,还参与正常的生殖机能和促进生长发育的作用。配合维生素 D,可治疗骨软症、维生素 A、维生素 D 缺乏症等。

【用法和剂量】维生素 A 缺乏时,雏鸡每千克体重 1 300 U、育成鸡每千克体重 1 万 U。或以每千克饲料中混入 4 000 U 做预防用。

【注意事项】长期摄入大剂量(正常量的 40 倍以上)可出现食欲不振,体重减轻,停药后症状消失。

(2)维生素 D

【作用与用途】维生素 D 能调节机体钙、磷代谢,促进肠内钙、磷吸收,骨内钙盐沉积等。主要用于防治鸡维生素 D 缺乏症、佝偻症、骨软症等。

【用法和剂量】雏鸡与育成鸡每千克饲料加入 200 U,蛋鸡与种鸡每千克饲料加入 500 U。

【注意事项】长期大剂量应用,如每千克日料中混入200 万 U,

则会引起肾脏损伤。

(3)维生素 B_1(盐酸硫胺素)

【作用与用途】有维持正常糖代谢和神经、消化、心脏正常功能的作用。主要用于防治鸡维生素 B_1 缺乏引起的胃肠疾病,神经炎、痉挛等症。

【用法和剂量】维鸡每次用 0.1~0.2 mL 肌肉注射,或每千克日粮中拌入 1~3 mg 饲喂。

【注意事项】严重病鸡用量可酌情增加,禁与碱性药物合用。

(4)维生素 B_2(核黄酸)

【作用与用途】维持正常生物氧化机能,促进体内新陈代谢的作用。主要用于防治生长停止、皮炎、脱毛、眼炎、食欲不振、慢性腹泻等病。

【用法和剂量】用量为每千克体重 0.1~0.2 mg,或每千克饲料拌入 2~5 mg。

【注意事项】本品不宜与链霉素等混用,应避光保存,以防遇光变质。

(5)维生素 C(抗坏血酸)

【作用与用途】参与体内氧化还原反应,增加毛细血管壁的致密度,降低其通透性,具有抗炎、抗过敏、解毒的作用,可增强机体抗病能力。主要用于防治维生素 C 缺乏症,以及铅、汞、砷等的慢性中毒,贫血,消瘦等。

【用法和剂量】内服 25~50 mg/只,注射 0.05~0.125 g/只。

【注意事项】禁与碱性药物合用。

(6)维生素 E(生育酚)

【作用与用途】有维持生殖器官正常机能,参与生殖细胞的生成和胚胎的发育等作用。主要用于防治维生素 E 缺乏引起的生长不良、营养不足等综合性缺乏症。

【用法和剂量】维鸡可在每千克饲料中拌入 5 mg,蛋鸡每千克饲料拌入 2.5 mg。

【注意事项】应用时配合硒制剂效果更佳。

(7)维生素 K

【作用与用途】促进肝脏合成凝血酶原，加快血凝过程，具有止血作用。主要用于治疗维生素 K 缺乏引起的出血性疾病。

【用法和剂量】通常按每千克饲料添加 1～5 mg 维生素 K_3 可预防缺乏症出现，治疗时加量 1 倍以上。

☞ 149. 常用微量元素药物有哪些？有什么作用？

(1)锰。锰元素可从硫酸锰、氧化锰、氯化锰等中供给。本元素对禽体生长发育、蛋的形成和胚胎发育都有很重要的作用，还能有助于调节肌肉和神经的活动。

本品主要用于鸡的锰缺乏症。

(2)铁。铁是机体内构成血红蛋白的必需的物质。铁是肌红蛋白、细胞色素和某些呼吸酶的重要组成部分，还参与骨髓的造血，铁还与孵化率及雏禽生活力有关。

本品主要用于鸡的铁缺乏症。

(3)铜。铜对铁的利用有促进作用，是细胞色素和细胞色素氧化酶的组成部分，能促进大脑、脊髓的神经髓鞘正常发育，它还与骨骼的形成有密切的关系。

本品主要用于鸡的铜缺乏症。

(4)钴。钴为红细胞生成所必需的物质，能影响机体的脂肪代谢。钴缺乏时，家禽会出现贫血，生长迟缓，骨短粗症等，钴缺乏还能使产蛋率、受精率和孵化率降低。

本品主要用于鸡的钴缺乏症。

(5)硒。硒可从亚硒酸钠或硒酸钠中供给。硒除能维持细胞膜的完整性，参与维持胰腺的完整性外，还参与辅酶的合成，对蛋白质的合成，糖代谢，生物氧化等都有影响。

本品主要用于鸡的硒缺乏症。

(6)锌。锌可从碳酸锌、硫酸锌、氧化锌、氯化锌中供给。帮助禽体对锰、铜的吸收,加速禽体和羽毛的生长,对维持皮肤、黏膜的正常结构、功能及伤口愈合,对蛋白质的生物合成和利用,都起重要作用。锌与性功能也有密切关系。家禽发生缺铁性贫血时,多伴有锌的缺乏。

本品主要用于鸡的锌缺乏症。

☞ 150. 常用于消化系统的药物有哪些?有什么作用?

常用于消化系统的药物主要有以下几种:

(1)稀盐酸。本品口服后可增加禽腺胃中的酸度,利于胃内排空,起助消化作用。能促使胃蛋白酶原转变成有活性的胃蛋白酶,利于蛋白质的消化。还利于钙、铁的溶解和吸收。具有抑菌制酵作用。本品常稀释后应用。

(2)干酵母。本品常用于禽消化不良和维生素B缺乏所引起的多发性神经炎等疾病,对雏禽嗉囊积食有助消化作用,还可用于促进雏禽生长发育。

(3)液状石蜡。内服后,在消化道以原形通过,既不起变化,也不被肠壁吸收,对肠道黏膜起润滑和保护性,无刺激作用,是一种比较安全的泻药。本品适用于鸡嗉囊积食、小肠阻塞和有肠炎时的便秘。

(4)硫酸镁(泻盐)。内服能治疗鸡大肠便秘,鸡中毒时可排除肠内毒物,如配合驱虫药还可排除虫体。鸡内服量为每只1～5 g。

☞ 151. 中草药饲料添加剂在养鸡业中能起到什么作用?

用中草药作为鸡的饲料添加剂,能促进食欲,增强对疾病的抵抗力,催肥显著,提高饲料利用率,缩短饲养周期,安全、经济、实惠。

☞ 152. 中草药预防鸡病的特点和优势有哪些？

(1)调整作用。所谓调整作用就是用药物调整机体的阴阳盛衰。中兽医学认为每味中草药都有一定的药性，即药物的四气(寒、热、温、凉)、五味(辛、酸、甘、苦、咸)、升降沉浮、归经、被泻等性质。凡能防治热性药和温性药物称为寒性药和凉性药；总之，每味药都有其独特的性能。而疾病的发生，根据中兽医理论，则是由于机体的阴阳失调所致。阳偏盛则出现发热、气喘等症状的热性病；阴偏盛则产生怕冷、拉稀等症状的寒性病。因此，用中草药防病治病就是根据每一种药物都具有一定的特性，或偏于热，或偏于寒，或偏于温，或偏于凉，或升，或降，或润，或燥，或补，或泻等，利用这些药物的偏性来调整机体内部的阴阳偏盛偏衰，或消除病邪，或补虚扶弱，以协调脏腑功能，调和阴阳，使机体达到阴阳相对平衡，保持或恢复正常的生理机能，起到防病的作用。

中草药的调整作用有的还表现为对机体的双向调节作用。对机体机能状态过于旺盛的使其抑制下来，对机能状态过于衰退的使其兴奋起来，从而恢复到正常的机能状态，这是西药所达不到的。

(2)扶正祛邪。扶助正气就是补充机体气血阴阳的不足，从现代医学观点来看，具有增加营养、增强体质、提高机体免疫机能和抗病力的作用。如党参、黄芪、白术、何首乌、熟地等药物具有这种作用。祛除病邪就是祛除水饮、痰湿、淤血以及胃肠虫积食滞等。一般通过利尿、通便、驱虫等不同途径排除病邪。从现代医学观点来看，有的中草药还具有较强的抑制细菌、抗病毒等作用，如黄连、金银花、连翘、防风、荆芥、大青叶、大黄、贯众、雷丸等。而还有一些中草药本身就兼有扶正与祛邪两方面的作用，既含有丰富的营养物质，又能防治某些疾病，如松针、麦芽、山楂、艾叶、桐叶等。

(3)不易产生耐药性。众所周知，临床上长期应用抗生素和化学药品，容易产生抗药性，大多数是由于病原产生了大量的适应酶和药株，而中草药就很少出现这一类弊病。原因是中草药多为复合作用，一般应用多为复方，随症加减药物。例如，黄连、黄柏、大黄、甘草 4 味药物组成一个处方，其中黄连能抑制金黄色葡萄球菌的呼吸和核酸代谢；黄柏能抑制其核糖核酸的合成；大黄能抑制其脱氢酶；甘草能阻止其脱氧核糖核酸代谢。这样这个中药处方就不易使病原菌产生抗药性。

(4)无公害。中草药的无公害优势表现为中药在防治疾病时，很少出现危害人畜安全和生理功能的毒、副作用。

另外，中草药还有价廉、来源广泛、使用方便等优点。

☞ 153. 什么叫醒抱药？常用的有几种？

凡能使具有就巢性的母鸡离巢的药物，叫做醒抱药。常用的醒抱药物有以下几种。

(1)硫酸铜。用 2%溶液，给每只母鸡注射 1 mL。

(2)丙酸睾丸素。每只母鸡肌肉注射 5 mg。

(3)盐酸麻黄碱。每只母鸡 1 次用 2 片，每片含 25 mg。上、下午(间隔 7～8 h)各投药 1 次。

(4)异烟肼。每只母鸡 1 次用 1 片，每片含 0.1 g，上、下午(间隔 7～8 h)各投药 1 次。

(5)孕马血清。1 次皮下注射 300 U，可使 92.5%的就巢母鸡停止就巢。

☞ 154. 什么是解毒药？分哪几类？

凡是能消除毒物对机体毒性作用的药物，称为解毒药。

解毒药分为两类，即一般解毒药和特效解毒药。特效解毒药是指具有高度专属性作用的药物，它们能发挥对因治疗的作用。一般解毒药，是指能缓解中毒症状，为特效解毒药提高解毒效果的一类药物。

☞ 155. 常用特效解毒药有哪些？有什么作用？

(1)解磷定。有机磷中毒的特效解毒药，能恢复胆碱酯酶的活性。

(2)阿托品。有机磷中毒的特效解毒药，只能解除轻度中毒的毒性，不能恢复胆碱酯酶的活性。中毒严重时，应与解磷定反复应用，并且及早应用，才能有效。

(3)二巯基丙醇、硫代硫酸钠。为金属与类金属中毒的特效解毒药。

(4)乙酰胺。有机氟中毒的特效解毒药。宜早期应用，并给足剂量，严重中毒时必须配合使用氯丙嗪等镇静药。

☞ 156. 常用一般解毒药有哪些？有什么作用？

(1)葡萄糖。为营养药物，能供给能量，补充体液，增强心肌力量。高渗葡萄糖可增高渗透压，使组织脱水，有利尿作用，还具有解毒作用。常用于鸡的药物中毒及饲料中毒的解毒。5%葡萄糖注射液皮下及静脉注射量：每只鸡每次 20～50 mL；内服量为每只 50 mL。25%高渗葡萄糖注射液腹腔注射量为每只 5～10 mL。

(2)维生素 C。参与体内氧化还原反应，具有解毒作用。常用于重金属离子的中毒及药物中毒的解毒。本品液体遇碱类、四环素类、磺胺嘧啶钠则发生浑浊、沉淀。鸡口服每只 25～50 mg。肌肉注射每只 0.05～0.125 g。

☞ 157. 产蛋鸡在用药时要注意哪些问题？

产蛋鸡在开产前用药，一般没有什么特别的要求，但在开产以后，如果没有明显的疾病，一般就不必要用药，一旦鸡群中已经出现病态或受到某种用药不当，会人为地造成产蛋量下降，影响经济效益。因此，产蛋鸡在用药时要注意到以下几个问题。

(1)禁用磺胺类药及抗菌增效剂。磺胺类药物及抗菌增效剂尽管具有抗菌范围广、效力稳定、使用方便，而且价格低廉的优点，但都有抑制产蛋的副作用。它们可使卵壳变薄，产蛋减少，甚至停止产蛋，所以产蛋鸡必须禁止使用。

(2)禁用呋喃类药物。呋喃类药物也是养鸡业中较常用的广谱抗菌药物，但长期使用可抑制糖代谢，产生毒性反应，对产蛋鸡有抑制产蛋的副作用，故开产后的鸡以不用为宜。

(3)禁用丙酸睾丸素。丙酸睾丸素是一种雄激素药物，主要用于抱窝鸡的醒抱，在鸡醒抱后应立即停用，因为雄激素除了能促进雄性生殖器官的发育外，还有对抗雌激素的作用，长期反复使用，会抑制母鸡排卵甚至发生雄性变异，影响产蛋。

(4)禁用氨茶碱。氨茶碱常用于缓解鸡呼吸道传染病引起的呼吸困难，但产蛋鸡使用后会使产蛋量下降，一般在停药后仍可恢复正常。产蛋鸡以不用该药为好。

(5)禁用抗生素。抗生素是防治鸡病的常用药物，但有的抗生素，可使蛋鸡产蛋减少。例如，金霉素除了对消化道有刺激作用和损害肝脏外，还能与血中的钙结合，形成难溶的钙盐排出体外，而阻碍蛋壳的合成，使鸡的产蛋量下降，因此产蛋鸡必须禁止使用。

☞ 158. 使用药物会引起哪些不良反应?

药物在鸡病防治进程中，有可能会产生某些不良反应，影响鸡的生长发育。常见的不良反应有以下三种：

(1)副作用。是指在使用正常剂量的用药过程中所出现的与治疗目的毫无关系的作用。如长时间应用抗菌药物引起的B族维生素缺乏等，但危害一般不大，只要严格掌握用药剂量和用药时间，加上适当补充有关药物即可减少和避免副作用的发生。

(2)毒性作用。是指用药剂量过大或用药时间太长对机体的损害而造成毒性反应。如链霉素、庆大霉素、磺胺类药物等用量过大或用药时间较长而引起对肾脏的毒性危害;痢特灵如使用时间过长,或超量服用会引起药物中毒等。

(3)过敏反应。是指某些药物进入机体后,由于个体应答作用异常,而由此发生与剂量大小根本没有关系的反应。有些反应停止用药即可解除。

☞ 159. 小苏打在养鸡业中应用能起到什么作用?

在鸡的饲料中添加0.1%~0.5%小苏打(碳酸氢钠),对于提高鸡胴体等级和增重都有明显的效果。4周龄的肉鸡进行小苏打饲喂试验证明,试验组比对照组增重8%~9%。此外,添加小苏打比单纯添加食盐能明显降低鸡脚趾异常和胸部炎症的发病率,垫料费用也相应降低。尤其是在炎热的夏季,鸡为了排出多余的体热而加快呼吸,导致排出二氧化碳过多,血液中的碳酸盐相应减少,蛋壳的主要成分碳酸钙得不到充分保证,从而造成蛋壳质量下降,软壳蛋和薄壳蛋的比例显著上升。在此情况下,若单纯补充钙仍不能解决问题,其原因是血液中仍缺少碳酸根离子,形不成足够碳酸钙,而添加小苏打则可起到补充碳酸根离子的作用,收到良好的效果,从而能提高鸡的产蛋率,并有效地改善蛋壳质量。

小苏打用量一般可占日粮的0.1%~0.5%,随着气温升高可逐渐增量,在加喂小苏打时,应相应减少食盐的喂量,以防食入过多的钠。

二、给 药 方 法

☞ 160. 鸡的给药途径有哪几种?

鸡的给药可通过体表皮肤、黏膜、消化道、呼吸道、局部组织等多种途径。不同的给药途径各有不同的特点。

(1)皮肤给药。将药物施于鸡的体表,通过皮肤的吸收而达到治疗目的。如药物体表喷洒法、涂擦拭法、药浴法等。但由于完整的皮肤通常吸收能力较差,所以体表皮肤给药多用于鸡某些外寄生虫病的防治或外科疾病的局部处理。

(2)内服给药。即通过消化道途径给药。药物在通过消化道的过程中,由胃肠黏膜吸收而发挥作用。内服给药是临床上最方便、简单,也是使用比较普遍的一种给药法。通常不需要特殊的器械设备,尤其广泛适用于农家专业户家鸡疾病的防治工作中。

根据药物的性质、剂型、用药剂量、病鸡数等又有各种不同的投药方法。群体给药时,可采用饮水法,即将药物溶于水中,任鸡自由饮服;饲喂法,即把药物均匀地拌和在饲料中,让鸡只采食时一并食入药物。当鸡只数量较少、药物价格昂贵或病情需要时,为确保给药,多采用个体投药法。如灌服法、徒手投药法、食道注入法等。

(3)注射给药。俗称打针。是用注射器械将药物注入局部组织或血管内的给药方法。当药液剂量小、刺激性不大的药物及多种疫苗免疫接种时,可用皮下注射;一般情况下大多采用肌肉注射;如用药剂量大、刺激性强可采用静脉注射;另外还有嗉囊注射、气管注射等。注射给药方便,药效显现快,但必须严格消毒,注意无菌操作。

(4)呼吸道给药。采用特制的气雾器使药物形成气雾状,通过鸡的自然呼吸而吸收。因药物能通过总面积很大、血液循环丰富的呼吸道黏膜和肺泡,故吸收快,显效快。目前在某些疫(菌)苗的免疫接种方面采用较多。

☞ 161. 用打针法和经口喂药法给药治疗鸡病各有何优点?

打针法是将药物注入机体的组织或血管内的给药方法。皮下或肌肉注射时,药物先沿着结缔组织扩散,经毛细血管和淋巴内皮细胞进入血液循环。毛细血管具有膜孔，常以简单扩散及滤过方式转运。药物的吸收速率与注射部位的血流量及药物的剂型有关，肌肉组织血流量比皮下注射快。一般肌肉注射后 5～10 min 即能显现药效。而静脉注射时，由于药物直接进入血液循环内，故显效更快。打针法的优点是奏效迅速，用药剂量确定，给药速度快。在某些急重病例的抢救、经消化道给药困难的情况下，注射法充分显示了它独特的优点。此外，注射给药还可避免经口给药的麻烦，可防止经口给药而降低药效的缺点。但打针法也有其局限性，只适用于针剂（注射剂）的给药，须有专用的注射器材并要掌握一定的操作技术。同时，注射用具须经煮沸灭菌或高压蒸汽灭菌才能使用，注射局部应严格消毒，以防感染。

经口给药时，药物在消化道通过各种形式的转动、扩散，由胃肠黏膜吸收后，经门静脉进入肝脏，再进入血液循环。口喂法的优点是操作简便、安全，适用范围广。可适用于溶液剂、粉剂、散剂、片剂、丸剂、胶囊剂等多种剂型药物的给药。它不需专门器械，无菌操作要求不高。给大批鸡群投药时，省时省工，可保证药物投放的统一、及时。尤其是在养鸡业日益向着机械化、集约化发展的当今，经口给药法对于提高疾病防治效果和经济效益有着重大作用，其优势表现得格外突出。但经口给药时，吸收慢，奏效不快，一般在 20 min 到 2 h 出现作用，并且用药剂量大，损耗大。药物的吸收受胃肠道内容物、胃肠蠕动及 pH 值等多种因素影响，不同药物的吸收不规则。药物在通过消化道时，可被其分泌的消化液所降解或在肝脏中被破坏（首过效应），从而降低药效。有些刺激性强的药物，内服后可损伤胃肠黏膜。

☞ 162. 怎样进行鸡的大群给药？

随着养殖业逐渐向着大规模、专业化的方向发展，这无疑加重了疾病防治工作的任务。因此，在实际工作中，除非某些特殊情况采取逐个给药外，为了节省人力、时间，保证给药统一，提高防治效果，一般多采用群体给药法。

(1)混水给药。即将药物溶解于水中，让其自由饮服。但要注意如下几点：

①最好用凉开水或蒸馏水配制，尤其是生物制品，不宜用含氯的自来水。

②应根据百分比浓度或 10^{-6} 浓度配制。药物浓度不能过高或过低，以免引起中毒或无疗效。

③要根据鸡饮水量配制药液，既保证鸡只都能摄入足够的药量，又不浪费药物。特别是在水中容易失效的药物，应现配现用。为保证给药效果，可在用药前停饮 1～2 h。

(2)混饲给药。即将药物混入饲料，让鸡采食时一并食入药物。其注意事项有以下几点：

①药物与饲料必须拌和均匀，尤其是用量较少或易产生不良反应的药物更应充分混匀，为此，常用逐级递增拌和法，以保证每只鸡都能吃到大致相等的药物。

②应注意饲料中药物与添加剂的关系。如长期使用磺胺药物时则应适当补给维生素 B_1 和维生素 K，使用氨丙林时则要减少维生素 B_1。

(3)气雾给药。即将某些药物用带有压缩空气的雾化器喷射出来，使药物形成 1～10 μm 的液态或固态颗粒，均匀地悬浮于空气中，随着鸡只的自然呼吸运动，将药物吸入。气雾给药的注意事项有以下几点；

①必须选择适合气雾给药物，凡对鸡呼吸道有刺激性的药物不能使用本法。

②气雾颗粒大小与吸收有关，粒子过大则停留在支气管，过小则可随气体排出，一般控制粒径在 0.5～5.0 μm 较为合适。

③掌握药物的吸湿性。要使药物达到肺的深部，应选吸湿性

慢的药物;若需药物分布于上呼吸道,则选用吸湿性快的药物。

④掌握不同气雾剂在鸡病防治中的需要。有条件时,应测定气雾剂吸收后的血药浓度。

☞ 163. 鸡群体给药以什么方式为最佳?

对于大型养鸡场,除了某种不适宜于饮水接种的疫苗需要单独给药外,鸡群发生传染病时一般不进行单一给药。单一给药除花费人力外,捉拿、灌药或注射等刺激会引起鸡群发生应激反应,造成生长缓慢、生产下降,甚至引起应激病。所以,在鸡群体给药时,应注意以下几点。

(1)目前治疗鸡群发病时,提倡通过饲料或饮水添加药物的方式给药。水溶性好的药物制剂以饮水添加较饲料添加更为有利、方便,可随时用药停药。因鸡在疾病过程中食欲常减少,而饮欲一般较强,故以饮水方式给药,不影响药物摄入量。

(2)要特别注意饲料和饮水添加药物的剂量标准。据报道,3～4周龄的幼年鸡 24 h 消耗的水量占体重的18%～20%,饮水量与饲料量的比例为 2∶1,即以添加的方式用药,加到饲料中的药物浓度应为饮水中药物浓度的 2 倍。

(3)还需注意每千克体重用药的剂量与饲料、饮水中添加药量的换算。例如,雏鸡使用某药物口服剂量为每千克体重服药 12 mg,每日 2 次,那么改换成饮水添加用药,饮水中的药物浓度要考虑到雏鸡这一因素。在没有温度应激的条件下,雏鸡平均 24 h的饮水量占体重的 20%,每日每只鸡每千克体重应用药物为 12 mg×2 = 24 mg,这样相当于 200 mL 饮水中应加药物 24 mg,即相当于 0.012%。

☞ 164. 怎样才能把药物与饲料拌和均匀?

在饲料中加入药物,必须拌和均匀,否则,鸡只的采入量不均衡，有的可因药量摄入不足而达不到防治效果；有的可能因摄入过量而引起药物中毒，严重的可导致鸡群大批死亡，造成不应有的损失。因此，能否使药物与饲料拌和均匀是关系到疾病防治成败的重要环节。

(1)为保证药物混和均匀，提高投药效果，可采用多次逐级递增拌和法。即先将药物拌入少量的饲料中，再逐渐扩大饲料量充分拌和，如此反复2～3次。

(2)如加入的药物为片剂、丸剂等颗粒状时，必须先将其轧碎，防止有大小不等的颗粒或渣块，影响药物拌和均匀。

(3)当要配制的饲料数量较大时，可采用搅拌机进行拌和。

☞ 165. 怎样计算饲料中的药物拌和量？

饲料中的药物拌和量，应根据所需配制的药物浓度和饲料总量来计算。药物的拌和量等于饲料总量与饲料中药物所需浓度的乘积。饲料中药物的含量常用百分比(%)浓度来表示，也有用10^{-6}表示的。计算时，所用的计量单位必须统一。一般可用公式($N=1\,000MP$)来计算。式中：N为所需药物量，单位为克；M为饲料总量，单位为千克；P为药物在饲料中的浓度(%)。

如为治疗鸡白痢病，需配制含土霉素0.05%的饲料150 kg，则需土霉素为$1\,000\times150\times0.05\%=75$(g)。又如要在100 kg干粉料中加入磺胺二甲基嘧啶，使浓度达到0.4%，所需药物磺胺二甲基嘧啶量为$1\,000\times100\times0.4\%=400$(g)，配制时，将400 g磺胺二甲基嘧啶与99.6 kg饲料(100 kg减去0.4 kg)混匀即可。

☞ 166. 鸡体表喷洒给药时应注意什么？

为防治某些传染病、外寄生虫病以及消毒等，常采用鸡体表喷洒药物。实际操作时须注意如下几点：

(1)合理选择药物。不少外用的喷洒药物不仅对寄生虫、微生物有杀灭作用，对鸡机体也有一定毒性。应尽量选用高效低毒、无腐蚀性、无毒性残留的药物，并掌握好药物的浓度、剂量和用药时间，避免对鸡的有害刺激。同时应注意人员的自我防护，保证安全。

（2）注意喷药部位及次数，如为治疗鸡的外寄生虫病，须将药物洒在体表寄生虫所有寄生部位，如翼下、腹部、双腿内侧等。因为一般杀虫药大多不能杀灭虫卵和阻止虫卵孵化，所以要根据寄生虫的生活发育史，于第 1 次喷洒后间隔适当时间进行第 2 次喷洒药物，以彻底杀死新孵出的虫体。

（3）对鸡舍、窝巢、地板等应同时喷洒药液及消毒，彻底清除病原体隐匿滋生之处。

（4）为安全起见，喷洒药物时，需妥善保管好饲料，并将饮水器、饲料食槽等移开或严密遮盖起来，以防止引起中毒。

（5）喷药完毕，必要时可用手搓揉羽毛，使药物分布均匀并充分与皮肤接触。

（6）注意做好鸡舍的清洁卫生，加强饲养管理，适当提高营养标准，提高机体抵抗力。

☞ 167. 怎样给雏鸡喂药？

初生雏鸡体质较虚，消化力不强，抗病力差，易受各种有害微生物等侵袭而发病。其给药方法有如下几种：

（1）饮水法。雏鸡去壳后，由于其体内营养和水分消耗较多，需及时补充水分，以利于雏鸡健康。因此，可将药物按照一定比例浓度先溶于温开水中，搅拌均匀，结合补水，让雏鸡饮用。应保持饮水的温度与育雏室温度相近。

（2）饲喂法。对已开食的雏鸡，用易啄食、易消化的颗粒饲料如碎米、小米、碎玉米等（可蒸到半熟）浸泡于配好的药液内，或将药物研碎均匀地拌和于粉状饲料中，让雏鸡自由啄食。

(3)滴喂法。将药物配成溶液，用注射器或吸管吸入药液，逐只从口腔中直接滴入。

☞ 168. 鸡的注射给药方法有哪几种？注射时应注意哪些问题？

注射俗称“打针”，打针是临床上采用比较广泛的一种给药手段。有皮下注射、肌肉注射、嗉囊注射、静脉注射等。操作时，应注意如下几点：

(1)注意药物允许的给药途径。有些药物只能肌肉注射，有些只能用做静脉注射，不能随意乱用。同时使用几种药物时，须注意其配伍禁忌。

(2)仔细查看药品标签注意瓶身有无破裂、药液有无沉淀变质，凡过期失效、有其他异常的药物，不能使用。

(3)选取容量适当的注射器，检查内塞与外筒是否配套密封，针头长短粗细是否适宜，凡针尖有倒钩、针杆弯曲或有断痕的，应另换针尖。注射器、针尖、注射部位等在注射前都必须严格消毒。

(4)吸药前，要用酒精棉球消毒安瓿瓶颈部或瓶盖。一般橡皮塞药瓶口多有铝皮封口，要用镊子将其中央铝皮撬起，经消毒后刺入针尖吸取药液，切勿直接用针尖刺穿铝皮盖，这既不利于消毒，又容易损坏针尖。如为安瓿瓶，一定要用小砂轮片沿颈部做一环开锯割并消毒后，轻轻敲脱，不能用镊子或针筒等直接敲击瓶颈，以防瓶身破裂或玻璃碎屑掉入药液中。

(5)吸完药液后，须将针尖向上，针筒垂直，排尽针筒内空气。静注时更应注意，不能让气泡进入血管内。

(6)注射时，部位要准确并掌握好进针深度；注射中，当发现鸡有强烈挣扎不安时，应停止注射，或待变换针尖方向后再行注射。

☞ 169. 怎样进行鸡的肌肉注射？

肌肉组织血管丰富，对药物吸收快。因此，肌肉注射适用于刺激性稍大和比较难以吸收的药物（如水溶液、混悬剂、油剂等）以及某些疫（菌）苗的给药。鸡肌肉注射的部位可选择胸部、腿部等肌肉丰满发达处。

（1）胸部肌肉注射。由助手抓住鸡的两腿和双翅以固定，也可由术者一人实施。先在注射部位（胸骨前段左或右侧靠近龙骨处）拔毛、消毒，左手将注射部位皮肤按紧固定，防止移动；右手持已吸有药液的注射器，使针尖与皮肤呈一定倾斜角度刺入肌肉内，其深度为针尖长的2/3，不可全部刺入。针尖不可与肌肉垂直方向刺入，以免进针过深而损伤内脏。推药前应先将注射器活塞轻轻回抽一下，检查有无回血，防止误入血管内。如无回血，即可推注药液。注射完毕，左手持酒精消毒棉球压迫针孔部位，右手迅速拔出针尖。

（2）腿部肌肉注射。注射部位取腿外侧肌肉发达处，具体操作方法同胸部肌肉注射。

（3）翼根内侧肌肉注射。由助手协助保定，术者将其一侧翅膀向外移动，即可露出翼根内侧肌肉。雏鸡可将鸡体用左手捏住，一侧翅翼夹在食指和中指之间，拇指轻压头部，右手即可注射药液。

☞ 170. 怎样进行鸡的嗉囊注射？

嗉囊注射适用于药物的刺激性较强、要求用药量相当准确等情况。

注射方法：左手抓住双翅并将鸡提起，使头朝前方（也可由助手配合），局部消毒后，右手持注射器，在右侧颈部旁靠近右侧翅膀基部一指处（约 1 cm），针头以 45°～90°角刺入嗉囊内，推注药物。注射完毕，拔出针尖，用消毒棉球消毒注射部位即可。

注射前如能喂给颗粒性饲料，使嗉囊充盈，则注射更为方便准确。

☞ 171. 什么叫药物的配伍？药物配伍有何作用？

在临床实践中，有时为了提高疗效、减小药物的不良反应，或为了治疗不同的病状或合并症，常常将两种及其以上药物合并使用，称之为配伍用药或联合用药。这种用药方式往往因药物间的相互影响，会导致药物作用发生变化。其变化主要有以下几种。

(1)协同作用。是指在联合用药中各药的作用相似，用药后总药效等于或大于各药物的代数和。如磺胺药与抗菌增效剂合用，由钾、钠、铵三种溴化物组成的“三种合剂”以及几种磺胺药相互合用等，其药效均比单一药物大。临床上的配合用药，大多数是利用其协同作用。

(2)拮抗作用。指合并用药时，各药的作用相反，能引起药效减弱或相互抵消的现象。实践中利用药物的拮抗作用，以减轻或避免某些药物产生的副作用或毒性反应。

(3)配伍禁忌。是指两种及其以上药物互相混合，使药物的外观和性质产生变化而不宜使用时称配伍禁忌。如沉淀、变色、液化、产气等。

☞ 172. 同时给鸡使用几种药物时，应注意哪些问题？

同时给鸡使用几种药物时，应注意以下几点：

(1)在利用药物的协同作用下，需考虑是否会增加不良反应或毒性，因而应适当减小剂量。异烟肼等能抑制肝药酶，使同时合用的其他药物(如巴比妥)代谢减慢，毒性增大；链霉素、卡那霉素相互合用或先后应用时，对听神经和肾脏的毒性反应增强。

(2)利用药物的拮抗作用减小不良反应时，要考虑是否会降低药效。如抗酸药物能增加弱性药物四环素、磺胺药的离解；钙、镁等离子能与四环素类形成不溶性络合物而影响吸收；有些药物能加速另一药物的代谢，使半衰期缩短而降低药效。这些，在用药时必须充分注意。

(3)凡相互间有配伍禁忌的药物，不能混合应用。所以在配合药时，应掌握各种药物的性质、作用与使用，特别要注意各药物的配伍禁忌。如抗生素与吸附剂配合，前者因被吸附而降低药效，临床上不能随意配伍，必要时，可查阅有关药物配伍禁忌表。

第五章　鸡病的综合防治措施

☞ 173. 鸡病的综合防治措施有哪些？

鸡疾病的发生，受多种因素的影响，有内因，也有外因。其综合防治措施主要有以下几方面：

(1)加强饲养管理。这是养好鸡的根本条件，也是搞好防疫的基础。要把精心饲养与科学管理相结合，做到饲料配合得当，品质良好，营养齐全，饲喂及时，饮食清洁。同时要加强科学管理，保持鸡舍内适宜的温度、湿度、光照和鸡群密度，通风良好，环境安静，尽量减少人员走动或其他不良因素的刺激。

(2)搞好环境卫生。清除鸡舍附近的垃圾、乱草堆、积水坑等蚊、蝇、鼠藏匿滋生的场所；定期更换运动场表土和鸡舍内的垫草；鸡舍和运动场的粪便要每天清扫，集中处理。

(3)严格执行消毒制度。鸡舍、饲槽、用具、场地等均应定期消毒；孵化室在每批种蛋入孵前要进行消毒，以杀死蛋壳表面和孵化器具表面的病原体；饲养人员进入鸡舍要换鞋、洗手；大型养鸡场还常在出入口设消毒池，以便人员和车辆出入时消毒。

(4)采取适当的药物预防措施。如在饲料、饮水中加入某些药物或使用保健添加剂等。但长期使用某一药物可能会产生副作用或耐药性，要考虑定期更换药物。注意某些药物的残留问题，防止对人类健康的危害。

(5)加强检疫。有条件的专业户，应采用“自繁自养”的方法，即自孵(化)、自育(雏)、自养，以杜绝传染源。如确需外购种鸡、种蛋或鸡群，应从无疫病鸡场引进，并且隔离观察至少半个月，确认无病时，才可入群饲养。平时注意观察鸡群的健康状况，及时隔离病鸡，淘汰劣、弱鸡和某些疾病的阳性反应鸡（如鸡白痢病鸡），逐步建立健康鸡群。

(6)做好防疫接种工作。这是预防和控制鸡疫病可靠而又经济的方法。要制定适合本场实际的全年免疫计划，严格按免疫程序进行。

☞ 174. 鸡病综合防治的总原则是什么？

鸡疾病综合防治的总原则是：预防为主、防治结合、防重于治。

未雨绸缪，无病先防，采取综合措施防患于未然，可以保证鸡群健康生长，提高生产性能，保证鸡及其产品的高品质和商品的经济价值。一旦疾病发生再去治疗，不但要消耗不少人力和大量药物，还会引起鸡群生产能力下降，鸡产品的商品性和经济值降低，有的甚至造成“全军覆灭”；有的还会引起一定范围的流行，并给日后的鸡病防治增加困难。所以，不管是大型养鸡场还是养鸡专业户，都应采取主动、积极措施，着眼于预防。

由于疾病发生是鸡机体与各种内外致病因素共同作用的一个复杂过程，因此，疾病的防治必须采取综合措施，才能取得良好效果。

☞ 175. 怎样选择鸡场场址？

(1)地势和位置。鸡场应选在高燥、背风、向阳的地方。地势高有利于排除场内的雨水和污水，有利于保持圈舍干燥与环境卫生；背风可以避免或减少冬季西北风对鸡群的侵袭；向阳可以充分地利用太阳能采暖，减少能源消耗，降低饲养成本。

鸡场的位置应选在距居民生活区、工作区、生产区较远（一般在 500 m 以外）的地方，并在下风方向。这样既有利于自身的安全，又可减少鸡场污水、污物和有害气体对居民健康的危害。

(2)水资源和水质。鸡场用水量较大,需要有充足的水源。水质应符合生活饮用水的卫生标准,并确保未来若干年不受污染。

(3)交通运输。鸡场的饲料和商品鸡等的进出量较大,故应建在交通比较方便的地区,但应避开交通主要干道。

(4)能源供应。现代化程序较高的规模化鸡场,机电设备较为完善,需要有足够的电力,才能确保养鸡生产正常运转。所以,鸡场需要建在靠近电源,供电有保障的地方。

专业户养鸡场与工厂化养鸡场基本相同,主要考虑地势要高燥,防疫条件要好,交通方便,水源充足,供电方便等条件,规模越大,这些条件要求越严格。

☞ 176. 农家养鸡如何搭建鸡场(舍)?

农家鸡场(舍)址的选择,虽不像大型规模化养鸡场那样条件严格,但根据建场要求和原则,按照本地区资源的分布、自然条件和社会条件的许可,尽量合理选择好场址,不但能减少基建费用,对日后的饲养管理、鸡生产性能及经济效益等都有很大作用。因此,搭建鸡场(舍)主要应注意以下几点:

(1)舍址位置。既要交通方便,便于运送饲料、产品等,又不能靠公路要道太近,以免车辆噪声干扰和病原传入;同时又要远离居民点、加工点等,防止环境污染。不少农村专业户将鸡舍建于自家住宅左右,这样虽然方便管理,但不利于疫病防治。如有条件,最好选择村子的一头或坡地,这样,既不占用耕地,环境也较僻静,利于疫病防治。

(2)地势选择。要求避风向阳、地势高燥、便于光照、通风和排水。地势低洼潮湿,病原体容易滋生繁殖,导致鸡发病,应予避免。

(3)土质要求。以沙壤土为宜。这种土壤导热性小,排水性好。纯沙土排水性好,但夏季日照时吸热多,易使鸡舍温度升高;黏土排水性差,雨后容易积水,使运动场坑洼泥泞。

(4)水电要求。水电是养鸡必不可少的。要求电源供应正常,水源充足,水质良好。在无自来水的农家养鸡户,最好打深井水,地面水要经消毒处理后,才可饮用。

☞ 177. 养鸡场必须制定哪些卫生防疫制度?

养鸡场必须建立兽医卫生防疫制度和承包责任制度,由主管兽医负责监督执行,制定鸡舍、疫情报告制度以及检疫消毒、预防接种、驱除内外寄生虫制度,提倡科学管理和全价配合饲料饲养,坚持自繁自养的原则。

☞ 178. 养鸡为什么要进行防疫?

鸡病特别是鸡的传染病,是养鸡生产的大敌。养鸡一般都比较密集,一旦发生传染病,会波及大批鸡群甚至全场鸡群,引起大批鸡只死亡。即使不死,生长缓慢,甚至形成僵鸡。另外,鸡场在采取检疫、隔离、封锁、消毒等补救措施时也得动用大量的人力、物力、财力等,将会造成巨大的经济损失。何况很多传染病发生以后,是无药可治的。所以,抓好预防工作,在防疫上投点资,将会换取更大的经济效益。

☞ 179. 鸡场的防疫灭病措施有哪些?

(1)鸡场四周要有围墙,鸡场要有大门,鸡场生产区和鸡舍门口都要设消毒池,池内配制2%火碱水或20%石灰水等消毒液,消毒液要及时更换,经常保持有效浓度。严禁一切外来动物进入场内,严禁把从外面买来的鸡肉及其制品带入饲养区,闲杂人员和买鸡者不准进入鸡场,应尽量减少参观者。

(2)鸡舍应保持通风良好,光线充足,室内干燥;鸡舍内外每天清扫1次,所用饲养用具应定期清洗消毒,经常保持清洁,饲槽每天必须清洗、消毒1次。

(3)根据鸡的生长发育和生产需要，供给所需的全价饲料。要经常注意检查饲料品质，禁止饲喂不清洁、发霉、变质的饲料；饲料加工厂也应具有防疫消毒措施，工作人员出入必须彻底消毒、更衣、换鞋。

(4)鸡粪要堆积发酵或用蓄粪池发酵，利用生物热可消灭粪便中的病原体并能提高肥效。

(5)每年进行1～2次鸡体内、外寄生虫的驱虫工作

(6)鸡舍和用具每年至少于春、秋进行2次大清扫、消毒，每月进行1次一般消毒。常用的消毒药液有2%火碱水或0.5%过氧乙酸，饲养用具用热碱水消毒，再用清水洗涤晒干后使用；肉鸡舍采取“全进全出”的消毒方法，每批鸡出笼后彻底大消毒，空圈1周后方可进鸡。不能实行“全进全出”的鸡舍要进行定期消毒。

(7)兽医人员和饲养人员在工作期间必须穿工作服和工作鞋，工作结束，即将工作服和工作鞋留在更衣室内，严禁带出场外。工作服、工作鞋要经常消毒，保持清洁。

(8)为确保鸡场安全，防止疫病传入，在引进种仔鸡时，必须由非疫区购入口经当地兽医部门检疫，并签发检疫证明书，再经本场兽医验证，检疫隔离观察15天，经检查认为健康的，再全身喷雾消毒，方可入舍混群。

☞ 180. 什么是“全进全出”的鸡群更新制？

“全进全出制”是现代养鸡业中比较广泛采用的一种鸡群更新制度，即在同一鸡舍内，只饲养同时期的仔鸡，并在同一天内(或大致同时)引进饲养，在同一天(或大致相同的时间内)转群、出售或屠宰，这种使鸡的更新在同一时间(或大致同时)进行的新体制称为“全进全出制”。采用“全进全出制”，为科学饲养提供条件，尤其适用于商品肉鸡饲养，因舍内鸡群为同龄或相仿日龄，其营养需要、生理状况常处于相同水平，饲养管理和防疫措施均可统一化。

并且在每次进鸡之前和出栏之后，都有空舍时间进行彻底清扫和消毒，确保下批鸡的防疫安全。

☞ 181. 什么是动物检疫？检疫对鸡病防治有何意义？

动物检疫是指应用兽医科学的诊断方法，在鸡的生产、运输、销售、加工等各个环节，对鸡及其产品就某些规定疫病进行检查，将感染或患病鸡只及染疫的产品及时检出，并采取相应措施，以防止、控制疫病传播的过程。

由于目前还有许多传染病，特别是病毒病没有特效的治疗药物，鸡群一旦发病，尤其是规模化鸡场将会造成极大的经济损失，甚至影响日后的疫病防制。因此，检疫对于鸡病的防制有着重要意义。从传染病的流行来看，必须具备三个条件：传染源、传播途径、易感动物。这三者之间任何一个环节被阻断，传染病的流行就不能发生。动物检疫正是发现和消灭传染源，切断传染途径，控制疫病蔓延的重要措施。不仅在发生疫情时要进行检疫，无疫情时，也要进行经常性检查。比如，通过引种检疫，可以防止带进新的疫病；通过产地、收购、市场、运输等检疫，可有效地控制病鸡及其产品的流动，切断传播途径；在饲养过程中，进行定期检疫，隔离病鸡或隐性感染者，淘汰某些疾病的阳性反应鸡，以防止疫病的水平传播；通过检疫，还可以掌握疫情，为制定防病措施提供信息。所以，动物检疫是控制疫病的发生、流行，保护畜牧业发展的重要措施，对保障人民的身体健康也有重大意义。

☞ 182. 怎样进行引种检疫？

引进种鸡时，除了要了解引进品种的系谱、生物学特性、生产性能、饲养管理要求和免疫状态及其他有关科学数据和资料外，还要了解该地区的疫病情况，严禁从疫区引种，并要求该地区的兽医检疫机构出具检疫证明。

一般情况下，宜引入种蛋而不宜引入雏鸡或成鸡，以减少带入病原的机会。

☞ 183. 种鸡场应进行哪些疫病的检查？

鸡的疫病较多，从理论讲，都有必要进行检疫，但实际上，不是所有传染病都要列入检疫对象，主要是检疫那些危害大、传播快、难以控制的传染性疫病，特别是规模化养鸡场更应该定期进行检疫。一般需要进行临床诊断和实验室检验的疾病有：鸡瘟、禽流感、禽白血病、鸡白痢等。对检验出的病鸡或阳性鸡，应按不同的情况做妥善处理。凡传染病或可疑为传染病的病鸡应予以扑杀深埋。

☞ 184. 农家养鸡怎样进行检疫？

养鸡专业户在饲养过程中对家鸡进行检疫，是直接控制传染病发生的重要措施。应按照防疫部署要求，定期对饲养的家鸡进行某些疫病的检疫。当受到某种传染病威胁或新补充家鸡时，还要进行临时检疫。检疫的内容主要是鸡新城疫、鸡传染性喉气管炎、鸡痘、禽霍乱、鸡马立克氏病、禽伤寒、雏鸡白痢和副伤寒等。

检疫的具体方法，可将临床诊断与实验检验相结合。临床诊断包括群体检查和个体检查，主要是利用人的感官或借助于一些简单器械（如体温计），通过"看、听、摸、检"，对鸡进行直接检查，将所收集到的症状经过综合分析，做出初步诊断。当然，对于发病初期的病鸡、非典型经过的病鸡或无明显症状的隐性病鸡，单靠临床检查是不容易发现的，这就必须借助于实验室检验。如病理学检验、病原微生物学检验、变态反应和血清学反应检查等。

☞ 185. 什么是免疫接种（打防疫针）？有什么好处？

免疫接种是将有效的生物制品（疫苗、菌苗、类毒素）作为抗原，引入动物机体，或注入免疫血清，以激发动物机体产生特异性抵抗力，使易感动物转化为不易感动物的一种手段。由于过去通常采用注射法，所以人们习惯上把免疫接种称为打防疫针。有组织有计划地进行免疫接种，是预防和控制鸡传染病发生流行的重要措施之一，在某些传染病如鸡新城疫、鸡马立克氏病等病的防制措施中，免疫接种更具有关键性的作用。

☞ 186. 在免疫接种前后应怎样管理鸡群？

(1)接种前 5 日和接种后 7 日内应停止在饲料中添加抑制免疫应答的药物，如抗生素、抗球虫药物和肾上腺皮质酮类等，以免影响免疫效果。如需控制继发其他细菌性传染病，应添加一些影响免疫效果小的药物，如强力霉素等。

(2)接种期间要供应充分的新鲜饮水，并在水中添加电解质和维生素，尤其是维生素 A、维生素 E、维生素 C 等更为重要。饲料要充足，鸡舍要有足够的新鲜空气。过分密闭的鸡舍不利于鸡克服疫苗反应，大量尘埃和氨气对正发生反应的鸡来说是两个重要的不利因素。

(3)雏鸡有病，表现呼吸道症状时，或死亡率高(大于 0.1%～0.2%)时，不要对其接种疫苗，要将免疫接种推迟至雏鸡康复后进行。

(4)接种时应尽量避免惊吓和过分追逐鸡，以免加重接种反应。

(5)接种后要注意观察鸡有无反应。如出现剧烈反应，要采取相应的处理。如有严重反应或死亡，怀疑疫苗有问题时，应把使用的情况通知疫苗生产厂家，并将同批疫苗送去，以便检查原因。

(6)密切注意有无传染性法氏囊病、雏鸡传染性贫血、霉菌毒素和球虫病征兆，防止这些免疫抑制因素危害接种疫苗的鸡群。

(7)接种后要保证鸡舍内感到舒适。在发生疫苗反应时，避免寒冷、湿热、贼风或饥饿等引起鸡群的应激反应。

☞ 187. 鸡有哪几种免疫接种方法?

常用的鸡疫(菌)苗免疫接种方法有:点眼、滴鼻、翼下刺种、皮下或肌肉注射、饮水免疫及气雾免疫等。

采用哪一种免疫接种方法,要根据具体情况而定,既要考虑疫(菌)苗的特性及接种免疫的效果,又要考虑工作的方便及经济效益。

☞ 188. 饮水免疫接种法应注意哪些事项?

饮水免疫接种就是把疫(菌)苗溶于水中,让鸡自由饮水而达到免疫目的。对于大鸡群和已开产的蛋鸡,为了省时省力和减少因注苗而带来的应激,常采用饮水免疫法。常用于饮水免疫的疫(菌)苗有鸡传染性法氏囊病疫苗、鸡新城疫疫苗,鸡传染性支气管炎疫苗。饮水法免疫虽然有许多优点,但由于种种原因,会造成各鸡只的疫苗饮入量不一致,抗体参差不齐,有的不能产生足够的免疫力,达不到免疫目的。为使饮水法免疫达到一定的效果,必须注意以下几点:

(1)采用饮水法免疫用的疫苗必须是高效价的。

(2)稀释疫苗的水必须从严要求,不得含有使疫苗灭活的物质,例如氯、锌、铜、铁等离子。因此,稀释疫苗的水,最好是用蒸馏水或生理盐水。

(3)稀释疫苗的用水量要适当,一般情况下,每500羽份疫苗,用于2日龄至2周龄鸡免疫,用水量为5 000 mL,2～4周龄的鸡为7 000 mL,4～8周龄以上的鸡为20 000 mL。

(4)用饮水法免疫时,使用的饮水器要充足,以保证所有的鸡能在短时间内饮到足够的免疫量。另外,饮水器具要清洁卫生,饮水前必须彻底消除铁锈、脏物等,也不能残留任何消毒剂或清洁剂，以免降低疫苗的效价。

(5)饮疫苗前，鸡群要停水 2～4 h(视天气及饲料情况而定)。饮疫苗后，也要停饮水 1～2 h。

(6)最好能在稀释疫苗的水中加入 0.1%的脱脂奶粉或山梨糖醇，这样可减少饮水中异物对疫苗的作用，提高免疫效果。

(7)采用饮水法免疫，二次免疫间隔时间不宜太长。

☞ 189. 气雾接种法应注意哪些事项？

气雾接种法就是利用压缩空气，通过气雾发生器，使疫苗形成直径 1～10 μm 和雾化粒子，均匀悬浮于空气之中，使鸡呼吸时将疫苗吸入体内，从而达到免疫目的。采用气雾免疫法时，使用对某些与呼吸道有亲嗜性的疫苗如鸡新城疫疫苗、鸡传染性支气管炎疫苗，效果最好。但气雾免疫法对鸡群干扰大，尤其是有霉形体和大肠杆菌感染的鸡群，此法会加重这些鸡群引发气囊炎。采用气雾免疫法必须注意如下几个方面：

(1)所用的疫苗必须是高效价的。

(2)疫苗的使用量要加大，一般是正常免疫量的 2～4 倍。

(3)稀释疫苗要使用不带离子的水或蒸馏水。

(4)稀释疫苗时最好加入 0.1%的脱脂奶粉。

(5)气雾免疫的雾粒大小要适当。一般要求喷出的雾滴在 70%以上，成鸡雾滴直径应在 5～10 μm，雏鸡为 30～50 μm，从而在鸡笼附近形成一个良好的雾化区。

(6)喷雾时鸡舍要密闭，遮住直射阳光，保持一定的温湿度，热天免疫要缩短免疫时间，以免排风机停止，造成室温骤增。最好在夜间鸡群密集时进行，待 5 min 后打开门窗，尽量减少噪声、光照等应激因素。

(7)在进行气雾免疫前，要在饲料或饮水中加入一定的抗菌药物，以预防继发感染。

(8)气雾接种操作人员应注意自身防护，减少弱毒感染人员的机会。

☞ 190. 注射接种法应注意哪些事项？

注射接种法分为皮下注射和肌肉注射两种方法。肌肉注射多选在胸骨两侧胸肌发达的部位或腿肌部位。胸肌注射时，应斜向前入针，以防刺入肝脏或胸腔，造成损伤或死亡。对较小的鸡尤其要注意。一般按疫苗使用说明书进行接种，较小的鸡每只注射0.2～0.5 mL，成鸡则每只注射0.5～1 mL。禽霍乱蜂胶灭活疫苗、大肠杆菌灭活疫苗、减蛋综合征油乳疫苗等均可采用肌肉注射。鸡新城疫Ⅰ系疫苗等肌肉注射免疫力的鸡群(如种鸡群)，最好采用肌肉注射。有时在一种灭活的疫苗制品中含有几种疫苗，注射一种疫苗制品就可同时免疫几种疾病，如鸡新城疫与减蛋综合征二联油乳疫苗等。马立克氏病疫苗，多选择鸡的颈背皮下进行注射，一般适于肌肉注射的上述各类疫苗都可采用皮下注射法。

☞ 191. 翼下刺种接种法应注意哪些事项？

翼下刺种法适用于鸡痘疫苗、鸡新城疫Ⅰ系疫苗的接种。进行接种时，将1 000头份疫苗稀释于25 mL生理盐水中，充分摇匀，然后用接种针或钢笔尖蘸取疫苗，刺种于鸡翅膀内侧无血管处。小鸡刺种1针，较大的鸡可刺种2针。翼下刺种一定要保持清洁，不要让接种针接触肝脏的表面，否则会造成污染。更不能让鸡痘疫苗碰到鸡的眼、口和羽毛，否则可能发生湿性鸡痘。

翼下接种后1～2周，检查鸡群翼膜上是否出现“反应”。如果无“反应”，就表明免疫接种做得不好；如果“反应”很大且含有干酪样物质，则表明发生了污染。

☞ 192. 点眼和滴鼻接种法应注意哪些事项？

点眼和滴鼻接种法对于鸡新城疫Ⅱ系、Ⅲ系、Ⅳ系疫苗、传染性支气管炎弱毒疫苗及传染性喉气管炎弱毒型疫苗等都很有效。以幼雏应用这两种方法，可避免疫苗病毒被母源抗体中和，刺激鸡的黏膜免疫，从而取得比较良好的免疫效果，而且可保证每只鸡普遍得到一致剂量的疫苗。特别对疫苗的初次接种来说，点眼、滴鼻是疫苗接种的最佳方法。将疫苗按规定稀释后，在每只鸡的同一侧眼结膜或鼻孔上（下一次接种另一侧）滴一滴，约 0.05 mL，见到滴下的疫苗消失于眼内或鼻内，即证实该鸡已接种了一头份疫苗。采用这两种方法应遵守的注意事项与采用其他方法时相同。

☞ 193. 疫苗和菌苗有什么区别？

从广义上讲，疫苗是具有抗原性的大分子蛋白质（如病毒、细菌、毒素等），经灭活或致弱后，注射到鸡体内，使鸡体内产生抗该种病毒或细菌的能力（即抗体）的各种类型的生物制品。一般所说的疫苗，是指用病毒制成的生物制品；菌苗是指用细菌制成的生物制品。

疫（菌）苗可分为死苗和活苗两类。死苗通常是采用物理的和化学的方法，将强毒的微生物（如细菌、病毒）杀死而制成的，或将它们的有毒产物用福尔马林处理灭活成类毒素后而制成的。死苗的优点是安全，没有任何致病性，通常加入佐剂后，可产生坚强的免疫力，不仅免疫期长，储藏、运输方便，无需低温保存，而且母源抗体对死苗的免疫效果影响、干扰不大。但制苗成本较高，价格贵，死苗接种后一般要 14 天左右才产生坚强免疫力。

活苗是由减弱的病原微生物（病毒、细菌等）制成的。它们能在被接种的宿主体内繁殖一个短时期，然后被宿主的防御机制所消灭，如果制苗的微生物（细菌或病毒等）具有良好的抗原性，则产生的保护力对防止同种病原微生物的强毒株的攻击是有效的。母原抗体对弱毒苗的免疫效果影响大。弱毒活苗储藏、运输都要在低温下进行，具体接种、稀释方法要求更高。弱毒活苗制作成本低，价格便宜，一般接种苗后4～10天即可产生免疫力。

☞ 194. 怎样选购合格的疫(菌)苗?

购买疫苗时必须进行检查，不合格的疫苗坚决不能用。

(1)要检查疫菌苗的外包装是否清洁、完好，瓶上是否有标签，无标签者不能要。

(2)要看标签上有关疫(菌)苗的名称、批准文号、生产批号、出厂日期、保存期、使用方法以及生产厂家等内容，如果上述内容不全，说明不是合格的疫苗。要逐瓶进行检查，主要检查装苗的瓶子有无破裂、破损，瓶子有裂损的疫苗不能用；检查瓶塞密封是否良好，密封不好有松动或瓶塞破烂的，容易进入空气，不能用；已过有效期的疫(菌)苗不能用。

(3)要仔细检查瓶内容物的性状，冻干苗为疏松的海绵状固体，贴于瓶底，用手摇动，瓶内冻干物质易脱离瓶壁，并呈块状分散在瓶内，如果冻干苗瓶内潮湿，用手摇动时冻干物紧贴瓶壁，不易松动，则此类苗多半是由于含水分过多或失真空进了水等，不能使用；水剂苗要观察其颜色、混浊度、是否有异物，如果瓶内液体颜色与标签上的说明不一致(变色)、浑浊，或有絮状沉淀及结团块等，均不能用。例如，鸡新城疫弱毒冻干苗(Ⅰ、Ⅱ系疫苗)为淡白色海绵状疏松固体，如果潮湿粘壁或颜色加深，则均不能使用。

(4)没有按规定方法保存的疫苗也不能用。例如，弱毒疫苗需在低温下保存，若放在室温下，则疫苗容易失效，降低免疫效果；油乳剂灭活苗要求不能结冻，如果放在低温下结冻，则油水相即可分离，会严重影响免疫效果。

☞ 195. 如何保存和运输疫(菌)苗?

疫苗的保存，根据其性质的不同(如冻干苗和油乳剂灭活苗)，其保存条件也不同。

(1)购进疫苗后，要根据疫苗瓶签上的说明，按要求进行保存。油乳剂灭活苗要求在温度 2～10℃和避光的环境条件下保存，严禁冻结保存。弱毒冻干苗一般要求应在－15℃以下低温保存。不管是什么苗均应存放在比较恒定的温度下，切忌忽冷忽热，疫(菌)苗反复结冻、溶化容易破坏抗原性，导致免疫失败。相反，高温和日光照射，也会迅速破坏疫苗的抗原性，变成失效的疫(菌)苗。

(2)疫(菌)苗存放的环境要清洁卫生，以免疫苗被污染。

(3)疫苗运输时，要求包装完好，防止瓶子破裂散失。活的弱毒疫苗应放在冷藏车、冷藏箱或冰瓶内，保持低温运送。无论是活苗还是死苗，在运输途中都要避免日光直射和高温，并要尽快送到保存点或预防接种场所。

☞ 196. 弱毒疫苗有哪些? 如何使用?

用于预防鸡传染病的弱毒疫苗品种很多，常用的主要有如下几种：

(1)鸡新城疫Ⅰ系弱毒冻干疫苗。它是中等毒力的疫苗，用于 2 月龄以上的鸡预防鸡新城疫。使用时先取生理盐水或蒸馏水按说明书上的要求稀释，然后进行翅膀内侧皮下刺种或胸部肌肉注射。接种后 3～4 天即可产生免疫力，免疫期限 1 年以上。

(2)鸡新城疫Ⅱ系、Ⅲ系、Ⅳ系弱毒冻干疫苗。鸡新城疫克隆-30疫苗，均为弱毒力疫苗，适用于各种日龄的鸡，主要是 7 日龄以上的雏鸡用于预防鸡新城疫。使用时，先取生理盐水或蒸馏水按说明书上的要求稀释，采用滴鼻、气雾或饮水方式免疫。一般免疫后 7～9 天产生免疫力。

(3)鸡传染性法氏囊病弱毒冻干疫苗。为弱毒力疫苗，用于各种日龄的鸡，一般用于1～7日龄的雏鸡。使用时，先取生理盐水或蒸馏水方式按说明书上的要求稀释，然后采用滴鼻、点眼或饮水方式免疫。

(4)鸡霍乱弱毒冻干菌苗。本品用于2月龄以上的鸡，用于预防鸡霍乱病。使用时，先取20%～25%氢氧化铝胶液或生理盐水按说明书上的要求稀释，然后进行皮下或肌肉注射，注射后5天左右产生免疫力，免疫期限为4个月以上。

(5)鸡马立克氏病火鸡疱疹弱毒冻干疫苗。适用于接种各品种1～3日龄的刚出壳雏鸡预防鸡马立克氏病。使用时，先按说明书上的要求，用本苗的专用稀释液稀释，然后进行肌肉注射或皮下注射，接种后10～14天可产生免疫力，免疫期限1年以上。接种1日龄雏鸡免疫效果最佳。

(6)鸡痘鹌鹑化弱毒冻干疫苗。用于1日龄以上雏鸡或成年鸡预防鸡痘。使用时，先按瓶签说明上的要求用50%甘油盐水或生理盐水稀释，然后进行翅膀内侧皮下刺种。接种后14天可产生免疫力，雏鸡的免疫期为2个月，成年鸡的免疫期为5个月。

(7)鸡传染性支气管炎弱毒(H_{52})(H_{120})冻干疫苗均为弱毒力疫苗，H_{120}用于日龄小的雏鸡免疫，H_{52}苗用于日龄较大的仔鸡免疫。使用时，先按说明书的要求进行稀释，然后采用滴鼻或饮水方式免疫。H_{120}免疫后5～8天产生免疫力，免疫期为6个月。

☞ 197. 鸡常用的油乳剂灭活苗有哪些？如何使用？

鸡常用的油乳剂灭活苗主要有以下几种：

(1)鸡新城疫灭活油剂苗。用于各种日龄的鸡预防鸡新城疫，可减少或消除非典型新城疫。使用时要充分摇匀，按说明书要求进行颈部皮下或肌肉注射。注苗后14天可产生坚强的免疫力，免疫期1年。

(2)鸡传染性法氏囊病灭活油剂苗。用于预防鸡传染性法氏囊病，供雏鸡和种母鸡免疫注射。使用时应充分摇匀，按说明书要求进行颈部皮下注射。注苗后 10 天可产生坚强的免疫力，免疫期为 1 年。

(3)鸡减蛋综合征油剂灭活苗。用于预防鸡产蛋减少综合征。使用时应充分摇匀，按说明书要求进行皮下注射或肌肉注射。注苗后 14 天可产生坚强的免疫力，免疫期为 1 年。

(4)鸡传染性支气管炎多价油剂灭活苗。用于预防鸡传染性支气管炎。使用时应充分摇匀，按说明书要求进行颈部皮下注射或肌肉注射。接种后 14 天可产生坚强的免疫力，免疫期为 1 年。

(5)鸡霍乱油乳剂灭活菌苗。用于 3 月龄以上的鸡预防鸡霍乱病。用前充分摇匀，按说明书要求进行颈部或翅膀内侧皮下注射，接种后 14～20 天可产生免疫力，免疫期为 6 个月。

(6)鸡大肠杆菌多价油剂灭活菌苗。用于预防鸡大肠杆菌病，同时能提高机体非特异性免疫力和抗病力。用时充分摇匀，按说明书的要求，进行颈部皮下注射，注苗后 10 天可产生坚强免疫力，免疫期 1 年。

(7)鸡肾型传染性支气管炎油剂灭活苗。供预防鸡肾型传染性支气管炎用。用时充分摇匀，按说明书的要求进行颈部皮下注射，注苗后 14 天可产生免疫力，免疫期为 1 年。

(8)鸡新城疫一减蛋综合征二联油剂灭活苗。供蛋用鸡预防鸡新城疫和减蛋综合征用。用前充分摇匀，按说明书的要求进行颈部皮下注射，注苗后 10 天可产生坚强免疫力，免疫期限为 1 年。

(9)鸡新城疫-法氏囊二联油剂活苗。用于雏鸡、种母鸡预防鸡新城疫和传染性法氏囊病。用前充分摇匀，按说明书的要求进行颈部皮下注射，注苗后 10 天可产生坚强免疫力，免疫期限为 1 年。

(10)鸡新城疫-法氏囊-减蛋综合征三联油剂灭活苗。用于种母鸡的免疫注射，可预防鸡新城疫、减蛋综合征，使雏鸡具有较高的法氏囊母源抗体。用时充分摇匀，按说明书的要求进行颈部皮下注射。注苗后10天可产生坚强免疫力，免疫期为1年。

☞ 198. 什么是免疫程序？如何制定免疫程序？

免疫程序是指根据疫病的种类、疫苗特性、免疫有效期、机体免疫状况等而制定的免疫计划的具体实施程序。它包括所用疫苗的种类、免疫接种对象、接种时间、方法、剂量、次数。制定切实可行的免疫程序并认真实施，可使免疫工作有条不紊，防止漏种、错种。

免疫过程是动物机体在抗原刺激下发生的极为复杂的反应，它受到诸多因素的影响。所以，制定免疫程序时，一定要根据各自的实际情况，统筹兼顾，周密安排。

(1)根据本场、本地区鸡病发生的实际情况，确定所需接种的疫(菌)苗。一般说，当地有该病流行或可能受威胁，才进行该种病的免疫接种，没有威胁的可不接种。否则，不但浪费了人力、物力，还会使疫病的血清学诊断复杂化，甚至因接种的各个环节处理不当，引起鸡感染发病。

(2)疫(菌)苗接种的时间、用量、次数等与免疫效果有着十分紧密的联系。要根据鸡的日龄、免疫状态、饲养周期、疫病流行病学特点等确定适宜的免疫日期和次数。比如说，对雏鸡初次免疫时，要考虑母源抗体的水平。过早接种，可能会因体内母源抗体的中和作用而使疫(菌)苗失效或减效；过迟接种则又会增加感染的危险。同样，如需强化免疫时，也必须注意到体内抗体残存量。一般菌苗需间隔7～10天，类毒素需间隔6周以上，使用弱毒活苗时，常常只需一次接种。蛋鸡的免疫接种最好安排在开产前进行，以免影响产蛋。

(3)确定合适的接种剂量和方法。剂量过小，不能有效地刺激机体产生免疫反应；剂量过大，则又会抑制免疫反应，引起所谓免疫麻痹。接种剂量一定要根据其制品说明书确定，不能随意增减。免疫方法要根据养鸡规模、疫苗特性及使用要求决定，尽量做到方便、易行、保证效果确定。

(4)分别使用几种疫(菌)苗时，应安排适当间隔时间，一般不同疫(菌)苗应相隔 2～3 周接种，以防止相互干扰作用，影响免疫效果。

☞ 199. 如何根据鸡的生长日龄安排免疫程序？

根据鸡的生长日龄安排好免疫接种，制定出经济实用的免疫程序，是各养鸡场和养鸡户极为关注的问题。下面列举国内外的几个程序，供参考使用。

例 1：

1 日龄，皮下注射鸡马立克氏病疫苗。

7～9 日龄，用鸡新城疫、鸡传染性支气管炎活苗点眼、滴鼻免疫。

14 日龄，传染性氏囊病疫苗饮水免疫。

20～30 日龄，用鸡新城疫、鸡传染性支气管炎活苗免疫，同时注射半个剂量新城疫油剂苗。

32 日龄，用鸡痘苗刺种免疫。

40 日龄，用鸡传染性喉气管炎苗点眼、滴鼻免疫。

42 日龄，用鸡传染性支气管炎 H_{52} 苗饮水或滴鼻、点眼。

70～84 日龄，用鸡痘和鸡脑脊髓炎苗刺种。

91 日龄，注射大肠杆菌油剂苗。

120～140 日龄，注射鸡新城疫、鸡传染性支气管炎、鸡减蛋综合征三联苗。

例 2：

1 日龄，皮下注射鸡马立克氏病疫苗。

7～9 日龄，用鸡新城疫、鸡传染性支气管炎活苗点眼、滴鼻或喷雾免疫。

14 日龄，用鸡传染病性支气管炎 H_{120} 苗点眼、滴鼻，同时注射半个剂量肾型多价油剂苗。

18 日龄，用鸡传染性法氏囊病疫苗饮水免疫。

20～30 日龄，用鸡新城疫Ⅳ系苗点眼，同时注射半个剂量鸡新城疫油剂苗。

25 日龄，用鸡传染性法氏囊病疫苗饮水免疫。

32 日龄，用鸡痘苗刺种免疫。

40～56 日龄，鸡传染性喉气管炎弱毒苗点眼、滴鼻免疫。

70～84 日龄，用鸡痘和鸡脑脊髓炎苗点眼、滴鼻免疫。

120 日龄，用鸡新城疫、鸡传染性支气管炎、鸡减蛋综合征苗接种。

例 3：

1 日龄，皮下注射鸡马立克氏病苗。

10～14 日龄，用鸡新城疫Ⅱ系苗，鸡传染性支气管炎 H_{120} 苗混合饮水（H_{120} 苗用于蛋鸡，非疫区不用）。

18～20 日龄，用鸡传染性法氏囊病疫苗饮水免疫。

28～30 日龄，用鸡传染性法氏囊病疫苗饮水免疫。

35 日龄，用鸡传染病性支气管炎 H_{52} 苗饮水免疫（肉仔鸡或非疫区不进行）。

40～45 日龄，用鸡新城疫Ⅱ系苗滴鼻或用饮水免疫。

75 日龄，肌肉注射鸡新城疫Ⅰ系苗，刺种鸡痘苗免疫（蛋鸡）。

90 日龄，肌肉注射鸡霍乱菌苗，隔 7～10 天重复 1 次（蛋鸡）。

135 日龄，肌肉注射鸡新城疫Ⅰ系苗，用鸡传染性支气管炎 H_{52} 苗饮水免疫（蛋鸡）。

例 4（美国“Dakalb231 白色种鸡群”的免疫程序）：

1 日龄，皮下肌肉注射鸡马立克氏病疫苗。

10 日龄，用新城疫Ⅱ系苗和鸡传染性支气管炎 M 株、H_{120} 弱毒苗饮水免疫。

5 周龄，用鸡新城疫Ⅱ系苗气雾免疫。

7 周龄，用鸡传染性支气管炎 M 株和 C 株弱毒混合苗气雾免疫。

12 周龄，刺种鸡痘疫苗免疫。

14 周龄，用鸡脑脊髓炎疫苗气雾免疫。

16 周龄，用鸡新城疫 Lasota 弱毒苗和鸡传支 M 株混合苗气雾免疫。

18 周龄，用鸡脑脊髓炎苗饮水免疫。

例 5（日本和我国台湾省有些鸡场种鸡群的免疫程序）：

初生雏，用鸡新城疫Ⅱ系苗点眼、滴鼻或气雾免疫。

第 1 周，用鸡新城疫Ⅱ系苗点眼、滴鼻或气雾免疫。

第 2 周，刺种鸡痘疫苗。

第 4～5 周，注射 TCND 弱毒苗（美国用鸡肾细胞生产的鸡新城疫苗）0.2 mL、鸡传染性支气管炎苗 0.5 mL。

第 9 周，注射 TCND 弱毒苗 0.2 mL。

第 17 周，注射 TCND 弱毒苗 0.2 mL、鸡传染性支气管炎苗 0.5 mL。

第 21 周，TCND 弱毒苗 0.2 mL。

以后每隔 3 个月注射 TCND 弱毒苗一次。

☞ 200. 给鸡免疫接种应注意哪些问题？

预防接种是指在经常发生某些传染病的地区，或有某些传染病潜在的地区，或受到邻近地区某些传染病经常威胁的地区，为了防患于未然，平时有计划地给健康鸡（群）进行的免疫接种。即用人工方法（点眼、滴鼻、饮水、喷雾、皮下或肌肉注射等）把有效的疫苗或菌苗送入鸡体内，使鸡产生特异性的免疫力，从而免遭传染病的侵害。

给鸡进行预防接种时要注意以下事项：

(1)根据当地鸡传染病的流行情况，制定好预防接种计划，选择好要使用的疫苗或菌苗品种，在疫情流行季节到来之前接种相应的疫(菌)苗。一般活苗在1周内、死苗在2～3周产生免疫力。

(2)进行预防接种前，要对鸡群进行仔细检查，注意营养状况和有无疾病，不健康的鸡不能接种，否则易出现接种反应，甚至发病，且产生的免疫力低。

(3)预防接种前，要对疫苗进行必要的检查，如发现疫苗没有标签，瓶子破裂，瓶口不密封，疫苗变质、失真空或已过有效期等，都不能使用。

(4)所使用的疫苗，要按说明书的要求进行稀释，按规定的程序进行接种，疫苗的接种剂量要足，部位要准。

(5)接种疫(菌)苗前要做好用具的清洁、消毒。采用皮下或肌肉注射时，要对注射器、针头进行消毒；采用饮水免疫时，要对饮水器等进行清洗。用于刺种的接种针和点眼、滴鼻接种的滴管应有煮沸消毒。

(6)在使用活菌苗接种时，用苗5天左右在饲料和饮水中停加抗生素药物，一些影响机体免疫力的药物也应该停止使用。

(7)给鸡免疫接种时，要考虑母源抗体及残留抗体对免疫接种的影响。当母源抗体或前一次免疫接种残留下来的抗体滴度较高时，会影响雏鸡或下一次免疫接种效果。因此，各养鸡场要根据具体情况，或依据对鸡群免疫监测的结果，制定符合自己鸡场的免疫接种程序。

(8)在多种疫苗配合使用时，要慎重考虑各疫苗间的相互影响，保证免疫接种效果。对当地流行最严重的传染病，最好能单独接种，以便产生坚强的免疫力。

(9)接种疫苗时，要做好详细记录。免疫接种后要注意观察鸡群的接种反应(包括正常和异常反应),如有不良反应,应立即根据具体情况采取相应措施。

☞ 201. 免疫接种过的鸡为什么还会发病?

有时免疫过的鸡仍会发病,造成免疫失败的原因大致有如下几方面:

(1)接种时间不当。初次接种时间过早或再次接种间隔时间短,疫(菌)苗被雏鸡体内的母源抗体或前次接种后体内的残余抗体所中和;接种过晚,体内抗体水平低,免疫力已不足以抵抗病原的侵袭。

(2)疫(苗)苗保存不当,如受热、光照等影响;稀释液中含有消毒剂或疫(菌)苗本身质量差,效价低。

(3)接种剂量过高或过低,不能使鸡只产生足够的免疫力;接种方法不当,如传染性喉气管炎强毒苗只能用于滴肛或擦肛,如经呼吸道接种,则会引起严重发病;饮水、气雾免疫时,疫(菌)苗分布不均匀,使某些鸡只未被接种;滴鼻时,未能确实滴入鼻腔等,所有这些,都会造成免疫失败。

(4)鸡只早期感染了某些疾病,如传染性法氏囊炎、马立克氏病以及营养不良、体质差等,对疫(菌)苗接种的免疫应答能力降低,或在接种前已感染了疾病,接种后发病或病情加重。

(5)疫(菌)苗抗原和鸡只所需抵抗的菌(毒)株血清型不一致,且又无交互免疫作用。

☞ 202. 免疫接种对鸡群健康有没有影响?

生物制品对于动物机体来讲,总是异物。免疫接种后,总有一个反应过程,有局部反应,也有全身反应,但反应的性质和强度可有不同。造成免疫接种对鸡影响的因素很多,有的与动物的年龄、体质、营养等有关;有些是由于生物制品的特性而引起;或因接种方法、剂量、部位不正确；或因个别鸡只对某种生物制品过敏所致。鸡在接种疫（菌）苗后的反应主要有以下几种。

（1）正常反应。由生物制品本身的特性而引起。例如，某些制品有一定毒性，接种后可引起一定的局部或全身反应；接种活菌（毒）苗后，实际上是一次轻度感染，有时会发生局部红肿、精神不振、食欲降低、产蛋停止或产软壳蛋等。

（2）严重反应。与正常反应在性质上没有区别。但程度轻重，或发生反应的动物数量超过正常比例。出现这种情况，可能由于某一批生物制品质量差或使用方法不当，如接种技术不正确、剂量过大或接种途径错误等。也有是个别动物对某种生物制品过敏。严格控制制品质量，严格按照使用说明书操作，可以使这类反应减少到最低限度。

（3）合并症。其反应的性质与正常反应不一样，主要有：超敏感，如血清病、过敏性休克、变态反应等；扩散为全身感染，通常因防御机能不全或遭到破坏时发生；诱发潜伏感染，如鸡新城疫苗气雾免疫时可能会诱发慢性呼吸道疾病等。

☞ 203. 鸡场（鸡群）发生传染病怎么办？

鸡场鸡群一旦发生了传染病，为了迅速扑灭疫病，防止流行，必须遵循“早、快、严、小”的原则，从查明和消灭传染源、切断传播途径、增强鸡抵抗力入手，因病、因时、因地制宜，采取综合措施，以尽量减少经济损失。

（1）尽快查明病原，确定诊断。根据鸡的发病时间、病死鸡的日龄和数量、临床症状、病理剖检变化以及可能的传染病来源等加以综合分析，做出初步诊断，有条件的还应进行病原微生物学诊断或血清学检验。如本场不能诊断，应把病鸡或刚死的鸡装在密闭的容器内，送有关部门进行检验诊断。

（2）严密封锁鸡场。按照“早、快、严、小”的原则进行。“早”，即要早发现，尽早采取措施；“快”，是快封锁、快隔离；“严”，即严格执行各种防疫措施；“小”，即把疫区尽量控制在最小范围内。在封锁期间，应停止种蛋、种鸡及其产品的调进调出或贸易活动，并将疫情立即向有关部门报告，以便使周围鸡场或专业户采取预防措施，防止疫情扩大。要在最后一只病鸡痊愈或淘汰后 2 周，再无新病例出现，经彻底消毒后，方可解除封锁。

(3)隔离治疗病鸡。发生传染病后，通过观察症状及测温等方法，对全部鸡群进行检查。凡检出的病鸡、疑似病鸡应分开隔离，由专人饲养管理，并固定用具。对轻病鸡只，采取相应的治疗措施，缓解症状，促进康复。对于所有重病鸡，没有治疗价值的，全部进行淘汰；如可以利用，要将羽毛、血液、内脏集中深埋，肉尸高温处理。

(4)紧急预防接种。当确诊为鸡痘、鸡新城疫等烈性传染病时，在流行初期，应立即对未能发病的健康鸡群进行紧急免疫接种，可在短时间内控制疫情蔓延。但对已感染或正处在潜伏期的病鸡，接种后不但不能使其免疫，反而可能加速发病。在流行中期，已感染而貌似健康的鸡只较多，此时接种往往收效不大。如为鸡霍乱，除流行初期用菌苗紧急接种外，还可用抗生素或磺胺类药物进行防治。

(5)彻底消毒。对被污染的鸡舍、运动场、用具及排泄物等都要进行严格的紧急消毒。消毒药物的选择可根据病原体的类型而定。如细菌性传染病，可选用 3%～5%的来苏儿溶液或克辽林等；病毒性传染病可选用 2%～3%烧碱溶液。解除封锁前，还须进行一次彻底的终末消毒。

☞ 204. 如何进行鸡的药物防治？

对鸡投给药物以防治某些传染病，叫药物防治。在一定条件下，采用安全、廉价的化学药物，可以使受威胁的易感群免遭疫病侵害，这不失为疾病防制的一个途径。

目前用于疫病防治的药物种类很多。有化学药物、抗生素药物及中草药等。随着畜牧业的发展，已逐步研究成以安全药物加入饲料或饮水中进行群体防治，这就是我们所熟悉的保健添加剂。

近年来，保健添加剂发展很快，但其成分主要有磺胺类、抗生素类、硝基呋喃类三种类型。除青霉素、链霉素等供注射用外，大多数可混于饲料或饮水中进行口服。药物的比例一般是：磺胺类药预防量0.1%～0.2%，治疗量0.2%～0.5%；四环素族抗生素预防量0.01%～0.03%，治疗量0.05%；硝基呋喃类预防量0.01%～0.02%，治疗量0.03%～0.04%。一般连用5～7天，必要时可适当延长。此外，将大蒜、洋葱切碎拌入饲料中饲喂，也有一定的防治效果。

使用药物预防，要注意其不良作用。如磺胺类药物可抑制鸡的生长，干扰饲料、水的摄入，所以只有短期防治的价值；呋喃类药物毒性较大，雏鸡尤其敏感，用量必须适当；在饲料中加入抗生素时，必须减少饲料中的钙含量。长期使用药物预防，容易产生耐药菌株和药物残留，因此，药物防治只能作为免疫学防治不足的补充，应严格控制。必须使用时，应认真选择适当药物和用药时间，控制用量，以尽量避免不良反应的发生。

☞ 205. 为什么有些鸡场的鸡病不能有效地控制？

某些鸡场的鸡病总是时好时发，连续不断，不能有效地控制，其原因主要以下有几个方面：

(1)对一些类症疾病混淆不清。

(2)混合感染疾病诊断错误。

(3)乱用抗生素。

(4)病健鸡同群给药，病鸡药物往往食入量不足。

(5)发病后重治疗，忽略环境消毒和带鸡消毒。

(6)只重视疫苗免疫,忽视综合防疫。

(7)连续式的饲养方式,不是全进全出。

(8)环境治理不好,对人员、车辆进出缺乏严格的消毒制度和实施措施。

☞ 206. 怎样搞好鸡场的环境卫生?

(1)严格执行鸡场卫生管理制度,生活区和生产区要严格分开,鸡场周围不得饲养其他家畜、禽,防止犬、猫及其他动物进入鸡场内。

(2)清除鸡舍周围的杂草、垃圾、乱草堆、积水坑,减少活媒介(昆虫等)藏匿和滋生的场所。做好灭虫、灭鼠、灭蝇、灭蚊工作。

(3)场内外车辆和工具严格分开,不得混用。车辆出入口要设消毒池,并保持药物的有效浓度。人员出入口设消毒更衣室。对专业户来说,可设消毒盆、胶鞋等,供进出鸡舍时使用。

(4)及时清除鸡舍内粪便,并集中堆放到远离鸡舍的地方;鸡舍应每天清扫,保持空气新鲜,垫草要勤晒勤换;运动场表土需定期更换并深翻,以减少土壤污染,有利于鸡的健康。

(5)做好定期消毒工作,所有工具、场地、粪便等都要采取消毒措施。

☞ 207. 鸡场内的污物怎样处理?

鸡场内的污物如粪便、垫草、垃圾、残余的饲料等,都必须经过消毒处理。除某些特殊情况(如患传染病或寄生虫病)需喷洒药液消毒外,一般可将其集中堆放,最外涂抹上一层泥,让其进行生物发酵,经 30 天后,即可达到消毒目的。也可将其摊开,通过阳光暴晒,起到消毒作用。如果将污物放入沼气池,通过发酵,既可消毒,又能产生沼气,更是一举两得。

☞ 208. 鸡舍怎样驱蚊灭鼠?

(1)鸡舍驱蚊。鸡舍的驱蚊应采取综合措施。第一,做好环境卫生工作,清除周围的杂草、垃圾,舍内保持清洁;第二,采用活动纱窗遮盖,防止蚊虫进入;第三,化学驱蚊灭蝇。目前市场上灭蚊剂种类繁多,应选用安全无毒、无刺激气味的药物。

(2)鸡舍灭鼠。鼠类是人兽共患病的重要宿主,也是许多传染病的传播媒介。灭鼠工作不容忽视。常用的方法主要有以下几种:

①用药物灭鼠要选用对鸡比较安全的灭鼠药,如灭鼠宁、敌鼠钠盐等,配制面毒饵、毒粉、毒糊或毒水,投放于鼠洞、鼠道及其他活动场所,注意不要让其他动物食入。毒毙的鼠尸随时发现并处理,防止犬、猫、鸡等吞入造成二次中毒。另外,鼠类对有些杀鼠药易产生耐药性(如安妥)或拒食现象,要交替使用药物。

②用灭鼠工具灭鼠,常用的有鼠夹、粘鼠胶等。近年来所用的电子捕鼠器,电压多在 1 000 V 以上,需有专人负责,保证安全。另外,人们在实践中创造的碗扣灭鼠、水桶翻板捕鼠、水面浮糠淹鼠等都是简单易行、安全有效的办法。

药物灭鼠方法简便,灭鼠率高,短期即可见效,适合大面积突击性灭鼠。但如果使用不慎,容易引起人、畜、鸡中毒,应严加注意。工具灭鼠比较安全,但不如药物灭鼠率高,通常在鼠害较轻的养鸡场使用。

☞ 209. 鸡的运输方法有哪些?

(1)挑运。距离近,数量少时,可人工挑运,尤其适用于雏鸡运输。可用竹筐、纸箱等做容器,分层叠放。挑运时,要将绳索捆牢系匀,不偏不倚,以免因倾斜使鸡起堆挤压受伤。热天要早、晚挑运,白天用宽树叶遮阳;冷天要厚垫草,四周加围布或塑料薄膜等。

赶路中要防止碰撞,不能振动过大。

(2)车运。适用于大群长途运输。包括汽车和火车运输。一般用篾制或铁丝鸡笼,经检疫后按大小、性别分笼装载。每笼应留1/3活动余地,不要过挤。笼底铺上垫草以减少振动,各笼用铁丝互相拉紧固定,以防途中颠簸摇晃、损伤鸡只。装车完毕即需开车,途中定时饲喂、给水,密切注意车厢内温度变化和鸡只健康状况;集中的粪便要到指定车站卸下处理。

(3)船运。基本与车运相同,但更为安全、经济。船运可造成与鸡舍几乎相同的环境,如饲养管理适当,往往可使体重增加。不论是哪种船只,要求船舱宽敞,船底平坦坚固,有完整的通风、防雨设备。船运只限于一定季节和航线,且湿度大,应勤换垫草,以防受潮。

☞ 210. 鸡运输前应做好哪些准备工作?

(1)为了防止鸡掉膘,在装运前1周应改变其饲养习惯,并按途中的饲养标准和饲喂方法饲喂,以提高鸡在运输过程的适应性。

(2)做好疾病预防工作。对从未接种过鸡霍乱等疫(菌)苗的鸡应于起运前半个月进行预防接种,3～5天即可获得免疫力,也可在起运前选用药物混饲。如土霉素粉(0.05%～0.1%)、喹乙醇(0.06%)等。对于屠鸡需停药后7天,方可宰杀。

(3)按运输途中饲养标准,配足饲料,带全所需各种用品如饲槽、雨布、绳索、水桶、手电等,备好必要的药品及消毒用具。

(4)装运车船的车厢、船舱、鸡笼等均要事先清扫、冲洗和消毒处理。

(5)运输前鸡要喂饱饮足,认真检疫。剔除病、残、弱鸡,根据其日龄、性别、体重等分笼装运。押运人员应携带有效的检疫证及其他有关证件。

☞ 211. 为什么要进行运输检疫?

运输检疫是指在整个运输过程中对鸡所进行的卫生监督和疫病检查,包括运输前和运输途中检疫。运输中,鸡比较集中,环境改变,动物抵抗力下降,故感染疾病的机会增加。如其中有一只患传染病,不仅会使集中的全部鸡只有被感染的危险,就是病鸡运输所经过地方的鸡也有被感染的可能。所以,把好运输检疫关,及时发现、剔除并妥善处理病、死鸡。做好检疫后处理,可有效地防止疫病借交通运输传播,控制运输途中鸡的发病率和死亡率,对保护鸡健康、提高养鸡经济效益等都具有重大意义。

☞ 212. 鸡在运输过程中应添加哪些药物?

鸡在运输过程中,常处于高度应激状态,基础代谢提高,能量消耗增加。为了确保鸡在运输途中的营养需要,增强体质,防止掉膘,所用的饲料除根据鸡不同种类、日龄、生产性能的营养标准配制外,应适当提高蛋白质和碳水化合物的比例,增加多种维生素的用量。途中如能供给一些含水多的水生饲料或青饲料,对鸡健康大有好处。

☞ 213. 运输途中鸡发生传染病怎么处理?

运输途中一经发现鸡患有传染病后,应立即将病、死鸡、可疑病鸡剔出,隔离到车船一角,以避免传染。同时需认真观察,尽快查明病原,根据疾病的性质、轻重进行相应的处理。

凡患有一类传染病以及当地已扑灭或从未流行过的传染病时,押运人员应立即就近向前方可以接卸的车站、码头联系,组织接卸。由接卸地的畜牧部门组织采取扑灭措施,妥善处理鸡尸及污染场地、运输工具,防止扩散。同群鸡进行隔离观察,注射相应的疫苗或血清,待确定正常,无散播危险时,方准运出或屠宰。

对于一般传染病，应将病、死鸡隔离观察，并采取消毒、急救治疗措施；但病死鸡应卸给路方处理。凡可疑病鸡用免疫血清进行紧急接种；对肉用商品鸡可就近在接卸地由兽医卫生部门监督进行急宰，肉尸进行相应的无害化处理。货主和押运人员不得中途抛弃死鸡、粪便、草料、污物等，更不准沿途放血宰杀或出售病鸡、病肉。

第六章　鸡的传染病

一、病毒性传染病

☞ 214. 怎样防治鸡新城疫(鸡瘟)?

鸡新城疫又称亚洲鸡瘟,俗名鸡瘟。是由病毒引起的,以呼吸困难、下痢、神经症状为主要特征的一种急性传染病。各种年龄、不同品种的鸡都可发病,雏鸡抵抗力弱,易感性高。一年四季均能发生,而以春、秋两季最易流行,其发病率和死亡率都很高。

【病原】新城疫病毒,是一种副黏液病毒。它对热抵抗力比较强,通常 100℃ 1 min,50℃ 6 min,37℃数小时至几天,仍具有感染性、免疫原性和对红细胞的凝集性。对酸碱的适应范围较广,在 pH 值 2～10 范围内均有感染性。同时还耐低温,温度越低,生存的时间越长。对消毒药物的抵抗力较弱,感染尿囊液的病毒,遇到 2%福尔马林或 3%来苏儿,可在几分钟内丧失感染性。

【流行病学】禽类对本病都有易感性,其中以鸡最为敏感,老鸡敏感性低。本病的主要传染源是病鸡、死鸡以及带毒鸡,某些鸟类可传播此病。病鸡的分泌物及排泄物,血、肉、内脏、鸡毛和消化道内容物等,都带有病毒。本病主要是通过呼吸道和消化道感染,鸡蛋也可带毒。

【临床症状】鸡群发病初期,病程较短。最急性的病鸡突然倒地死亡或白天正常死于夜间,早晨才被发现,这往往是鸡群发病的先兆,但多数以急性为多见。病鸡精神委顿,食欲不振,喜欢喝水,羽毛松乱,闭目缩颈,像昏睡状,头下垂或伸入翅下,鸡冠及肉髯渐渐变成暗紫色。病情逐渐加重会出现特征症状,如咳嗽、呼吸困难、流鼻液，常伸头颈，张口呼吸并发出“咕噜”、“咯咯”的喘鸣声。嗉囊空虚，有液体和少量气体，口、鼻有多量黏液，为了排除这些黏液，病鸡常做摇头或吞咽动作，倒提病鸡时从口角流出酸臭液体；下痢，粪便呈绿色或黄白色，后期呈蛋清样粪便。从开始发病到死亡一般为3～5天。

本病流行后期，主要表现为各种神经症状，如腿翅麻痹，跛行或站立不稳，运动失调，伏地旋转，头颈向一侧扭曲或头颈后仰呈“望星”姿势，最后瘫痪死亡。

【病理变化】病鸡的主要病变是腺胃乳头或乳头间有点状出血，有时可形成凹陷的溃疡。肌胃角质层下有出血点或出血斑。十二指肠及整个小肠黏膜上有大小不等的出血点，病程稍久的常出现溃疡。

【诊断】根据流行病学、临床症状、病理剖解变化等可以做出初步诊断，但确诊必须依靠对病毒的分离和鉴定。同时应注意与传染性支气管炎、传染性喉气管炎、霉形体病、禽流感、禽脑脊髓炎以及传染性鼻炎等疾病进行鉴别诊断。

【防治措施】目前对本病尚无有效的治疗药物，只有采取综合措施，才能有效地控制，具体方法如下：

(1)加强日常的卫生和防疫管理，鸡场、鸡舍和饲养用具要定期消毒；保持饲料、饮水清洁；新购进的鸡，要单独喂养隔离观察1个月以上，证明确实无病并接种疫苗后，才能合群饲养。

(2)接种疫苗，提高机体的特异性免疫力。在该病流行的地区，适时接种鸡新城疫疫苗可以控制本病的发生和流行。目前常用的疫苗有：新城疫Ⅰ系苗、Ⅱ系苗、Ⅲ系苗、Ⅳ系苗，由于疫苗的毒力有所不同，在进行预防接种时应根据鸡群日龄的大小、免疫状态和免疫方式等选用相应的疫苗。没有监测条件的鸡场可参照以下免疫程序进行。蛋鸡出壳后7～10日龄用Ⅳ系苗滴鼻或点眼进行首免；30日龄用Ⅳ系苗滴鼻或点眼进行二免；60日龄用Ⅰ系苗肌肉注射;120日龄用Ⅰ系苗肌肉注射,以后每隔半年注射一次。肉鸡10日龄用Ⅳ系苗滴鼻或点眼,30～40日龄用Ⅳ系苗滴鼻或点眼。肉鸡一般免疫2次即可。但在新城疫污染区,可在20日龄补滴一次,或在30～40日龄肌肉注射Ⅰ系疫苗。

(3)鸡群一旦发生了鸡新城疫,无特异治疗方法。对病鸡隔离淘汰,死鸡应深埋或烧毁。对尚未发病的鸡,应采取紧急免疫的措施。可视鸡的日龄大小,分别用Ⅱ、Ⅳ系苗或Ⅰ系疫苗倍量滴眼或肌肉注射,同时应对鸡场进行紧急消毒。通常接种1周后,就不再发生新的病鸡,疫病也就被控制。

(4)加强饲养管理,饲喂优质全价饲料,不仅能保证鸡的健康,而且可增强对鸡新城疫的免疫力。在饲料中添加维生素制剂,如在免疫接种前5天至免疫接种后15天中添加倍量的维生素A、维生素E、维生素D_3和维生素K,可以明显地提高弱毒苗的效果。

☞ 215.欧洲鸡瘟和亚洲鸡瘟(鸡新城疫)有什么不同?

欧洲鸡瘟又称真性鸡瘟,1981年第一次禽流感国际学术讨论会建议取消"鸡瘟"的病名,而改用"禽流感"。它是由A型流感病毒引起的鸡急性、高度致死性传染病。

欧洲鸡瘟和亚洲鸡瘟的不同点,除了病原不同外(亚洲鸡瘟是由副黏病毒引起),还有如下区别:

(1)新城疫主要发生于鸡,很少引起鸭、鹅发病,而禽流感火鸡和鸡发病较多。

(2)在症状和病理变化方面也不相同,新城疫以消化道出血、炎症和局灶性坏死为特征。禽流感则表现为冠、髯和眼周围淤血水肿,头颈、声门水肿,鼻咽和口腔黏膜有点状出血和灰红色渗出物。有时腹泻,粪便呈灰色、绿色或红色,后期有神经症状。病理变化以充血、出血、渗出和坏死为特征。

(3)禽流感病的患鸡其皮肤、冠、髯发生充血、出血,心、肝、脾、肺和肾脏有灰黄色的坏死灶。气囊增厚,发生纤维素性心包炎。但是,没有像新城疫那样的腺胃出血、肠道溃疡等病变。

☞ 216.为什么接种过鸡新城疫疫苗的鸡有的仍会发生鸡新城疫?

在一些鸡场及养鸡户的鸡群中,尽管接种过鸡新城疫疫苗,然而该病仍时有发生,究其原因,主要有以下几点:

(1)雏鸡体内母源抗体或残留抗体的影响。母源抗体是雏鸡从母体获得的被动性免疫抗体,残留抗体是指上次免疫接种后体内存留的抗体。这两种抗体均有抗新城疫病毒的作用,但是对疫苗接种也有干扰作用,因此,在鸡群有高的母源抗体或残留抗体时接种疫苗,由于这些抗体的干扰而使疫苗不能发挥作用,虽然接种了疫苗,但抗体水平上不去,因而会造成免疫失败,仍可发生新城疫。

(2)疫苗失效。一是疫苗过期失效,二是保存不当而失效,三是失去真空的冻干苗已失效,四是用热水或温水稀释疫苗造成失效,五是用蒸馏水或冷开水稀释后当天未用完,隔天再用就失效了,六是把稀释好的疫苗暴露在阳光下应用。

(3)接种疫苗时违反操作规程。接种疫苗时,不遵守操作规程,造成剂量不足,刺种和注射不准确,疫苗分布不均匀(饮水、气雾法)等,都会造成接种无效。另外,在注射疫苗时,酒精棉球使用不当,使酒精进入针头内,也会导致疫苗失效。

(4)免疫程序不科学。一个好的免疫程序可以防止鸡新城疫的发生,一个不科学的免疫程序也容易造成免疫失败。例如,使用疫苗剂量不够,不能刺激机体产生足够的抗体;疫苗剂量过大,又会产生免疫抑制,而不能产生免疫反应。二次接种之间间隔时间过长,在免疫抗体低峰期,如受到病毒侵入,容易发病;二次接种间隔太短,又容易产生干扰,造成免疫失败。因此,只有选择一个科学的免疫程序进行接种,才能产生好的免疫反应。

(5)疾病的影响。一些传染病,如鸡传染性法氏囊病,会使鸡的法氏囊受到病毒的破坏,而对疫苗不能产生足够的免疫反应,特别是一日龄的雏鸡感染此病毒后,再接种鸡新城疫疫苗,所引起的免疫反应会受到最大限度的抑制,导致免疫接种无效。当鸡感染其他疾病,如球虫病、盲肠肝炎、鸡痘、传染性支气管炎、传染性喉气管炎、鸡白痢、大肠杆菌病、传染性鼻炎等,都会不同程度地影响鸡新城疫疫苗的免疫效果。

☞ 217.非典型鸡新城疫有何特征?如何预防?

非典型鸡新城疫多发于集约化养鸡场、接种过鸡新城疫疫苗的鸡群,所表现的症状和病理变化与典型鸡新城疫有较大差异,一般看不到典型新城疫所具有的特征性症状和病理变化,在临床诊断上极为困难。在判断时要注意鉴别。

【临床症状】

(1)成年鸡表现的症状不明显,有一过性食欲减少,蛋鸡产蛋率降低,20～25 天开始回升,一般要经 2～3 个月才能恢复正常,在此期间有的产软蛋,有的产畸形蛋,蛋壳变白变薄。有的病鸡排黄白色或绿色稀粪,但不表现呼吸道症状,而有的病鸡仅表现呼吸时有罗音,粪便正常,不出现神经症状。病鸡一般不会死亡或仅个别死亡。

(2)中雏鸡表现呼吸困难和排黄白色或带绿色的稀粪。少数病鸡(10%左右)出现神经症状,歪颈,腿麻痹,站立不稳,低头,转圈。

(3)雏鸡表现呼吸困难,张口呼吸,有"咯咯"的喘鸣声,口含黏液,摇头并有吞咽动作,病程长的出现神经症状,安静时没有,一遇刺激就出现,少数病鸡会死亡。

【病理变化】非典型新城疫的病理变化无特征性,可见气管、喉有多量黏液,气管内有多量泡沫状液体。有的喉头和黏膜充血、出血,腺胃乳头出血少见,但十二指肠、泄殖腔有的充血、出血明显,盲肠扁桃体出血,十二指肠的出口处、两盲肠之间的回肠部集合淋巴有出血。这些病变在非典型鸡新城疫的诊断上很有意义。

【防治措施】本病尚无有效的治疗方法。预防非典型鸡新城疫发生的措施可参考鸡新城疫的防治措施,但应着重注意在低免疫水平的情况下,及时注射疫苗和消除引起免疫水平降低的因素。为此,必须抓好以下几点:

(1)建立免疫监测制度。各养鸡场都应创造条件定期在鸡群中抽测鸡血清中的血凝抑制(HI)抗体滴度。雏鸡在 HI 抗体滴度为 8 或 8 以下时,进行首免。对免疫鸡群,HI 抗体滴度下降到 8 或 8 以下时,应加强免疫。

(2)制定合理的免疫程序。免疫程序包括使用疫苗的种类,免疫的方法,接种的时间和次数。在制定免疫程序时,应考虑以下诸因素:病毒疫苗的抗原质量,鸡群免疫应答基础及免疫效力的连续性,母源抗体水平,前次免疫接种后残留抗体的水平,干扰鸡新城疫免疫的病毒性疾病及球虫病等情况。为了使鸡保持高水平的免疫力,在控制非典型鸡新城疫时,养鸡户可以考虑用油乳剂灭活苗。因为油乳剂灭活苗在母源抗体和免疫接种后的残留抗体水平参差不齐时更能发挥其免疫作用。没有免疫检测条件的养鸡场、户,可以采取下列免疫程序:

7～10 日龄:用鸡新城疫Ⅳ系疫苗点眼或滴鼻。

25～30 日龄:重复上述免疫,同时注射半个剂量的油佐剂灭活苗。

70～90 日龄:再用鸡新城疫Ⅳ系疫苗免疫一次。

120～140:日龄用油佐剂灭活苗免疫。

(3)消除干扰鸡新城疫免疫的病毒性传染病和球虫病等。由于鸡传染性法氏囊病、球虫病、鸡痘、传染性支气管炎、传染性喉气管炎、传染性鼻炎以及白痢、大肠杆菌病等对鸡新城疫免疫均可产生干扰,影响免疫抗体的产生。因此,消除这些疾病,保障鸡群健康无病,对提高鸡群免疫抗体水平有重要作用。

☞ 218.怎样防治鸡马立克氏病?

马立克氏病是由病毒引起的一种肿瘤病。雏鸡对病毒的易感性高,尤其是日龄越小易感性越高,2～5日龄的鸡易发病,症状明显。肉用仔鸡在40日龄之后发病的多,常带病屠宰。

【病原】本病的病原是一种疱疹病毒,可在鸡胚纤维母细胞及鸡肾细胞上生长繁殖,并能在这些细胞和鸡的毛囊细胞中产生核内包涵体。对环境中许多因素有较强的抵抗力。病毒可长期存在于鸡群中,能无限期地成为传染源。病毒在垫料中室温条件下,感染性可保持16周,病鸡干燥羽毛的感染性在室温中可保持8个月,在4℃中至少可保持7年。该病毒对化学药物较敏感,许多普通化学消毒剂可在10 min内将其灭活,福尔马林熏蒸可在短时间内灭活。

【流行病学】马立克氏病遍布世界各国,很少有未被感染的鸡群。未经免疫失败的鸡群患病后,其死亡率为25%～30%,最高可达60%。因此,马立克氏病造成的经济损失相当大。本病主要感染鸡,其他禽类自然感染发病较少。病鸡的排泄物和分泌物中多含有病毒,能够污染饲料、饮水和环境。被污染的场地可在较长时间内保持传染性。易感鸡通过直接或间接接触而感染。

【临床症状】根据其临床表现和病变发生的部位,可分神经型、内脏型、眼型和皮肤型等四种类型。

(1)神经型。主要特征是鸡的外周神经被病毒侵害。当一侧或两侧的坐骨神经受害时,病鸡一条腿或两腿麻痹,常见的是一条腿麻痹,另一条腿向前跨步时,麻痹的腿跟不上来,拖在后面,形成"大劈叉"的特殊姿势。臂神经受害时,引起扭头、仰头现象。

(2)内脏型。此型的特征是一种或多种内脏器官及性腺发生肿瘤,病鸡起初精神委顿,羽毛脏乱,冠髯萎缩、颜色变淡,进行性消瘦，最后衰竭而死。

(3)眼型。此型的症状是眼睛受到损害，单眼或双眼发病，表现为虹膜色素消失，呈同心环状、斑点状或弥漫的灰白色，俗称“灰眼”。瞳孔边缘不整齐，呈锯齿状，瞳孔缩小，对光调节障碍，视力下降，严重的双目失明。

(4)皮肤型。肿瘤多发生在翅膀、颈部、背部、尾部上方及大腿的皮肤，表现为个别鸡羽囊肿大，并以此羽囊为中心，在皮肤上形成较硬的结节。

【病理变化】主要病变是神经肿大，可比正常的肿大2～3倍，颜色由银白色变成灰白色或黄白色，好像在水中浸泡过一样，纹路消失，神经表面可看到小结节。病变的神经多是一侧性的，在剖检时应注意到与另一侧变化轻微的神经相比较。内脏器官可能出现一个或几个肿瘤，肿瘤可出现在心、肝、脾、肺、肾等器官以及虹膜、骨骼肌、皮肤等处，以卵巢最易受害。

【诊断】古典的神经型马立克氏病，可根据病鸡的特征性麻痹症状和病理变化，做出诊断。但内脏型马立克氏病易与淋巴性白血病相混淆，必须根据流行病学、临床症状、病理变化以及实验室技术等方法进行综合诊断。血清学方法主要是用琼脂扩散试验，检测马立克氏病抗原和抗体，也可用病毒中和试验、免疫荧光技术和ELISA等技术进行。

诊断时应注意与淋巴性白血病、新城疫、维生素A缺乏症、鸡脑脊髓炎等多种肿瘤性或神经性疾病相鉴别。

【防治措施】预防马立克氏病，不能单纯靠疫苗，而必须进行综合防治。

(1)种蛋及孵化器需用福尔马林熏蒸消毒，以防雏鸡刚出壳即被蛋壳上及孵化器中的马立克氏病毒感染。

(2)雏鸡出壳后24 h内用马立克(火鸡疱疹病毒)苗，或二价苗(自然弱毒及火鸡疱疹病毒)进行接种，并严密隔离饲养，防止与比较大的鸡和成年鸡有任何直接接触或间接的接触。

(3)实行“全进全出”的饲养制度，每出完一批鸡后，对鸡舍、用具及周围的环境进行全面彻底的消毒。

(4)严格检疫，发现病鸡，立即淘汰，严格处理，尤其是种鸡更应加强检疫，及时淘汰处理，饲养场地彻底消毒。

☞ 219. 怎样防治鸡传染性法氏囊病？

鸡传染性法氏囊病是由病毒引起的一种主要危害雏鸡的免疫抑制性、高度接触性传染病，其发病特点是发病率高，病程短，发生本病不仅会造成部分雏鸡死亡，而且病愈的鸡生长缓慢，使免疫接种失灵，增加雏鸡对鸡新城疫等许多疾病的易感性。

【病原】传染性法氏囊病病毒对理化因素抵抗力较强，加热56℃ 5 h，60℃ 90 min仍存活；在－20℃环境保存3年后，对鸡仍有感染力。病毒在自然界存活时间较长，在病鸡舍中的病毒可存活122天，病毒对乙醚、氯仿、酚类、升汞和季铵盐等都有较强的抵抗力，但对含氯化合物、含碘制剂、甲醛敏感。

【流行病学】传染性法氏囊病毒的自然宿主主要限于鸡。从鸡分离的传染性法氏囊病毒只能使鸡感染发病，实验感染火鸡不发病，但能产生抗体，从火鸡分离的病毒仅能使火鸡感染，对鸡无影响。

本病的发生与日龄有密切关系，不同日龄的鸡对此病的敏感性不同，其特点是在法氏囊有功能时方可发病，幼雏鸡因母源抗体而得到保护，成年鸡又因法氏囊萎缩而不敏感，或取隐性经过。但个别情况下也有14～20周龄鸡群呈急性暴发的报道，在自然条件下，2～11周龄可发病，但以3～6周龄多发病，其中4周龄最易感。无母源抗体的雏鸡在出壳不久即可因感染野毒而发病。

【临床症状】健康鸡群突然发病，病势严重，传染速度快，两三天内可使60％～70％的鸡发病。病鸡精神高度委靡，缩头、闭眼、伏地昏睡，颈部羽毛竖起，全群采食量大减，饮水增多，排白色水样稀粪，肛门周围的羽毛沾有粪便。有少数病鸡掉头啄自己的肛门，有的病鸡头、颈、身躯有震颤现象。一般发病后的第3天开始死亡，7～8天停止死亡，而且症状迅速消失。

【病理变化】最有特征的病变在法氏囊，发病后2～4天，法氏囊的体积增大1～2倍，在囊的外面有淡黄色胶样渗出物。严重的病例，法氏囊大量出血，外观呈紫黑色，切开法氏囊，囊内黏膜水肿、充血、出血、坏死。法氏囊内有奶油样渗出物，渗出物水分被吸收，渗出物嵌入法氏囊皱褶当中，剥离下来，形如宝塔糖。发病后5天法氏囊开始萎缩。胸腿肌肉有片状出血斑，腺胃与肌胃的交界处上有带状出血。

【诊断】根据临床症状、病理变化及发病情况综合分析，可以做出初步诊断。进一步诊断须依据病毒分离鉴定及血清学试验。

在诊断时应注意与鸡新城疫、鸡住白细胞原虫病、马立克氏病和淋巴白血病相鉴别。

【防治措施】本病无切实有效的治疗方法。严格的卫生防疫措施与科学的免疫接种相结合，共同预防。

(1)接种疫苗。目前普遍应用传染性法氏囊炎弱毒苗D_{78}，可采取饮水、滴鼻、点眼等方法，一般采用饮水免疫。其免疫程序为：

①无母源抗体(产蛋鸡未免疫接种或未能发生此病)，雏鸡在5～7日龄首次接种，5周龄后做第二次接种。

②有母源抗体(产蛋鸡进行过免疫接种或患过此病)的雏鸡在14～21日龄首次接种，5周龄后做第二次接种。有条件的，可采集发生典型病变鸡的法氏囊，制成组织灭活苗，供本地区或本场使用。

(2)血清治疗。3～6周龄鸡发病时可用抗传染性法氏囊炎血清进行治疗，每只鸡肌肉注射0.5 mL，注射一次即可，疗效迅速可靠。目前普遍应用免疫卵黄抗体来治疗。

☞ 220.鸡传染性法氏囊病与鸡新城疫有何区别?

鸡传染性法氏囊病发病率、死亡率都较高,剖检时腺胃有出血,容易与鸡新城疫混淆,区别这两种病,必须从流行病学、症状及病理变化等方面着手进行。

(1)鸡传染性法氏囊病多发生于3～6周龄的鸡,发病突然,通常于感染后3天开始死亡,于5～7天达到最高峰,之后发病和死亡迅速减少,病程5～7天。传染性法氏囊病在鸡群中流行时间较新城疫短。

鸡新城疫以春、秋两季较多发生,各种年龄的鸡都可感染发病,幼雏、中雏发病率高,死亡率也高。病程最急性的突然死亡,慢性的10～20天死亡。鸡新城疫的流行过程较鸡传染性法氏囊病长。

(2)鸡传染性法氏囊病临床表现为精神高度沉郁,排白色水样稀粪,迅速脱水,肛门四周羽毛有粪便粘着,部分病鸡回头啄肛,因法氏囊肿大而使泄殖腔上方明显突起。

鸡新城疫临床表现为呼吸困难,并发出"咯咯"的喘鸣声,口角流出黏液,常做甩头或吞咽动作,排黄绿或黄白色稀粪,后期出现神经症状,表现翅、腿麻痹。

(3)鸡传染性法氏囊病的特征性病变为胸肌、腿肌常有块状或条纹状出血,腺胃和肌胃交界处有出血带,肾肿胀,法氏囊先肿大后萎缩,肿大时浆膜表面有淡黄色胶状渗出物,囊内皱褶上有点状或块状或呈条纹状出血。

鸡新城疫的病变表现为全身黏膜、浆膜出血,腺胃黏膜水肿,其乳头及乳头间有出血点或有坏死、溃疡,小肠出血、坏死并形成溃疡,盲肠扁桃体肿大、出血和坏死。

☞ 221.怎样防治鸡传染性支气管炎?

鸡传染性支气管炎是由病毒引起的一种传染性呼吸道疾病,简称“传支”,其病状特征是气管罗音、咳嗽、打喷嚏,产蛋母鸡产蛋量下降。各种年龄的鸡都易感,雏鸡更易感。

【病原】传染性支气管炎病毒主要存在于病鸡的呼吸道渗出物中,实质脏器及血液中也能发现病毒。该病毒属于冠状病毒,目前已分离出十几个血清型的毒株。在致病性上,有的毒株能引起肾炎-肾病综合征,即肾型传染性支气管炎。病毒对外界的抵抗力不强,加热 56℃ 15 min 死亡。但在低温条件下存活时间很长。常用的消毒药,如1%来苏儿、1%石炭酸、0.1%高锰酸钾、1%福尔马林及70%酒精等均能在3～5 min内将其杀死。

【流行病学】本病只有鸡发病,其他家禽均不感染。各种年龄、品种的鸡都可发病,但以雏鸡最严重。一般以40日龄以内的鸡多发,死亡率也高。病鸡及隐性感染的带毒鸡是本病的主要传染来源。污染的饲料、饮水、垫草、用具等皆可成为传播媒介。主要经呼吸道、眼结膜及消化道感染。本病易感鸡群发病率很高,可达80%～100%,死亡率不等,低的为4%～5%,高达30%～60%或以上,当伴发其他疾病时,死亡率增高。本病发生无季节性,只要有易感鸡存在,全年都可发病。具有高度接触性,可在感染鸡和易感鸡之间迅速传播。

【临床症状】由于鸡的年龄不同,所表现的症状各有差异,4周龄以下的雏鸡几乎全群同时发病,发病后的特征症状为:流鼻涕、流泪、喘气、咳嗽、打喷嚏、呼吸费力,伸颈张口喘气。病雏怕冷,互相挤在一起,食欲减退,饮水量增加,雏鸡死亡率可达25%。蛋鸡产蛋量下降,严重时可减少一半。在产蛋恢复期,蛋的质量下降,具有特征性的是产软壳蛋及其蛋清稀薄如水或混浊。成年鸡护理良好一般不发生死亡。

(1)皮肤型。主要是皮肤无毛部位如肉冠、肉垂、眼睑口部、翼下、肛门周围、腿部皮肤等处，形成痘疹。初期为小型白色水泡样隆起，逐渐增大，形成黄褐色疣状丘疹。发痘为红褐色或黑褐色。后期发痘部位干燥，形成痂皮，脱落。发痘仅限于皮肤，一般呈良性经过，死亡较少。如与霉形体、葡萄球菌或嗜血杆菌等混合感染，则病程延长，死亡较多。

(2)黏膜型。主要是在眼结膜、咽部、气管等黏膜上出现溃疡性或白喉样黄白色病灶，可出现结膜炎或失明，呼吸困难，吞咽困难或窒息等，死亡率较高。

【病理变化】病鸡呼吸系统的变化为鼻腔、喉、气管的卡他性炎症或干酪样渗出，气管黏膜充血、水肿，被覆由水样到略黏稠的半透明黏液。肺脏支气管肥厚，气囊有时可见混浊，表面有黄色干酪样分泌物。产蛋鸡腹腔内可发现液状的卵黄物质。肾脏肿胀、苍白，输尿管和肾小管膨大，充满白色尿酸盐，呈斑驳状。

【诊断】根据流行特点、临床症状和病理变化可做出初步诊断，要确诊此病，需做病原分离鉴定和血清学检查。

【防治措施】

(1)育雏时要注意保暖，避免拥挤；发病时用抗生素可以防止细菌的感染，减少死亡。

(2)接种疫苗，鸡传染性支气管炎弱毒苗有 H_{120} 苗和 H_{52} 苗两种。鸡传染性支气管炎 H_{120} 苗毒力弱，用于雏鸡的首次免疫；鸡传染性支气管炎 H_{52} 苗毒力较强，用于雏鸡第二次免疫和成鸡免疫，这两种疫苗均可饮水、滴鼻、点眼。鸡传染性支气管炎 H_{120} 免疫期约 2 个月，鸡传染性支气管炎 H_{52} 免疫期可达 6 个月。

鸡传染性支气管炎免疫接种程序：

10～14 日龄，用鸡传染性支气管炎 H_{120} 苗与新城疫Ⅱ系苗混合滴鼻或点眼。或与新城疫Ⅳ系苗混用。135 日龄前后，可用鸡传染性支气管炎 H_{52} 苗饮水。

☞ 222.怎样防治鸡传染性喉气管炎?

鸡传染性喉气管炎是由喉气管炎病毒感染引起的,以呈现呼吸困难、气喘、咳嗽、高度呼吸困难和气管内有渗出物为特征的一种急性呼吸道病毒性传染病。

【病原】传染性喉气管炎病毒主要存在于病鸡的气管组织及渗出物中。本病毒对外界环境的抵抗力很弱,加热 55℃存活 10～15 min,37℃存活 22～24 h,水煮沸后立即死亡。用 3%来苏儿或 1%苛性钠消毒池消毒,1 min 可以将其杀死。

【流行病学】在自然条件下,本病主要侵害鸡,各年龄及品种均可感染,但以成年鸡症状最有特征。病鸡及康复后的带病鸡是主要传染来源,一般经呼吸道传染。被呼吸器官及鼻腔分泌物污染的垫草、饲料、饮水及用具,可成为传染媒介。人及野生动物的活动,也可机械性的传播。有少部分的康复鸡,带毒时间可长达 2 年。鸡群拥挤、通风不良、饲养管理不好、缺乏维生素和寄生虫感染等,都可促进本病的发生和传播。本病一旦传入鸡群,则迅速传开,感染率可达 90%以上。死亡率因饲养条件和鸡群状况不同而异,低的 5%左右,高的可达 50%～70%。

【临床症状】成年鸡发病较多。急性感染的严重病例发病突然,传播迅速,发病率高。其特征性症状主要是呼吸困难,可见伸颈张口喘气的姿势,湿性罗音,呼吸时发出"咕噜、咕噜"声,打喷嚏,咳嗽,鼻孔流出透明到黏液性鼻汁。咳嗽时,咳出的渗出物呈黄白色或混有血液,可在鸡舍墙壁、垫料、鸡笼和喙尖等处见到血迹。常见有结膜炎和眼结膜肿胀。蛋鸡感染发病后出现产蛋率下降。如与霉形体、嗜血杆菌混合感染,症状加重。慢性感染的病例,症状较轻,主要表现为轻微咳嗽,呼吸罗音和流泪,浆液性鼻汁,眶下窦和眼睑肿胀。一般无血咳出现。有时可见气管或喉头出现伪膜或干酪样栓子。产蛋率暂时下降。

【病理变化】其典型变化在气管和喉头,可见呼吸道黏膜充血、出血和肿胀,管内附有带血的黄色黏稠液或血凝块,病久出现黄色豆腐渣样栓子阻塞喉头和气管。

【诊断】根据流行特点、临床症状和病理变化可做出初步诊断。症状不典型时,可进行实验室检查。

【防治措施】

(1)加强饲养管理,在经常发生传染性喉气管炎的地区实施预防接种,是防止该病发生的有效措施之一。预防该病要用传染性喉气管炎弱毒苗和油乳剂灭活苗,以传染性喉气管炎油乳剂灭活苗比较安全。

(2)不要引进带毒病鸡,发现病鸡立即隔离,并将健康鸡和病鸡分开,或淘汰病鸡,对鸡舍环境进行彻底消毒。

(3)正在发病的鸡场,可用传染性喉气管炎弱毒疫苗和油乳剂灭活苗做紧急接种。如果没有弱毒疫苗和油乳剂灭活苗,也可试用本场强毒接种,即用病鸡的气管制成1∶5或1∶10的悬浮液,用棉签蘸取涂擦于鸡的泄殖腔黏膜上,接种后4～5天,如果泄殖腔外唇呈水肿状,黏膜有卡他性炎症或出血性炎症证明有效,保护期可达1年。

223.怎样防治鸡痘?

鸡痘是由鸡痘病毒引起的,以体表无毛部位出现散在的、结节状的增生性皮肤病灶(皮肤型),或上呼吸道、口腔和食管部黏膜出现纤维素性坏死性增生病灶(白喉性)为特征的慢性传染病。死亡率一般不高,但影响生长和产蛋。

【病原】本病病原是鸡痘病毒。在病变的皮肤表皮细胞内或感染鸡胚的绒毛尿囊等细胞浆内,可见到大小不一、形状各异的胞浆A型包涵体。成熟病毒粒子为砖形,其基因组为线性、双股DNA。鸡痘病毒对外界环境的抵抗力很强,加热至60℃ 3 h才能杀死，在－15℃以下可保持许多年的传染力。但在1%烧碱、1%醋酸或0.1%升汞溶液中5 min内可被杀死。

【流行病学】各种年龄、性别和不同品种的鸡都可感染，以雏鸡最为严重。病毒通常存在于病鸡落下的皮屑、粪便、喷嚏或咳嗽等排泄物中。主要通过皮肤或黏膜的伤口传染。某些吸血昆虫，特别是蚊子能够携带病毒，这可能是夏、秋季造成鸡痘流行的一个原因。

【临床症状】

(1)皮肤型。主要是皮肤无毛部位如肉冠、肉垂、眼睑口部、翼下、肛门周围、腿部皮肤等处，形成痘疹。初期为小型白色水泡样隆起，逐渐增大，形成黄褐色疣状丘疹。发痘为红褐色或黑褐色。后期发痘部位干燥，形成痂皮，脱落。发痘仅限于皮肤，一般呈良性经过，死亡较少。如与霉形体、葡萄球菌或嗜血杆菌等混合感染，则病程延长，死亡较多。

(2)黏膜型。主要是在眼结膜、咽部、气管等黏膜上出现溃疡性或白喉样黄白色病灶，可出现结膜炎或失明，呼吸困难、吞咽困难或窒息等。死亡率较高。

(3)混合型。主要在鸡冠、肉垂和皮肤上出现痘疹，并可在口腔、喉头发生白喉伪膜。

【诊断】根据其具有的特征性病理变化，再结合临床症状和流行病学，基本可以做出诊断。但为更进一步的确诊，可进行病理组织学和病毒学检查。

在诊断时应注意白喉性喉气管炎与其他呼吸道疾病，如传染性支气管炎、传染性喉气管炎、新城疫、传染性鼻炎、霉形体病以及维生素A缺乏症等相鉴别。

【防治措施】

(1)治疗。病鸡皮肤的结痂和口腔、咽喉的假膜，可用镊子剥去伪膜，涂搽碘甘油(80 mL甘油加5%碘酊20 mL)或紫药水局部治疗。也可用患鸡痘康复后的鸡血治疗，每只每天注射 0.5 mL，使用 2～3 天即可见效。此外，于每千克饲料中加土霉素 2 g，连用 5～7 天，可预防继发细菌感染。

(2)预防。预防鸡痘可靠的方法是接种疫苗，目前我国使用的是鸡痘鹌鹑化弱毒苗。本苗适用 6 日龄以上及成年鸡，一般于 25 日龄及 120 日龄各刺种一次。接种后 2～3 天，刺种部位会出现轻度红肿、结痂，2～3 周后痂块即可脱落。雏鸡的免疫期为 2 个月，成年鸡 5 个月。

☞ 224.怎样防治鸡传染性脑脊髓炎？

鸡传染性脑脊髓炎，俗称流行性震颤，是由鸡脑脊髓炎病毒引起的，主要危害 1 周龄以下雏鸡，以共济失调和头颈震颤为特征的一种病毒性传染病。成年鸡感染后产蛋量急速下降。

【病原】鸡传染性脑脊髓炎病毒为小型 RNA 病毒，属细小病毒科、肠内病毒属。各种毒株在物理、化学和血清学上无明显差异，但应注意野外毒株和鸡胚适应株的区别。各种野外毒株均为嗜肠道型，对鸡的致病力有所不同，对鸡胚是非致死性的。鸡胚适应株为高度嗜神经型。一般不能经口腔途径感染，也不会在鸡与鸡之间传播。该病毒可在鸡胚、鸡胚成纤维细胞、鸡胚肾和鸡胚胰细胞等上生长繁殖。

【流行病学】在全世界几乎所有的养鸡地区均有报道。一年四季均可发生。自然感染主要发生在鸡，但临床症状的发生率很低，主要出现在 1～2 周龄的雏鸡。病毒的传播有水平传播和垂直传播两种途径。肠道感染是其主要的传播途径。感染鸡可经粪便排出病毒，污染垫料、饲料、饮用水、工具和环境等，病毒在环境中长期存活。经卵垂直传播是该病毒的一种重要传播方式，可造成雏鸡严重发病，大批死亡。病毒也可在孵化器内传播，或通过尘埃经呼吸道而发生感染。

【临床症状】由于肌肉不协调而引起的渐进性共济失调和头颈部的明显震颤是其特征性的症状。雏鸡最初表现为精神不振，眼神愚钝，继而出现运动共济失调，并用跗关节或胫行走或坐下来的倾向。被迫运动时，雏鸡几乎不能控制速度和步态，呈现一种不全麻痹症状，如腿麻痹或腿软，并常伴有羽毛蓬乱。头颈部的震颤明显可见，但其频率、强度、持续时间和间隔有所不同。有些病例仅能观察到震颤，而无运动失调。少数鸡可见有腿部或羽根震颤，常伴有微弱的叫声。后期雏鸡不能行走，常陷于横卧。由于不能采食和饮水，最后严重衰弱死亡。死亡率平均为25%。成年鸡可出现产蛋率下降，但无神经症状。

【病理变化】腺胃、肌胃的肌肉层内有许多灰白色小病灶，比针尖略大，但不大清楚，有时很难识别，不易发现。极少数可见有脑水肿。严重的可见有全身躯干萎缩，特别是腿的肌肉萎缩。成年鸡感染无明显病变。

【诊断】根据其流行病学和雏鸡出现的特征性症状，可大致做出诊断。但确诊必须进行病理组织学检查、病毒的分离鉴定和血清学试验等。在检测鸡群的血清抗体时，广泛采用的血清学试验和病毒中和试验，也可用琼扩试验、间接荧光抗体法、直接补体法和间接血凝试验等。鸡胚易感性试验是一种简单易行、可靠实用的方法。

【防治措施】本病尚无有效的治疗方法，一般说，应将发病鸡扑杀并做无害化处理，以保护其他鸡只。在预防上可采取一般的对待传染病的卫生防疫措施，同时对鸡群接种疫苗。由于鸡传染性脑脊髓炎主要危害3周龄内的雏鸡，所以主要应对种鸡群进行免疫接种。在本病流行地区，种鸡应于100～120日龄接种鸡脑脊髓炎疫苗，有较好的效果。

☞ 225.怎样防治禽流感?

禽流感又称鸡瘟、欧洲鸡瘟和真性鸡瘟等。是由A型流感病毒所引起的一种禽类的感染和/或疾病的综合征。其临床症状从急性败血性死亡到无症状带毒(隐性感染)等多种多样。

【病原】禽流感病毒属正黏病毒科,系RNA病毒,呈球形、杆状或长丝状等多形性,表面有血凝素和神经氨酸酶,内部含有一条螺旋状排列的RNA。能凝集鸡和多种动物的红细胞。该病毒对外界环境抵抗力不强,对高温、紫外线和各种消毒药敏感,一般消毒药能很快将其杀死,但存在于有机物如粪便、鼻液、唾液、尸体中的病毒能存活很长时间。根据其抗原性不同,分为A,B,C三种类型。禽类的流感病毒均为A型。

【流行病学】本病呈世界性分布。主要的传播方式是水平传播,各种途径如消化道和呼吸道等均可,但主要是通过粪便直接或间接造成的。也应考虑到蛋媒传播的可能性。带毒的候鸟也是其主要的传播途径。

【临床症状】其症状表现多种多样,有超急性、急性、亚急性及隐性感染等。急性的主要呈现呼吸系统、消化系统或神经系统的异常,如发热、精神沉郁、食欲减退、垂头和昏睡等,常见有鸡冠、肉垂发绀,呈紫红色,黏液性鼻汁,头颈部浮肿,严重的可造成失明或两眼突出呈金鱼眼。呼吸困难、下痢和神经症状是较常见的。发病急,致死率高。

【病理变化】头面部、肉垂和鸡冠浮肿,皮下胶样浸润和出血,心包积水,心外膜有出血点或条纹状,心肌软化,腺胃乳头出血,脾脏、肝脏大出血,甚至血肿,肾脏肿大,法氏囊水肿呈黄色。鸡最显著的病变是卵巢卵泡畸变、发育停滞,出血变性和坏死,严重的出现萎缩。有不同程度的气囊炎、腹膜炎等。

【诊断】由于禽流感的症状和病变各不相同,很多鸡病都与其相似，因此其诊断比较困难，确诊必须进行病毒的分离鉴定和血清学分型等。病毒的分离，急性病例以其内脏采样为好；呼吸道病例，以呼吸道黏液或组织为宜，可用鸡胚或细胞系进行分离。血清学诊断方法有红细胞凝集抑制试验，神经氨酸抑制试验和琼扩试验等。

在鉴别诊断中，需注意与新城疫、传染性喉气管炎、传染性支气管炎、衣原体病、霉形体病、其他副黏病毒感染以及传染性鼻炎等进行区别。

【防治措施】本病无特异性的有效治疗方法。应用抗生素进行治疗，可减少霉形体等其他细菌的并发或继发感染，减轻呼吸道症状。最主要的是避免将禽流感病毒引入鸡群，应做好日常防疫，避免易感鸡群与可能带毒的野鸟，以及人类等的接触。一旦发病，必须立即采取严格的隔离、淘汰、销毁等综合防制措施。研究表明，使用加有佐剂的单价和多价灭活病毒疫苗，可保护健康鸡免遭死亡、发病和产蛋率下降等损失。

☞ 226. 怎样防治鸡白血病/肉瘤群？

鸡白血病是由一些具有共同特征的病毒引起的一种慢性传染性肿瘤病。包括淋巴细胞性白血病、成髓细胞增多症和骨髓细胞瘤等。习惯上将鸡白血病与鸡肉瘤病毒引起的疾病共同称为白血病/肉瘤群。在自然条件下，又称内脏型淋巴瘤病、淋巴细胞瘤病等，其特征是淋巴细胞异常增生，发生瘤化。

【病原】病原为反转录病毒科、RNA 肿瘤病毒 C 属、白血病/肉瘤病病毒群。在结构上缺乏立体的对称，表面有纤突的囊膜，内部含丝状成分。按其囊膜特性，分为 A,B,C,D 和 E 等 5 个亚型。有 4 种蛋白质，构成其具有特异性的抗原。

【流行病学】鸡是其自然宿主。本病主要通过垂直传播和水平传播两种方式进行，但水平传播缓慢且不易发生，而垂直传播在自然感染中极为重要。蛋传播可使几乎所有的商品鸡都受到感染。带毒母鸡可连续或间歇性排毒。A亚群病毒经蛋媒传播的感染率变化很大,A亚群引起的感染率一般高于B亚群。

【临床症状】病鸡的日龄通常在4～10月龄,病型可分四种,即淋巴性白血病、成红细胞白血病、成髓细胞性白血病和骨髓细胞瘤病等型。基本症状是进行性消瘦,其中以淋巴性白血病最普遍。

淋巴性白血病多发生于14周龄以上的鸡,到性成熟期发病率最高,小鸡极少出现这类疾病。病鸡无特异性症状,病情达到一定程度时,主要表现食欲不振,全身衰弱,鸡冠及肉髯苍白、皱缩,偶呈青紫色,进行性消瘦,以至不能站立,产蛋停止,有时下痢,有的病鸡腹部膨大,可摸到肿大的肝,最后因衰竭而死亡。

【病理变化】肿瘤主要见于肝、脾、法氏囊,其外观柔软、平滑、有光泽,呈灰白色或淡灰黄色,从针头大到鸡蛋大。按肿瘤的形态可分成结节型、粟粒型、弥漫型。弥漫型其肝脏比正常的增大好几倍,灰白色,呈大理石样外观特征,俗称"大肝病"。脾脏的变化与肝相同,法氏囊的肿瘤呈很小的结节状,在剖检严重病鸡时,打开腹腔,见各个内脏器官广泛发生病变,甚至互相粘连,无法分开。

【诊断】根据其临床症状及特征性的病理剖检变化,可做出初步诊断。但确诊必须依靠对病毒的分离鉴定和血清学方法。血浆、血清或肿瘤是分离病毒的最好材料。也可从软组织、口腔冲洗液和粪便中,以及蛋和鸡胚分离病毒。

【防治措施】本病既无疫苗预防,又无有效药物治疗。对种鸡群进行免疫检测,淘汰阳性鸡,建立无白血病鸡的种鸡群,是预防和控制本病的主要措施。同时应注意防止水平传播,对鸡舍环境、孵化器、孵化室及工具等进行严格的消毒,加强饲养管理,搞好环境卫生和防疫工作。

☞ 227. 怎样防治鸡减蛋综合征？

鸡减蛋综合征是由禽腺病毒(EDS-76)感染所引起的一种商品蛋鸡和种母鸡产蛋率下降为主要特征传染病。病鸡主要表现群发性产蛋下降、产蛋异常、蛋体畸形、蛋质低劣等征候。本病可使产蛋下降10%～30%，甚至50%；蛋的破损率达30%～40%，无壳蛋、软壳蛋可达15%，给养鸡业造成严重的损失。

【病原】产蛋下降综合征病毒属于禽腺病毒(Ⅲ群)，无囊膜，呈20面体对称的双股DNA型，具有典型的腺病毒特征。能凝集鸡的红细胞、哺乳动物的红细胞。仅有一个血清型。可在7～10日龄的鸭胚中生长，在鸭胚成纤维细胞、鸭胚肝细胞和鸭肾细胞上生长良好。病毒对乙醚、氯仿不敏感，对pH适应谱广，0.3%福尔马林48 h可使病毒完全灭活，60℃加热60 min，也能使其灭活。用HI试验可检出病鸡特异性抗体。

【流行病学】世界各地都有本病发生。其自然感染和发病主要是鸡，但鸭和鹅可能是其自然感染宿主。任何年龄的肉鸡和蛋鸡均可感染，不同品系鸡的易感性有一定的差异。传播途径有水平传播和垂直传播两种方式。感染鸡可经种蛋和公鸡的精液传播病毒，也可经被粪便污染的蛋盘、蛋箱和种蛋而传播本病。水平传播主要是同居传播，通过直接接触或间接接触被污染的工具、蛋箱、车辆等而发生，这种传播一般较慢且多呈间断性。鸭、鹅及其他一些野生禽类，可通过污染的饮水、饲料等而将病毒传染给母鸡，造成感染。

【临床症状】一般无明显症状。鸡群突然出现产蛋率下降，下降20%～30%，甚至50%。同时薄壳蛋、软皮蛋、无壳蛋和畸形蛋的数量增加，蛋壳表面粗糙，似砂纸状或有粗颗粒。褐色蛋的表面色素丧失，颜色变浅。产蛋率下降持续4～10周后，逐渐恢复，但很难达到正常水平或达到产蛋高峰。正常蛋的受精率和孵化率一般正常。部分鸡可能出现羽毛蓬乱、贫血、水样腹泻等症状。

【病理变化】缺乏明显的特征性病理变化。常可见卵巢停止发育和输卵管萎缩,子宫和输卵管炎症,黏膜肥厚,内有白色渗出物或干酪样物,以及卡他性肠炎等。

【诊断】凡有产蛋率急剧下降以及软皮蛋、薄壳蛋和畸形蛋数量增多的,可怀疑为本病,但确诊必须根据发病情况、症状、病理变化、血清学和病原体分离鉴定的结果,综合分析判断。因为有多种因素都可造成鸡群的产蛋率下降和畸形蛋。病毒的分离,可采用直肠内容物、输卵管、卵泡、泄殖腔和无壳软蛋等,接种到鸭胚尿囊腔或鸭肾细胞上培养。血凝抑制(HI)试验较为敏感,是诊断本病最常用的血清学方法之一。其他也可用琼脂扩散试验、病毒中和试验、免疫荧光法和 ELISA 等方法。

在诊断时应注意与传染性脑脊髓炎、霉形体病、包涵体肝炎、禽流感、新城疫、传染性支气管炎等可造成鸡群产蛋率下降的疾病相鉴别。

【防治措施】

(1)本病无有效的药物和治疗方法。应当从加强防疫管理、淘汰病鸡和免疫接种等多方面进行综合防制。无本病的鸡场,要严格防疫制度,避免从有病的或情况不明种群引入种雏,以防带入病毒。已污染的鸡,要加强消毒、隔离和淘汰,防止水平传播和垂直传播,下大力量控制和根除本病。

(2)在本病的流行地区,应当对种鸡和商品蛋鸡群进行免疫接种。可用的疫苗有单价或多价油乳剂灭活苗,或 ND-EDS76 二联灭活油苗。未发病鸡场可在 18～20 周龄免疫;污染场应在10～14 周龄免疫。

☞ 228.怎样防治鸡呼肠孤病毒感染?

呼肠孤病毒感染可引起鸡发生病毒性关节炎/腱鞘炎、呼吸道疾病、肠道疾病、传染性矮小综合征以及所谓吸收不良综合征等多种疾病。疾病的表现很大程度上决定于鸡的年龄、病毒的致病型和感染途径。经济损失常由病毒性关节炎/腱鞘炎和受害鸡增重减少、饲料转换下降等生产性能差引起。病毒性关节炎多发生于肉用型鸡，以呈现关节炎和腱鞘炎（主要为跗部和跖部）以及有时腓肠腱断裂为主要特征。

【病原】呼肠孤病毒，无囊膜，呈正20面体对称，有双层的核衣壳结构，病毒的基因组为分节的双股RNA。无血凝特性，有许多血清型。容易通过鸡胚、鸡肾细胞和幼鸡培养。本病毒对环境的抵抗力强，耐热，抗pH3、过氧化氢、2%来苏儿、3%福尔马林等。

【流行病学】全世界范围内都有呼肠孤病毒流行，可感染鸡和其他鸟类。呼肠孤病毒感染引起的关节炎/腱鞘炎主要发生在鸡，特别是肉鸡发病率较高。感染鸡可通过粪便排毒，成为主要的感染源。主要是通过水平传播。也可污染蛋壳，进行介卵传递。患病毒血症的鸡经节肢动物传播本病毒的可能性是存在的。

【临床症状】雏鸡急性发病时可呈现关节肿胀，跗关节不能活动，患肢不能伸展，病鸡常蹲坐在跗关节上。典型症状是肢腱的损伤和断裂，趾屈曲，步态蹒跚，绝大多数病例因此可丧失运动能力。20周龄以上的鸡比较少见。慢性感染病例，多见趾屈肌和伸肌肿胀，跗关节肿大，走路摇摆跛行，腓肠肌疼痛。病鸡全身明显苍白，贫血，羽毛生长异常。骨钙化紊乱，鸡发育迟缓或生长停滞。

呼肠孤病毒感染还可造成其他一些疾病和症状，如生长受阻、心包炎、心肌炎、心包积水、肠炎、肝炎、骨短粗病、急性或慢性呼吸道综合征等。

【病理变化】患肢的跗关节周围肿胀，切开后可见到关节上部腓肠腱水肿，关节腔充满淡红色透明滑膜液，趾曲腱和腓肠腱周围水肿，有的周围组织可与骨膜脱离。大雏或成鸡易发生腓肠腱断裂，局部组织可见明显的血液浸润。如发生在换羽时期，可见到皮下组织呈红紫色。患肢的其他关节腔淡红色，关节液增加。慢性病例鸡的腓肠腱增厚、硬化，和周围组织粘连纤维化，有的在切面可见到肌和腱交接部发生的不全断裂和周围组织粘连，失去活动性，关节腔有脓样、干酪样渗出物。

吸收不良综合征的主要病变是腺胃增大，并可能有出血或坏死、卡他性肠炎。

【诊断】通过临床症状和病理变化可做出病毒性关节炎的初步诊断，确诊必须进行病毒的分离鉴定、病理组织学和血清学试验。其病理组织学变化的特征是非化脓性腱鞘炎、周围淋巴细胞浸润和增生。病毒分离可采取关节液或腱、腱鞘和关节囊，以及气管或泄殖腔拭子等做样品，接种到鸡胚或细胞培养物上进行。血清学诊断多用琼脂扩散试验，也可用间接荧光技术、中和试验和ELISA等试验来确诊本病。

【防治措施】本病无任何有效的治疗方法，加强日常的卫生管理和消毒措施十分重要。对病鸡，要严格采取隔离、消毒和淘汰制度，防止继续感染。对种鸡群，应当用琼扩试验进行监测，淘汰感染鸡，净化种群。用活毒苗和灭活油乳剂苗进行免疫种鸡，是防治本病的有效方法，不仅通过母源抗体可保护1日龄仔鸡，而且对垂直传播有限制作用。另外，也可用病毒性关节炎、传染性支气管炎和新城疫三联苗进行免疫。

☞ 229.怎样防治鸡传染性贫血病？

鸡传染性贫血，又称出血性贫血综合征、出血性再生不良性贫血综合征、贫血皮炎蓝翅病。是由鸡贫血病毒引起雏鸡的一种以再生障碍性贫血、全身淋巴器官萎缩、皮下和肌肉出血，造成免疫抑制及高死亡率为主要特征的病毒性传染病。

【病原】鸡传染性贫血病毒，属细小病毒属或环状病毒单属。

为球形或六角形颗粒状、单链 DNA 病毒。表面有明显结构，病毒衣壳由 32 个结构位点组成，表面可见 10 个三角形突起。可在鸡胚中繁殖，但不致死鸡胚。也能在部分淋巴瘤细胞系培养物中增殖。不凝集鸡、猪和绵羊的红细胞。不同毒株的毒力有差异，但抗原性相同。该病毒耐热、耐酸，对氯仿和乙醚稳定，76℃ 1 h 处理后的病毒对雏鸡仍有致病性。对酚敏感，能抵抗季铵类化合物及两性肥皂，5％次氯酸钙、1％碘酊等能灭活病毒。

【流行病学】该病可能全球性流行，有的国家在鸡群中的污染率相当高。鸡是其惟一的自然宿主，几乎所有的鸡群都会受到感染，但多呈隐性感染，可垂直感染，2～3 周龄幼雏和中雏易感染发病。发病鸡是主要传染源，可通过污染的饮水、饲料、工具和设备等发生水平的间接接触性传播。通过孵化种蛋而发生的介卵垂直传播可能是其最重要的传播途径。该病的发病率取决于鸡的日龄和病毒毒株的毒力。自然感染的发病率为 20％～60％，死亡率为 5％～10％。传染性法氏囊病毒、马立克氏病病毒及其他免疫抑制药物能增强贫血病毒的传染性和降低母源抗体的保护力，从而增加鸡的发病率。

【临床症状】本病的主要临床症状是严重的免疫抑制和贫血，病鸡表现精神沉郁、消瘦、苍白、翅膀皮炎或蓝翅，全身点状出血，2～3天后开始死亡，5～6 天为死亡高峰期。死亡率不一致，通常为 10％～15％，濒死鸡可见腹泻。有的全身出血或头颈部皮下出血、水肿。血稀如水，血凝时间延长，血细胞比容值下降，白细胞、红细胞数显著减少。

【病理变化】特征性的病变是骨髓萎缩，呈脂肪色、淡黄色或淡红色，常见有胸腺萎缩，甚至完全退化，呈深红褐色。法氏囊萎缩，体积缩小，外观呈半透明状。肝、脾、肾肿大，褪色。心脏变圆，心肌、真皮和皮下出血。骨髓肌和腺胃固有层黏膜出血，严重的出现肌胃黏膜糜烂和溃疡。有的鸡有肺实质性病变。

【诊断】根据流行情况、临诊症状和剖检变化,可做出初步诊断。确诊须进行病理组织学检查、病毒分离鉴定和血清学试验。病原分离可用细胞培养、鸡胚接种和易感鸡接种进行。血清学检查主要有病毒中和试验、免疫荧光法和酶联免疫吸附试验等。

在诊断时还应注意与马立克氏病、传染性法氏囊病、骨硬化病以及磺胺类药物和真菌毒素中毒等疾病相鉴别。

【防治措施】

(1)加强饲养管理和卫生防疫措施,做好马立克氏病、传染性法氏囊炎等病的免疫,以降低雏鸡对传染性贫血的易感性。

(2)为防止雏鸡感染暴发此病,可对种鸡进行疫苗接种,使子代雏鸡具有母源抗体从而防止发病。德国已研究出传染性贫血病弱毒冻干疫苗,其用法是对 13～15 周龄的种鸡饮水免疫,种鸡免疫后 6 周所产生的蛋可做种蛋。

(3)本病无特异性的治疗方法,对病鸡通常采用抗生素控制继发性的细菌感染,但没有明显的治疗效果。

☞ 230.怎样防治肉鸡传染性生长障碍综合征?

肉鸡传染性生长障碍综合征是最新发现的一种病因尚不十分清楚,主要侵害肉仔鸡的一种传染病。主要特征是饲料报酬低、生长发育受阻等。由于临诊症状和病理变化多种多样,故曾先后称为吸收不良综合征、传染性矮小综合征、苍白综合征、直升机症、骨脆病、传染性腺胃炎、骨质疏松病等不同的病名。本病可使肉鸡生产性能低下,造成严重的经济损失。

【病原】有关该病的致病因子尚无统一意见,可能涉及呼肠孤病毒、轮状病毒、细小病毒、披盖病毒和肠道病毒等多种因素。有人认为除病毒外,还可能有细菌参与致病。也有人认为本病是一种与缺少硒微量元素有关的代谢病。

【流行病学】主要发生在肉鸡,是肉鸡饲养业的一大威胁,可造成严重经济损失。但蛋鸡和火鸡也有发生。目前仅在部分国家流行，我国尚未见有发生此病的报道。该病既能水平传播，又能垂直传播。病鸡和带毒鸡是主要传染源，病毒主要从肠道排出，通过污染的饲料和饮水，经消化道感染。通常发病率为5%～20%。发病率与死亡率与饲养管理有很大的关系。

【临床症状】主要临床特征是鸡体弱小、精神不振、羽毛生长差和腿软弱等。除一般病的轻度症状外，病鸡腹部涨满，腹泻，排出黄褐色黏液性粪便。羽毛粗乱、无光泽，颈部常留有绒毛；翅膀上常伴有位置不整的羽毛，少数可能有许多断裂的羽毛。其骨骼发育呈佝偻病样，长骨质脆易弯曲，临床上表现为腿软弱无力或瘸腿。喙和脚因色素褪色而呈苍白色。头颈、肉髯水肿。

【病理变化】剖检可见大腿部位色素消失。大腿腿骨骨质疏松，骨头坏死和断裂。腺胃增大，并伴有肌胃缩小，或有糜烂和溃疡；肠壁肿胀，有卡他性和出血性肠炎；肠道内有未消化的饲料，特别是在肠管下段中含有未消化的、特征性的橘红色黏液性物质。盲肠内充满黄色带气体、泡沫和液体性的消化物。大多数有局灶性心肌炎，可见心包液增加。另外还有胆囊空虚，法氏囊、胸腺和胰腺萎缩。

【诊断】根据其特征性症状，结合剖检所见的肠道及大腿骨等特征性变化，可做出初步诊断。进一步确诊，需要做病原体分离鉴定和血清学检查。

在诊断时应注意与马立克氏病或淋巴细胞性白血病相鉴别诊断。

【防治措施】本病尚无有效的治疗方法，主要应采取综合防制措施，加强日常卫生防疫管理，严格实行全进全出制度，每批鸡出圈后，都要彻底消毒，有助于防制本病。消毒时应先将鸡笼和其他设备放在含去污剂的水中浸泡3 h，然后用高压水冲洗干净，待干净后再用10%福尔马林溶液消毒，放入新垫料后，用甲醛进行熏蒸消毒。

国外曾试用鸡呼肠孤病毒甲醛灭活病毒的油乳剂疫苗进行免疫预防实验，认为可取得一定的保护作用。也有报道将杆菌肽、新霉素、维生素E和硒合用，或于饲料中添加硫酸铜、维生素A、维生素D等，可减轻症状，降低死亡率。

☞ 231. 怎样防治鸡包涵体肝炎？

鸡包涵体肝炎是由鸡腺病毒引起的，以肝脏受害为主并在肝细胞中形成核内包涵体为特征的传染病。其主要特征是病鸡表现精神委顿，腹泻，出血和突然死亡。

【病原】包涵体肝炎病毒属于腺病毒科，禽腺病毒属。无囊膜，病毒核酸类型为双股DNA。本病毒对热较稳定，能抵抗乙醚、氯仿及pH3。病毒能在鸡胚肾细胞、鸡胚肝、鸡胚成纤维细胞中繁殖。

【流行病学】此病主要发生于雏鸡，在自然条件下，以3～15日龄的雏鸡发病较多，肉用雏鸡比蛋用雏鸡容易感染。本病可垂直传播是非常重要的特点，所以一旦传入很难根除。此外与病鸡接触或被病鸡污染的禽舍、饲料、饮水可经消化道而传染，本病多发生于春、秋两季。

【临床症状】发病初期临床症状不明显，个别鸡突然死亡，经2～3天后少数鸡表现精神委顿，病鸡呈蜷曲姿势，羽毛松乱，食欲不振，嗜睡。有的鸡颜面苍白、肉冠褪色、皮肤呈黄色，并可见到皮下出血。有的鸡出现一过性水样下痢。发病雏鸡在3～4天内突然出现死亡高峰，通常在第5天停止，偶尔可持续2～3周，许多鸡在未表现出症状时就已死亡。此病发病率低，病死率为10%～15%，偶尔可达30%。青年鸡除有贫血和精神沉郁外，有时可见轻度的呼吸道症状。产蛋鸡除产蛋受到一定影响外，几乎看不到任何症状。

【病理变化】主要病变是肝肿大，质脆，色泽呈斑驳状，表面有出血斑点，包膜下有条状或星状出血，有的有黄色坏死灶。肾色淡或苍白，有尿酸盐沉积。胸肌和腿肌偶见出血。组织学检查可见肝广泛性坏死，肝细胞内有包涵体。

【诊断】根据其流行病学、临床症状和病理变化，可做出初步诊断。进一步确诊，需要做病原体分离鉴定和血清学检查。

【防制措施】本病尚无特效的治疗方法。主要措施为加强饲养管理，杜绝传染源传入，防止和消除应激因素。在饲料中补充微量元素和复合维生素以增强鸡的抵抗力，并加强鸡舍和环境消毒，为了防止并发细菌性疾病，可在发病日龄前的2～3天喂给一些抗生素。

☞ 232.怎样防治肉鸡肿头综合征？

肉鸡肿头综合征是肉鸡的一种原因不明的传染病，其主要特征是鸡面部肿胀，又称"脸肿综合征"。种鸡群明显表现产蛋率下降，商品鸡群发生此病死亡率较高，病鸡愈后发育不良。

【防制措施】

(1)对该病目前尚无特效治疗方法。应注意加强饲养管理，如排除高密度饲养、通风不良、鸡舍氨气浓度高、粪便处理不及时等诱发该病的因素。可用磺胺类药物及抗生素等进行治疗，以控制大肠杆菌及其他病原菌的继发感染。

(2)用肿头综合征冠状病毒经鸡胚传代，应用每毫升含10个病毒粒子的第50代制备的活疫苗，对1日龄雏鸡点眼免疫，在免疫4周后，可防止同样病毒攻击所产生的病变。

☞ 233.怎样防治鸡的蓝翅病？

鸡的蓝翅病是由呼肠孤病毒和鸡贫血因子协同作用引起的一种鸡的传染性疾病。它主要发生于肉用仔鸡群，公、母鸡均易感，产蛋鸡和肉用种鸡发病的很少。

【流行病学】春夏秋冬均可发生，一般在 11～16 日龄开始发病，17～26 日龄达到死亡高峰。垂直传播是主要的传播途径，水平传播未有发现。

【临床症状】患病鸡的翅膀下皮肤出现深蓝色。病鸡精神不振，沉郁，以胸着地，闭目，羽毛蓬松，颤抖，在 2 h 左右死亡。

【病理变化】最明显的特征病变是皮内、皮下和肌肉出现斑点状出血和水肿。有时由于细菌的继发感染而发生坏疽性皮炎，脾脏肿大，颜色变淡，胸腺和法氏囊萎缩，还有轻度的坏死性肝炎。

【防制措施】

(1)定时对鸡群，尤其是种鸡群进行监测，淘汰阳性鸡，减少垂直传播的威胁。

(2)试用人工致弱的鸡贫血因子和呼肠孤病毒对种鸡群做联合免疫或注射灭活的油佐剂二联苗，使其子代获得较高的母源抗体水平。

(3)一旦发病，除严格消毒外，在饮水中可加入盐酸吗啉胍(病毒灵)原粉(每 50 g 加水 50 kg 或拌入饲料 25 kg)，连续 3～5 天，有一定的辅助治疗作用。为防细菌的继发感染，在饲料中加入适量的抗菌药物如氟哌酸或克菌净(949)或一服灵、灭败灵等，也是一种积极的措施。

二、细菌、霉形体性传染病

☞ 234. 怎样防治鸡白痢？

鸡白痢是由鸡白痢沙门氏菌感染雏鸡所引起的，以白色下痢和肝、肺出血坏死等为特征的一种急性全身性感染。雏鸡表现为急性败血性病，发病率和死亡率都很高；成年鸡多表现为慢性、局部性感染。

【病原】鸡白痢沙门氏菌，属肠杆菌科沙门氏菌属，为革兰氏阴性、两端稍圆的细长杆菌，无运动，无荚膜，不形成芽孢，兼性厌氧。本属细菌对干燥、腐败、日光等因素具有一定的抵抗力，在外界条件下可以广存数周或数月。对于化学消毒剂的抵抗力不强，一般常用的消毒剂和方法均能达到消毒目的。

【流行病学】各种年龄的鸡均可感染鸡白痢，蛋鸡主要发生在2～3周龄的雏鸡，成年鸡很少发生。主要由成年带菌鸡经粪便污染饲料、饮水、环境、垫料、工具以及种蛋和孵化器等经消化道感染而传播。种蛋的垂直传播在本病的发生和流行过程中起很重要的作用。

【临床症状】雏鸡虚弱、无食欲、突然死亡。多表现不愿走动，常宿聚一团，两翅下垂，嗜睡，姿势异常，排白色糨糊样粪便，肛门周围绒毛被白色和带绿色的粪便污染，有的因分辫与绒毛干结在一起，封住肛门，影响排粪，故病鸡排便时常发出尖叫声。有的可出现呼吸困难和跛行等，个别雏鸡还可见有关节炎、眼球炎、失明等，甚至神经症状。病死率可达40%～70%。耐过病鸡生长发育不良，或转慢性病鸡或带菌鸡。

成年鸡无明显临床症状，多为隐性带菌鸡。母鸡的产蛋率和孵化率下降，死胚蛋数增多。少数病鸡精神委顿，鸡冠苍白，缩颈垂翅，食欲减少。有的病鸡发生卵黄性腹膜炎，腹膜增厚呈“垂腹”现象。

【病理变化】急性死亡的雏鸡病变不明显。病程长的肝脏肿大、充血或有条纹状出血，表面有小的灰白色坏死灶。出血性肺炎，或有黄灰色结节和灰色肝变区。心肌、盲肠、肌胃等也可见坏死灶和结节。脾脏肿大，心包浑浊，心外膜有灰白色坏死灶。卵黄吸收不全，盲肠内有干酪样物，即所谓“盲肠芯”。中雏除上述病变外，还可见心包炎，肝表面有小红点，肠道多呈卡他性炎症。成年鸡的病变主要在生殖系统。母鸡可见卵巢和输卵管有慢性炎症。

卵子表面变形变色，其内容物呈油脂或干酪状，有的卵子破裂，引起广泛的腹膜炎。公鸡睾丸肿大，实质内有小脓肿或坏死灶。公、母鸡均可见心包炎。

【诊断】本病的临床症状和病理变化虽有一定特征，但确诊必须依靠从病变组织中分离并鉴定出鸡白痢沙门氏菌。可采取病变的肝脏、心血、肺脏和卵黄等，直接接种到BS、BGS或DHL平板上进行分离培养。可用来检测鸡群中的阳性带菌鸡的血清学方法主要有全血快速凝集、血清快速凝集、试管凝集法和微量凝集试验等。

在鉴别诊断中，应注意与其他沙门氏菌感染以及大肠杆菌、葡萄球菌、微球菌等造成的感染相区别。

【防治措施】

(1)采取严格的防疫制度，培育无白痢鸡群，防止病原菌的侵入是根本措施。鸡舍、育雏室的一切用具要经常清洗消毒，孵化器在种蛋入孵之前用甲醛气体熏蒸消毒，避免经蛋垂直传播。种鸡场应定期进行血清学检测隔离或淘汰阳性带菌鸡，禁止从有病的或情况不明的鸡场引进种鸡或种蛋、种雏。

(2)加强预防，对3周龄以下的雏鸡可在饲料中添加抗生素，如庆大霉素、土霉素及磺胺类药物等进行预防，可有效地防止发病和减少死亡。

(3)发生疾病应及时治疗，许多药物对鸡白痢都有一定的治疗和预防效果。如0.2%～0.4%的磺胺甲基嘧啶或磺胺二甲基嘧啶，0.05%～0.1%磺胺喹恶啉，土霉素、庆大霉素、卡那霉素、新霉素、诺氟沙星等均有较好的效果。在确定使用药物前，应先对分离细菌进行药敏试验。

☞ 235. 怎样防治鸡霍乱？

鸡霍乱，又名鸡出血性败血病，简称出败。该病是由多杀性巴士杆菌引起的，以发生剧烈下痢症状为特征鸡的一种急性接触性传染病。发病率和死亡率较高，对养鸡业发展威胁较大。

【病原】多杀性巴氏杆菌，是一种革兰氏染色阴性、不运动、有荚膜、不形成芽孢、两端钝圆的杆菌。在组织、血液和新分离培养物中的菌体呈两极浓染。依菌体荚膜共有 A，B，D，E 和 F 5 个血清型，引起发病的主要是 A 型。利用菌体(O)抗原做凝集反应，将本菌分为 12 个血清型。根据琼扩试验可将其分为 16 个血清型，鸡流行较多的是 1 型。本菌存在于病禽全身各组织、体液、分泌物及排泄物中。对物理和化学因素的抵抗力比较低。普通消毒药常用浓度对本菌都有良好的消毒作用。

【流行病学】各种年龄的鸡对鸡霍乱都比较易感。鸡霍乱的病原体在自然界分布很广，是一种条件性病原菌，在健康鸡体的呼吸道中就有该菌，但不发病。当应激反应如环境的变化、天气突然变化、营养不良、创伤等，机体抵抗力减弱和细菌毒力增强时即可发病。特别是当有新鸡转入带菌的鸡群，或者将带菌鸡调入其他鸡群时，更容易引起发病。多呈散发性或地方流行性。在夏末、秋冬流行较多。

【临床症状】

(1)最急性型。常见于本病暴发的最初阶段。病鸡突然倒地拍翅，抽搐，迅速死亡。有的看不到症状，突然死在鸡窝内或栖架下。肥胖的鸡多发。

(2)急性型。病鸡表现精神沉郁，羽毛松乱，缩颈闭眼，弓背，头藏于翅下，食欲减退或废绝。由于发热，饮水增加，呼吸困难，口鼻流出黏液。常有腹泻，排出白色水样或绿色黏液、伴有恶臭的粪便。死前可见头、冠、肉垂发绀。病程一般几小时或数日。

【病理变化】急性病例主要出现心包液增多，心冠和心内外膜有出血点和块状出血。肝脏肿大，有灰白色或黄白色小坏死点。十二指肠出血和淤血，肠内容物含有血液。肺充血并有出血和炎症变化。火鸡感染后的肺部病变更为严重。慢性鸡霍乱多与其局部感染的部位有关,常见于呼吸道,如窦和气骨等。另外有关节炎、头部水肿、中耳炎、输卵管炎和脑炎等。

【诊断】根据流行病学、临床症状、病理变化等可做出初步诊断,从病死鸡的心、肝和脾等部做触片,经瑞氏染色后发现有两极浓染的杆菌,对迅速做出诊断很有意义。但确诊必须依靠对多杀性巴氏杆菌的分离和生化鉴定结果。

【防制措施】

(1)平时应加强饲养管理,制定严密的卫生防疫计划,做好栏舍和用具的消毒工作,减少应激刺激。引种时要严格检疫,防止将病菌直接或间接地带入健康鸡群。

(2)在鸡霍乱流行的地区,应进行定期免疫接种。有多种菌苗可供选用,包括活菌如 731,833,G190E40 等和多种不同的灭活苗,如油乳剂苗、蜂胶苗等,效果较好。

(3)对病鸡可用磺胺二甲基嘧啶、敌菌净、磺胺噻唑、青霉素、土霉素、壮观霉素等药物治疗。

☞ 236.鸡新城疫与禽霍乱同时发生怎么办?

鸡新城疫和鸡霍乱均是鸡的急性传染病,一旦同时发生,在综合防疫的应急措施上基本相同。除了要采取严格封锁,隔离消毒,正确处理有关鸡只外,鸡新城疫的紧急防制可参照本书第 214 问处理的同时,对并发的鸡霍乱,可在鸡新城疫“顶风上”的紧急预防接种时,其疫苗可用“灭败灵”替代蒸馏水做稀释液(每只鸡注射剂量可按疫苗及“灭败灵”的具体说明书进行稀释),逐只进行注射接种。为防止反复,自第 2 天起可在鸡的饮水中加入强力抗(每瓶加水 25～50 kg)或恩诺沙星(0.005%)等防治药物,连服 2～3 天,以巩固疗效,最后达到控制“两病”的发生。

☞ 237. 怎样防治鸡伤寒？

鸡伤寒，又名传染性白血病、禽伤寒、伤寒等。是由鸡沙门氏菌感染所引起，多发生于成年鸡和青年鸡的一种全身性、急性败血性传染性疾病，以肝、脾等实质器官的病变和下痢为特征。死亡率中等或很高。

【病原】鸡沙门氏菌为革兰氏染色阴性、短而粗的杆菌，不产生芽孢，无荚膜，不能运动。

【流行病学】各种年龄的鸡均可感染。雏鸡可经蛋媒传播而感染发病，但本病在青年鸡及成年鸡更为常见。带菌鸡和阳性反应鸡在本病的蔓延和传播中起着很重要的作用。可通过种蛋发生垂直传播，也可经粪便污染饲料、饮水和工具等将疾病传播给其他舍或场的鸡。饲养员、饲料商、参观者等也带有病原。卡车、饲料袋等也可能被污染。野鸟、动物、苍蝇等可成为机械传播者。

【临床症状】幼雏表现的症状与鸡白痢很相似，主要表现为虚弱，生长不良，嗜睡，无食欲，泄殖腔周围粘有大量的白色粪便，后期呈黄褐色。鸡冠发紫、萎缩。有些有呼吸困难和打咯声等。如种蛋带菌则可在出雏器中见到死雏和死胚蛋。

成年鸡和育成鸡主要表现头部（冠、肉髯）苍白，冠和肉垂萎缩，腹泻，排出黄绿色稀粪，渴欲增加，频繁饮水，病程 1 周左右，病死率为 5％～30％。

【病理变化】雏鸡伤寒的病变与鸡白痢相似，在肺、心肌和肌胃有灰白色小坏死灶。育成鸡的病变表现为贫血，血液稀薄，肝脏具有特征病变，肝脏肿大并染有胆汁，呈青铜色或绿色。胆囊胀满，脾、肾肿大，实质器官有粟粒样坏死灶，小肠前段有卡他性炎症并伴有溃疡。肌胃也有灰白色坏死灶。心包发炎积水，有纤维素样渗出物，有的发生粘连，心肌上有灰白色粟粒状病灶，腹膜内有纤维素样渗出物。母鸡卡他性肠炎，肠道黏膜溃疡。卵黄囊出血、变形和色泽不正，呈灰黄和浅棕色。卵子出血、变形，色彩异常，常见卵黄性腹膜炎，公鸡睾丸肿大并有坏死灶。

【诊断】仅通过临床症状和病理变化不足以做出准确的诊断，确诊要靠鸡沙门氏菌的分离和鉴定。慢性病例中，血清学试验有助于诊断。急性病例从肝脏和脾脏分离，慢性感染可从感染局部分离病原菌。

【防治措施】

(1)治疗。与鸡白痢基本相同。较常用的药物有磺胺噻唑、磺胺甲基嘧啶、磺胺二甲基嘧啶和磺胺喹恶啉等；抗生素类有土霉素、金霉素等。喹诺酮类药物，如盐酸环丙沙星可溶性粉和乳酸诺氟沙星等药物，对本病的治疗效果显著，且无抗药性。

(2)预防。加强环境消毒，严格处理粪便，杜绝病原菌的侵入和扩散。对鸡群特别是种鸡群，要定期进行血清学监测，及时淘汰病鸡和带菌鸡，净化鸡群。也可口服光滑型或致弱型菌苗预防接种。

☞ 238.怎样防治禽副伤寒？

禽副伤寒是由沙门氏菌属中除鸡白痢沙门氏菌和鸡沙门氏菌以外的，其他的沙门氏菌感染所引起的鸡病的统称。主要危害幼鸡，其特征是表现为败血症下痢和内脏器官的病灶坏死。常于孵出后 2 周之内发病，6～10 天内损失最大。

【病原】在沙门氏菌属中，除鸡白痢沙门氏菌和鸡沙门氏菌外，凡是对鸡有致病性的均为副伤寒菌。在沙门氏菌的 1 700 个血清型中，其中鼠伤寒沙门氏菌引起的感染最为常见。这类细菌均为革兰氏阴性杆菌，无荚膜，不产生芽孢，有鞭毛能运动。大多数都具有菌体和鞭毛两种抗原。

【流行病学】鸡副伤寒菌的自然宿主十分广泛，大多数温血和冷血动物都可感染，鸡都易感，特别是幼鸡。大多数鸡沙门氏菌都可感染人,可引起胃肠炎或严重的败血症。

鸡沙门氏菌主要经如下几种方式传播:肠道带菌鸡在产蛋过程中蛋壳表面被粪便中的副伤寒沙门氏菌污染,或经已污染的地面、产蛋箱及孵化器等受到污染,是本病最主要的传播方式。蛋壳表面的细菌可经蛋孔进入蛋内,并在卵黄内迅速繁殖。如侵入正在发育的胚胎内,则会使其死亡,或经孵化出壳的雏鸡传播给其他鸡雏。育雏过程中的设备和孵化器、出雏器和育雏器等,以及环境被污染后,也可经呼吸道、消化道以及饲料、饮水等直接或间接地造成雏鸡的感染。外表健康的成年带菌鸡可直接将疾病传给雏鸡,粪便是最主要的感染源。饲料是鸡伤寒沙门氏菌最常见和重要的感染来源,许多使用动物性产品或副产品如骨粉、肉粉、鱼粉等配制的饲料都曾发现有沙门氏菌。苍蝇、甲虫、蚤及其他昆虫等也可能会携带病菌传播疾病。人和其他多种动物如鸽子、鼠、猫、犬、鸡、羊、牛、麻雀及其他多种野鸟等也可成为传播者。

【临床症状】本病的症状与鸡白痢、鸡伤寒、鸡亚利桑那菌病及其他疾病很相似。主要发生在雏鸡。孵化期间感染的表现死胚蛋和胚胎后期死亡增加,出壳的无明显症状即可死亡。幼鸡主要表现为无神,呆立,垂头,闭目,两翅下垂,羽毛蓬松,食欲降低,饮水量增加,水样腹泻,在肛门周围常粘着粪便。一般无呼吸道症状。成年鸡通常呈不显性感染,多为慢性带菌者,极少有急性暴发。

【病理变化】急性死亡的雏鸡无明显病变。一般主要表现消瘦、脱水、卵黄凝固,肝脏、脾脏充血,并有条纹状出血或针尖大灰白色坏死灶,心包炎和心包粘连。成年慢性带菌鸡一般没有任何明显的病变。有的可出现消瘦、肠道坏死性溃疡,肝、脾或肾脏肿大,心脏上有结节。而输卵管坏死增生及卵巢坏死变形等病变不像鸡白痢那样明显和常见。成年鸡急性感染时,可出现肝、脾、肾肿胀、充血性或坏死性肠炎、心包炎和腹膜炎等。

【诊断】根据临床症状和病理变化可做出初步诊断，确诊必须进行沙门氏菌的分离和鉴定。所分离到的沙门氏菌纯培养物，经生化鉴定后都应做血清学分型。急性死亡鸡，可从各病变脏器中分离；从慢性病鸡分离时，可采集其盲肠内容物或泄殖腔内容物、盲肠扁桃体和泄殖腔棉拭子等。地面垫料培养也是一种常用的和有效的检测方法。

【防治措施】

(1)在急性鸡伤寒暴发时，使用药物进行治疗可有效地减少死亡。但所有的药物治疗均不能消灭感染，鸡体内仍然可能携带有病原菌。另外，在治疗前，应对分离到的沙门氏菌株做药物敏感性试验，以筛选最有效的药物进行治疗和预防。常用的药物有：磺胺甲基嘧啶、磺胺二甲基嘧啶和磺胺喹恶啉等磺胺类药物；抗生素有链霉素、庆大霉素、卡那霉素、土霉素、金霉素等。目前多用的百毒杀、诺氟沙星、5%恩诺沙星(病立消)等新一代药物，效果很好。

(2)只从已确知无沙门氏菌的种群引进种蛋和种雏，建立完整的细菌学和血清学检测规程，高标准的卫生防疫措施，及时定期收集种蛋，并立即进行熏蒸消毒，保持产蛋箱的清洁卫生，淘汰脏蛋和破蛋等；加强对孵化器及孵化环境的卫生和消毒，坚持“全进全出制”饲养，彻底清洗和消毒育雏舍；尽量不使用动物性产品，确保所用饲料内不含有沙门氏菌。

☞ 239.怎样防治鸡传染性鼻炎？

鸡传染性鼻炎是由鸡嗜血杆菌引起的一种急性或亚急性上呼吸道疾病。其特征是鼻黏膜发炎，流出水样或脓样鼻涕，有臭味，干后形成淡黄色鼻痂，打喷嚏，面部水肿和眶下窦肿胀。有时伴有下部呼吸道(气管和气囊)的炎症。发病率高，而死亡率低，但因淘汰率增多和产蛋率下降可造成很严重的经济损失。

【病原】鸡副嗜血杆菌，为革兰氏阴性、两极浓染、无运动性、易形成丝状的小杆菌。其生长要求比较严格，需用鲜血琼脂或巧克力琼脂培养基。NDA(V 因子)是其生长发育所必需的。有 A，B，C 三个血清型，流行最多的是 A 型菌，该菌脆弱，抵抗力不强，在畜主体内能存活 4～5 h。病鸡分泌物的病菌在流水中不超过 4 h即死亡。但在低温条件下可以存活 10 年以上。

【流行病学】本病主要感染各种年龄的鸡，但多发生于成年鸡和中鸡。秋冬寒冷、潮湿、气候突然变化、鸡舍密度过大和通风不良等应激因素是造成本病流行和重要诱因。而寄生虫侵害、维生素缺乏或体质虚弱等可加重本病的发生程度。病愈康复后的带菌鸡是主要传染源。其传播方式主要是经污染的饮水、饲料和用具以及带菌飞沫等传播。

【临床症状】潜伏期为 24～72 h。本病的明显特征是鼻道和窦内有浆液性到黏液性的分泌物、脸部水肿和结膜炎等。病轻的病例，惟一的症状是鼻中流出稀薄的分泌物，一般没有全身反应。严重的病例，病鸡精神沉郁，羽毛粗乱，蜷伏不动，食欲减少或废绝，鼻中流出黏液性分泌物，并具有难闻的气味，在鼻孔周围形成蛋黄干痂。脸部肿胀可蔓延到肉垂，尤其公鸡明显。结膜发炎，眼睑肿胀，严重时眼睑被分泌物粘连不能睁开，甚至失明。多数病例有流泪现象。下呼吸道感染的，可出现罗音，有的下痢或排出绿色粪便。产蛋鸡感染后可导致产蛋率下降或停止产蛋。

【病理变化】主要病变是鼻腔、眼窝下窦及气管黏膜呈现急性卡他性炎症。鼻腔及窦腔内，可见急性卡他性炎症，黏膜充血、发红、肿胀，鼻腔内充满大量黏液和炎性渗出物的凝块。喉头及气管黏膜呈淡灰红色，被覆有黏稠的黏液。下颌部的皮下组织有大量浆液浸润。母鸡卵巢有软卵泡和血肿卵泡，坠落后可引起腹膜炎，公鸡睾丸萎缩。有并发症时，可见到气管炎、肺炎和气囊炎等。

【诊断】根据流行病学、临床症状和剖检病变，可做出初步诊断，确诊必须依靠对病原菌的分离和鉴定。窦内分泌物抹片镜下检查可见革兰氏阴性、两极浓染的小杆菌。细菌的分离可采集窦下分泌物或气管内黏液，直接在血液琼脂上培养。血清学诊断主要是血清平板凝集试验和琼脂扩散试验，其他有试管凝集、血凝抑制和 ELISA 试验等。

在鉴别诊断上，应注意与慢性鸡霍乱、鸡痘、传染性喉气管炎、肿头综合征、霉形体病及维生素 A 缺乏症等相区别。

【防治措施】

(1)各种常用的磺胺类药物和抗生素对减轻本病的严重程度和缩短病程都有一定效果，但不能消灭病原菌，根除本病。饲料中添加 0.5%磺胺噻唑、饮水加 0.05%磺胺二甲基嘧啶，肌肉注射或口服链霉素，或在饮水中加入土霉素和红霉素等，均能有效地治疗和控制本病的流行。

(2)加强鸡舍通风，避免鸡群过分拥挤，确保营养，合理控制舍内环境小气候，防止寒冷和潮湿，避免引进带菌鸡，隔离或淘汰发病及康复带菌鸡，以及对鸡舍进行彻底的清洗消毒，可有效地预防本病的发生。

(3)使用鸡嗜血杆菌苗对预防本病有一定效果。使用较为广泛的是福尔马林或硫柳汞灭活菌苗，免疫期可达 3～4 个月，80%左右的免疫鸡能产生保护力。以 A 型和 C 型菌株为菌种的双价油乳剂灭活苗效果也很好，免疫期可达 6 个月以上。

☞ 240. 怎样防治鸡结核病？

鸡结核病是由结核分支杆菌中的禽型菌所引起的鸡的一种慢性、接触性传染病。该病可在鸡群内长期存在，引起产蛋率下降和病鸡死亡。

【病原】鸡结核杆菌是分支杆菌属的抗酸菌，无运动性，不形成链，不常发生分支，也不形成芽孢。常见的是血清型 1 和 2。其菌落的型与毒力之间的关系非常密切。鸡结核杆菌一般对经常使用的抗结核药物有抵抗力。

【流行病学】本病的发生以温带地区为主，多呈地区性或局限性发生。在现代集约化饲养的鸡中鸡结核的流行已明显下降。庭院式饲养的1年以上的老鸡，感染率较高。其传播主要是通过感染鸡粪便中排出的大量结核杆菌所造成的，呼吸道也是潜在的感染源。结核杆菌可在土壤等环境中长期存活。粪便污染的环境，包括土壤和垫料，是本病传播的重要因素。

【临床症状】该病的潜伏期很长，一般为2～12个月。其特征是呈慢性经过，外观表现不具特征性。主要有消瘦，体重减轻，羽毛蓬乱，无光泽，精神沉郁，鸡冠、肉垂等贫血变薄和呈淡蓝色，无毛皮肤外观特别干燥。消瘦在胸部表现最为明显，肌肉萎缩，胸骨特别突出、变形。骨髓结核时，可出现跛行，行动不稳，呈跳跃式步态等症状，或出现翅膀下垂，关节炎，可引起瘫痪。严重的通过抚摸腹部可触到肠结节块。

【病理变化】特征性病变主要是肝、脾、肠和骨髓等器官，出现不规则的灰黄色或灰白色大小不同的结节。肝脏和脾脏增大或肥大，甚至破裂。肺的病变一般不很严重。结核结节的大小差异很大，大的外观呈不规则形的瘤样轮廓，坚硬但易切开，内含不同数量的小黄色病灶和一个柔软的、干酪样黄色中心区，外层被纤维素囊包裹。病变的数量也各不相同。骨髓结核的特征是骨髓组织肥大，多数骨刺消失，最后形成大量肉眼可见的和少量显微镜下可见的结核性结节。

【诊断】根据特征性的病理剖检变化，可做出初步诊断。对感染组织如肝、脾或其他脏器等涂片进行特殊染色，发现抗酸性细菌，对诊断本病很有意义。必要时，可用适宜的培养基进行鸡结核病原体的分离和鉴定。结核菌素试验对检测鸡群中是否感染鸡结核杆菌是一种很好的方法。用结核菌素试验诊断鸡结核病，结果较确实。快速凝集试验可有效地在病鸡群中检出阳性鸡，比结核菌素试验更为实际和优越。

【防治措施】

(1)许多抗结核菌药物都可用于鸡结核病的治疗。但从经济角度看,除特别贵重的种鸡外,一般没有治疗的价值。

(2)从根本上来讲,避免将病菌带入易感鸡群是最有效的预防措施。已感染的鸡群,应立即或在产蛋结束后全部淘汰处理,也可较好地控制鸡结核病的发生。用结核菌素试验或快速凝集试验对全群鸡进行检测,及时淘汰感染病鸡。特别应注意,将已发过病或污染的鸡舍及周围环境进行控制和限制,在新的环境中饲养新的无病鸡群。

☞ 241.怎样防治鸡伪结核病?

鸡伪结核病是由鸡的伪结核耶尔赞氏杆菌引起鸡的一种地方流行性或散发性、接触性传染病,其特征是持续性短暂的败血症,随后出现慢性局灶性感染,在许多脏器上出现类似结核病变的干酪性肿胀和结节。

【病原】伪结核耶尔赞氏菌,是一种微抗酸性的、革兰氏阴性杆菌,无芽孢,不形成可见的荚膜,偶尔有周身鞭毛。其耐热的菌体(O)抗原可分为5个血清型。H抗原也有5个。伪结核病最常侵害野生啮齿类动物、野兔、家兔和豚鼠等,这些动物可成为鸡的传染来源。

【流行病学】各种鸡都可发生,主要是散发性的,偶尔可引起较高的死亡率,造成重大经济损失。小鸡比较易感受。带菌鸡或哺乳动物的粪便污染土壤、饲料和饮水等是此病传播的主要途径。饲养管理不当、寒冷或寄生虫侵袭等可降低鸡体抵抗力的因素,也能诱发此病。细菌经消化道或皮肤黏膜等,进入血流中产生菌血症,并很快在肝脾、肺和肠道等多种器官内建立感染灶。

【临床症状】急性潜伏期为3～6天,慢性为2周以上。在超急性病例中，可能不表现任何症状即死亡。一般是以突然出现腹泻和急性败血症为特征。病鸡表现精神委顿，虚弱，羽毛发暗松乱，呼吸困难，冠和肉髯发绀等败血症特征。病程较长的可能会出现食欲减少或不食，消瘦，麻痹，活动困难，嗜睡等症状。便秘者转归不良，绝大多数死亡。

【病理变化】常见的是肝脏、脾脏和肺脏肿大，并有粟粒大小的黄白色或灰白色病灶，切面为干酪样变化，以及严重的出血性肠炎等。有时在肠系膜、胸肌等处也可发现结核状的结节。

【诊断】通过临床症状和病理变化不易做出明确的诊断，确诊必须进行病原菌的分离和鉴定。急性发病鸡可在血液中分离到致病菌，对慢性病例必须从感染组织中才能分离出来。

在诊断时，应注意与结核病、鸡霍乱、鸡伤寒、鸡副伤寒、白血病以及波氏杆菌病等疾病相鉴别。

【防治措施】本病尚无特效药物治疗，主要采取综合性预防措施。

(1)加强饲养管理，严格卫生、防疫、消毒制度，预防病原体的传入。一旦发现本病，应立即进行隔离、消毒，严格处理病死鸡的尸体，加强灭鼠、灭蝇，努力改善环境卫生条件。目前没有可供使用的理想菌苗。

(2)对于病鸡，可用硫酸链霉素、四环素等抗生素治疗，可以降低死亡率，控制疾病的发展，防止继发感染。

☞ 242.怎样防治鸡大肠杆菌病？

鸡大肠杆菌病是由致病性大肠埃希氏杆菌不同血清型引起鸡的一种传染病，雏鸡及 4 月龄以下的鸡易感性高。鸡感染后，可引起败血症、肉芽肿、腹膜炎、输卵管炎、滑膜炎、脐炎和气囊炎等多种疾病，统称大肠杆菌病。是造成鸡重大经济损失的疾病之一。

【病原】大肠埃希氏杆菌是一种革兰氏阴性、非抗酸性、染色均匀的杆菌。不形成芽孢，能运动，有周身鞭毛。是一种条件性致病菌，在卫生条件差、饲养管理不良的情况下很容易造成此病的发生。大肠杆菌对环境的抵抗力很强，附着在粪便、土壤、鸡舍的尘埃或孵化器的绒毛、碎蛋皮等的大肠杆菌能长期存活。

【流行病学】大肠杆菌的分布极为广泛，是各种动物的肠道常在菌，因此该病的分布也呈世界性。各种年龄的鸡都可感染，一年四季都可发生。主要经粪便污染的蛋、呼吸道和泄殖腔感染。当鸡遭受应激刺激，感染其他疾病如新城疫、腺病毒、流感病毒、出血性肠炎病毒、沙门氏菌、鸡霍乱及其他一些肠道病毒等，均可诱发或继发大肠杆菌感染。

【临床症状】根据症状和病变临床上可分为大肠杆菌败血症、卵黄性腹膜炎、输卵管炎、全眼球炎、肉芽肿等多种病型。但以大肠杆菌败血症为多见。

(1)大肠杆菌败血症。多发生于雏鸡和4月龄以下的青年鸡，精神委靡，缩头闭眼，饮水增多，采食减少，有的腹泻，排绿白色稀粪，有的临死前出现仰头、扭头等神经症状，陆续死亡。死亡率一般为1%～7%。

(2)气囊炎。多发生于5～12周龄的鸡，6～9周龄为发病高峰，大肠杆菌侵入呼吸道，在气囊中增殖，病鸡表现咳嗽和呼吸困难。感染蔓延到内脏器官引起心包炎、肝周炎、卵黄性腹膜炎、气囊炎等。

(3)卵黄性腹膜炎。可由气囊炎发展而来，也可由慢性输卵管炎引起。主要发生在产蛋期的母鸡，病鸡精神委顿，食欲减少或废绝，肛门周围的羽毛粘着蛋白或蛋黄状物，排泄物中含有黏性蛋白状物及黄白色碎块或凝块。

(4)眼球炎。多是由于鸡舍内大肠杆菌密度过高引起的，大多是一侧眼发炎，表现为眼睑肿胀，不能睁开，眼内蓄积脓性渗出物，角膜浑浊，失明。

(5)肠炎。是大肠杆菌病中最常见的病型,可见患鸡下痢,并带有黏液或血液。

【病理变化】大肠杆菌败血症,解剖时常可闻到特殊臭味,见到纤维素性心包炎,特征病变是肝呈铜绿色,有的肝脏表面有小白色病灶。胸肌充血。发生输卵管炎时,输卵管变薄,管内充满恶臭干酪样物,腹膜发炎。发生大肠杆菌肉芽肿时,病变似结核。发生肠炎时,肠黏膜充血、增厚,严重者血管破裂出血,形成出血性肠炎。有一些病毒感染后,继发大肠杆菌急性感染,造成头部肿胀,即肿头综合征。

【诊断】根据流行特点、临床症状和病理变化可做出初步诊断,要确诊此病须做细菌分离、致病性试验及血清学鉴定。继发性大肠杆菌病的诊断,必须在原发病的基础上分离出大肠杆菌。

【防治措施】

(1)搞好环境卫生消毒工作,严格控制饲料、饮水、用具的卫生和消毒,做好各种疫病的免疫。严格控制饲养密度,做好鸡舍通风换气,定期进行带鸡消毒。

(2)定期给鸡群投喂乳酸菌等生物制剂,对预防大肠杆菌病有很好作用。用本场分离的致病性大肠杆菌制成的油乳剂灭活苗免疫本场鸡群,对预防大肠杆菌病有一定的作用。需进行 2 次免疫,第 1 次为 4 周龄,第 2 次为 18 周龄。也可用于雏鸡的免疫。

(3)对病鸡可用抗生素或磺胺类药物治疗,常用的有庆大霉素、氨苄青霉素、卡那霉素、链霉素、土霉素、先锋霉素及复方新诺明等。但用药时要注意观察疗效,疗效不显著及时换药。

☞ 243.怎样防治鸡葡萄球菌病?

鸡葡萄球菌病是由金黄色葡萄球菌或其他葡萄球菌感染所引起的一种环境性传染病。本病主要发生于肉仔鸡、笼养鸡及饲养条件较差的鸡。以病鸡的关节炎或皮肤发生水疱性炎症为特征。

【病原】典型的致病性金黄色葡萄球菌是革兰氏阳性球菌，在固体培养基上的细菌呈葡萄状排列，在液体培养基中可以呈短链状，无鞭毛，不运动，无荚膜，不产生芽孢。

【流行病学】本病多呈散发性、慢性经过，有时也呈败血症和急性死亡。一年四季均可发生，但以雨季和潮湿季节稍多。各种日龄的鸡均可发生，甚至鸡胚都可感染。虽然4～6周龄的雏鸡极其敏感，但实际上40～60日龄的中雏鸡最多，成年鸡发病较少。本病的主要传染途径是创伤，也可直接接触和空气传播，雏鸡呼吸道感染也是常见的途径。另外，鸡群发生鸡痘、管理不善、饲养密度过大、通风不良等均是导致葡萄球菌感染的重要因素。

【临床症状】

(1)急性败血症型。主要表现为精神不振，食欲减退或废绝，不愿走动，常呆立一处，两翅下垂，闭目缩颈，羽毛粗乱，体温升高，继而出现极度沉郁和死亡。有的表现有腹泻，排出灰白色或黄绿色稀粪。胸腹部甚至嗉囊周围、大腿内侧皮下浮肿，潴留数量不等的血样渗出液体，外观呈紫色或黑紫色并有波动感，局部羽毛脱落或用手一摸即可脱掉。皮肤破溃后流出褐色或紫红色的液体，使周围羽毛又湿又脏。局部发炎、坏死或干燥结痂(呈暗紫色)。病鸡多在2～5天内死亡。

(2)慢性关节炎型。多个关节发生炎性肿胀，局部紫红色或紫黑色，破溃后形成黑色的痂皮，有的出现趾瘤。多发生跛行，不能站立，逐渐消瘦，最后衰竭死亡。

(3)脐炎型。病雏腹部膨大，脐孔发炎、肿胀、潮湿，局部呈黄色或紫黑色，触之质硬。

【病理变化】败血性感染的病鸡，其肝、脾、肾脏等内脏器官发生充血和坏死。关节炎型病例可见关节囊内有多少不等的浆液，或黄色脓性或浆液性纤维素渗出物，关节软骨出现糜烂，易脱落，脱落后骨顶端可见灰色粗糙的溃疡灶。病程长的慢性病例，关节囊内渗出物变成干酪样物。坏疽性皮炎的病例，背部皮肤发黑，有捻发音，皮下见有黑色渗出物浸润。肺型肺部可见淤血、水肿和肺实变等病变，甚至可见到黑紫色坏疽样病变。

【诊断】根据发病特点、临床症状和病理变化等情况可以做出初步诊断。进一步确诊须取病料进行细菌的分离培养和鉴定。关节渗出物、卵黄物质以及内脏器官的穿刺物等都可作为分离培养的病料。为确定病原体的致病性，需进行动物试验。

【防治措施】

(1)加强鸡舍管理，减少外伤机会的发生，增强鸡体的防御机制。消除鸡舍小环境中可刺破鸡爪或其他部位皮肤的尖锐碎片、粗糙石粒和锋利的金属边角，保证垫料质量，以及环境卫生，减少应激刺激，降低感染机会，防止本病的发生。一旦发现本病，应尽早确诊，并立即进行淘汰和隔离，对鸡舍内外及用具进行严格的清洗和消毒。

(2)坚持做好种蛋的消毒、孵化用具和孵化过程中的消毒工作，以减少胚胎感染和雏鸡发病。

(3)很多抗生素都可用来治疗金黄色葡萄球菌感染，但该菌对抗生素普遍存在耐药性。因此，在治疗前有条件的最好进行药敏试验。有效的药物主要有：庆大霉素、卡那霉素、青霉素、链霉素、四环素、新生霉素、林肯霉素、壮观霉素和磺胺类药等。目前较为常用的是喹诺酮类药物，如环丙沙星、诺氟沙星和恩诺沙星等多种制剂，效果较好，而且不存在耐药性的问题。

(4)目前可用油乳剂苗和氢氧化铝苗进行免疫预防，对预防鸡的葡萄球菌病可起到良好的效果。

☞ 244.怎样防治鸡溃疡性肠炎？

鸡溃疡性肠炎，又称鹌鹑病，是由肠梭菌引起鹌鹑的一种高度致死性的急性传染病。鸡对本病虽有一定的抵抗力，但在4～12

周龄常有发病，特别是在饲养管理不良的情况下，往往与球虫病同时发生或继发球虫病之后，其特征是突然的发病和大批死亡。主要发生在幼龄鸡，4～12 周龄的雏鸡发病率和死亡率较高。

【病原】肠梭菌外形为杆状，菌体平直或稍弯，两端钝圆，芽孢较菌体小，位于菌体近端。其对生长的要求较为苛刻，需要营养丰富和严格厌氧的条件。

【流行病学】本病世界各地均有发生。自然感染主要通过粪便传播，易感鸡误食被梭菌污染的饲料、饮水、垫料等而引起。由于梭菌可以形成芽孢，故发病后细菌长期污染环境，可连年暴发本病。慢性带菌者是造成本病持续发生的最重要原因之一。

【临床症状】鸡感染本病常伴随或继发于球虫病、再生障碍性贫血和应激因素等。急性死亡者一般没有先驱症状，死鸡多体格健壮，肌肉脂肪丰富，嗉囊充满食物，并伴有白色水样稀粪。随着病程的发展，可出现无力、弓背、眼睛半闭、羽毛蓬乱、失去光泽等。后期病鸡极度瘦弱，胸肌萎缩。与球虫病并发时，常引起症状加重，死亡率增高。病程约 3 周，发病后 5～14 天死亡较多，死亡率 2%～10%。

【病理变化】十二指肠出现明显的出血性肠炎，肠黏膜上有大小不等的溃疡灶，犹如小纽扣状，近似圆形，中央黄色、边缘凸起出血，呈火山口状，许多溃疡灶可融合形成不规则的坏死斑。肝脏上有不规则形的蛋黄色坏死小区，多集中于肝的边缘。

【诊断】根据临床症状、病理变化可做出初步诊断。进一步确诊须进行细菌的分离和鉴定。

诊断时要注意与球虫病、坏死性肠炎和组织滴虫病相鉴别。

【防治措施】

(1)加强饲养管理，提高鸡体抵抗力，并注意球虫病的防治。鸡场内不要养鹌鹑。在发生球虫病时，除使用抗球虫药外，可在饮水或饲料中加入链霉素或土霉素等，以防止本病发生。

(2)由于鸡溃疡性肠炎的病原主要存在于粪便及污染的垫料中,因此,建议发病鸡场要经常更换垫料,降低饲养密度,减少应激刺激。另外,感染耐过鸡是危险的带菌者,必须进行隔离饲养或淘汰,不能与健康鸡群混群饲养。

(3)对于病鸡,最有效的药物是链霉素和杆菌肽。链霉素的治疗量按每千克饮水 100 万 U,连用 2 天,再减半量用 3～4 天。杆菌肽按每千克饲料的浓度为 0.005%～0.01%饲喂。每吨饲料加入链霉素 60 g 或把链霉素溶于饮水中喂服,有预防的作用。在每吨饲料中加入 100 g 杆菌肽,也能达到较高的保护率。

☞ 245.怎样防治鸡弯曲杆菌病?

鸡弯曲杆菌病,又称鸡传染病性肝炎、弧菌性感染和弧菌性肝炎等。是由弯曲杆菌引起小鸡或成年鸡以高发病率和低死亡率为特征的一种慢性传染性疾病。

【病原】弯曲杆菌是一种革兰氏阴性,有单极鞭毛,能运动,不发酵糖类,微嗜氧性的细长弯曲杆菌。呈短的逗点形、S 状及长螺旋状。可在抗生素的选择培养基,如布氏琼脂、血液琼脂上生长。对干燥、阳光和一般消毒药物敏感。58℃加热 5 min 即可死亡。在干草、厩肥和土壤中,于 20～27℃可存活 10 天,于 6℃可存活 20 天。

【流行病学】弯曲杆菌对人和动物均有感染性。在鸡常发生于即将开产的小母鸡或产蛋母鸡。弯曲杆菌的带菌鸡分布广泛,当有其他诱因时,可引起发病。本病的传播主要是经带菌鸡的粪便污染,经口腔途径传播。

【临床症状】无特征性表现,主要以缓慢发作和持续期长为特征。蛋鸡产蛋率降低,达不到产蛋高峰,死亡淘汰率高等。有的鸡体重下降,精神沉郁,鸡冠萎缩,常有腹泻。若与寄生虫病或其他慢性疾病混合感染,使得症状表现和严重程度变得多种多样。

【病理变化】其病变特征是肝脏散布有小黄色坏死灶。肝包膜下多有血肿。严重的肝脏变脆，并有菜花样的大坏死区。偶有肝破裂。慢性病例常见有肝脏硬化和萎缩，以及腹水和心包积液，肾脏苍白肿胀，卵巢退行性变性，心脏肿大，心肌出血。卡他性肠炎，肠黏膜出血。

【诊断】本病的诊断必须基于病史、外表症状、病理学变化、显微镜的检查、血清学以及病原菌的分离鉴定等结果，综合判断。弯曲杆菌可从病死鸡的肝、脾、肾、胆汁、心及心包液等处分离到。确诊应当是以弧菌的分离或见到有特征性的病理变化为依据。

在诊断时需注意与其他可能出现类似症状和病变的疾病，如鸡白痢、鸡伤寒和白血病等相鉴别。

【防治措施】

(1)加强卫生防疫措施，避免将弯曲杆菌带入易感鸡群。对有可能被污染的鸡笼、蛋箱、饲料袋以及其他设备和鸡舍等进行彻底的消毒，防止其他动物和野鸟进入。减少应激刺激、预防寄生虫病和其他慢性感染症，可间接地起到预防本病的目的。在饲料中添加抗生素或化学药物，具有很好的预防效果。

(2)对病鸡可用链霉素肌肉注射治疗，每只鸡每次注射250 mg，每天2次，连用3天。雏鸡可采取滴鼻的方法给药，效果比较好。其他药物如金霉素、土霉素和磺胺二甲基嘧啶等，虽有很好的治疗效果，但还会有复发和再感染的可能。

☞ 246.怎样防治鸡坏死性肠炎？

鸡坏死性肠炎，也叫鸡肠毒血症、烂肠病。是由魏氏梭菌于感染鸡的肠道内生长繁殖并产生毒素而引起的，以小肠黏膜坏死和急性死亡为特征的、急性非接触性传染病。以2～6周龄的地面平养肉鸡多发，其特征是小肠后段黏膜坏死，排出带血的黑色粪便。

【病原】本病的病原是A型或C型魏氏梭菌(产气荚膜菌、产气荚膜梭状芽孢杆菌）。所产生的α毒素与β毒素是引起感染鸡肠黏膜坏死的直接因素。魏氏梭菌菌体短到中等粗细，革兰氏染色阳性，一般不形成芽孢，专性厌氧。

【流行病学】魏氏梭菌主要存在于粪便、土壤、灰尘、污染的饲料、垫料以及肠内容物中。自然感染主要发生在2～8周龄的鸡。污染的饲料和垫料在本病的暴发中起着很重要的传播作用。肠道中魏氏梭菌数量和梭菌性疫病的发生与饲料的种类有很大的关系。饲料中鱼粉及小麦多，是导致本病暴发的潜在因素。肠黏膜损伤、高纤维性垫料、球虫感染以及伴随有大量的魏氏梭菌出现时也可导致暴发。

【临床症状】病鸡表现最明显的是精神委顿，食欲减退，不愿动，腹泻以及羽毛蓬乱。常呈急性死亡，临床经过极短。粪便呈黑色，有时染有血液。死亡率5%～50%。

【病理变化】肉眼变化主要限于小肠，尤其是空肠和回肠，部分盲肠也可出现病变。肠壁增厚、脆弱、充血，肠腔扩张、充满气体。肠黏膜水肿、充血，并附有松或致密的伪膜，伪膜外观呈黄色或绿色。肠腔内有出血性物质，肠壁可有出血斑点，但出血并不是主要特征。肝脏充血并有界线清晰的坏死灶，直径2～7 mm。

【诊断】根据流行病学、临床症状和在其他疾病几乎见不到的肠黏膜纤维素性坏死，可以初步诊断为本病。但确诊须取病料进行细菌的分离培养和鉴定。必要时，可用小白鼠和雏鸡进行动物接种试验。

【防治措施】

(1)加强鸡舍内外环境卫生管理，及时清理垫料、粪便，注意衣物、用具、饮水和带鸡的消毒，重视改善饲料质量和原料品质。在饲料中添加各种抗生素和化学药物以预防。发现病鸡，应及早隔离、治疗或淘汰，消灭传染源。

(2)各种抗生素均具有减少粪便中魏氏梭菌的作用，因此，鸡群发病后，应首先对分离到的细菌进行药物敏感试验，然后根据结果选择适合的药物进行治疗，方能取得较好的效果。常用的抗生素主要有：土霉素、泰乐菌素、青霉素、氨苄青霉素、杆菌肽以及各种磺胺类药物等。

☞ 247. 怎样防治鸡李氏杆菌病？

鸡李氏杆菌病是由单核细胞李氏杆菌引起鸡的一种散发性传染病。本病对幼龄鸡的危害性很大，成年鸡对该菌有一定的抵抗力。主要特征是表现坏死性肝炎和心肌炎，有的还可出现单核细胞增多。

【病原】单核细胞李氏杆菌，为一种革兰氏阳性、不产生芽孢的小杆菌。具有周身鞭毛，能运动。本菌对热的耐受性比大多数无芽孢杆菌强，常规巴氏消毒法不能杀灭它，65℃经 30～40 min 才可杀灭。一般消毒药都易使之灭活。

【流行病学】李氏杆菌常见于粪便和土壤中，鸡可通过吸入、摄入或创伤污染等途径引起发病。本病常伴发其他疾病，如球虫病、肠炎、沙门氏菌病及寄生虫等。经常在同一鸡舍内重复暴发此病。主要呈不显性感染，病原菌由粪便和鼻分泌物排出。冬季天气骤变，有内寄生虫或沙门氏菌感染时，均可为本病发生的诱因。

【临床症状】自然感染的潜伏期为 2～3 周。鸡主要为败血症，表现精神沉郁，食欲减退或停食，两翅下垂、摇晃，下痢，短时间内死亡。病程较长的可能表现运动失调、痉挛和颈项歪斜等症状。

【病理变化】典型特征是败血症，以及肝脏、心脏出现坏死灶和心包炎等。无肉眼可见的脑炎病变。心脏的常见病变是心肌的多发性变性或有坏死区，并常见充血和心包炎。肝脏可能肿大，呈绿色，有小的脾脏肿大而呈斑驳状。

【诊断】本病的确诊必须靠病原菌的分离和鉴定。此菌的分离很困难，需要特殊的条件。鸡胚比较易感，可用于分离培养。细菌的分离可用血液、肝、脾或心肌采样。用小白鼠、家兔等进行动物试验，在本病诊断上具有决定性的意义。

【防治措施】

(1)治疗本病以广谱抗生素较好，但李氏杆菌对大多数抗生素有抵抗力，特别是在低浓度时，因此易于引起抗药性。所以，病初大剂量应用有效。

(2)预防李氏杆菌病，首先是要识别并消灭传染源，不从有病地区引入畜禽，将鸡与可能患病的绵羊和牛等动物分开。加强饲养管理，定期进行严格的清扫和消毒，注意驱除鼠类和外寄生虫。

☞ 248. 怎样防治鸡坏疽性皮炎？

鸡坏疽性皮炎是由腐败梭菌、A 型魏氏梭菌和金黄色葡萄球菌几种病原中的一种或几种联合作用后，所引起鸡的一种以皮下组织水肿、皮肤发黑等为特征的传染性疾病。又称坏死性皮炎、坏疽性蜂窝组织炎、坏疽性皮肤梅毒、鸡恶性水肿、气性水肿病以及烂翅病等。17～20 周龄的鸡多发。

【病原】病原为腐败梭菌、A 型魏氏梭菌和金黄色葡萄球菌，单独或联合作用引起发病。其中金黄色葡萄球菌和魏氏梭菌比较容易分离和鉴定。

【流行病学】由于在土壤、粪便、灰尘、污染的垫料和饲料以及肠道内容物中存有梭菌，正常鸡的皮肤、黏膜、养鸡场的孵化厅、鸡舍以及鸡产品加工厂等处有金黄色葡萄球菌存在。可通过吸入、摄入或创伤污染等途径引起发病。在许多情况下，坏疽性皮炎被认为是某些病的继发病，诸如鸡腺病毒感染。有些坏疽性皮炎的发生与种鸡群有关。蓝翅病也容易使鸡患坏疽性皮炎。皮肤出血也能诱发坏疽性皮炎。因此，机体免疫功能下降是诱发坏疽性皮炎的一个重要的条件。

【临床症状】自然病例常见的临床症状是不同程度的精神委

顿，共济失调，厌食，腿无力和运动失调等。病程较短，一般不超过1天，常没有任何症状就急性死亡。死亡率1%～60%不等。

【病理变化】肉眼病变主要表现为皮肤呈黑色，翅、胸、腹以及腿部湿润，脱羽。患部皮下呈血样水肿，常有气体产生。病变部肌肉呈灰色或褐色，肌束间有水肿和气体。有些病例，皮下组织发生气肿并伴有血浆样，但该处皮肤外观变化不明显。多数病例无内脏病变，肝脏有时可见散在的白色坏死灶。

【诊断】根据临床症状和病理变化病变，并结合分离病原即可确诊坏疽性皮炎。

在诊断时应注意与许多真菌引起的皮炎，如胶红酵母、红酵母、白色念珠菌、烟曲霉等感染相区别。

【防治措施】本病无有效的治疗方法。应采取综合的防治措施。加强饲养管理，搞好卫生消毒，减少应激刺激和外伤，提高鸡体的免疫力，对预防本病至关重要。预防腺病毒、呼肠孤病毒等病原体的感染，也可减少本病的发生。在饲料中拌入或在饮水中加入适当的土霉素、红霉素、硫酸铜或磺胺类药，可有效地控制本病的流行。多数情况下，使用抗生素效果不大，其原因在于潜在的病毒感染没有得到控制。

☞ 249. 怎样防治鸡链球菌病？

鸡链球菌病是一种急性败血症或慢性接触性传染病，以昏睡、持续性下痢和全身败血症的病变为特征。

【病原】链球菌是革兰氏阳性，不能运动，不形成芽孢，兼性厌氧，单个、成对或呈短链存在。感染鸡的链球菌包括C群的兽疫链球菌（又称鸡链球菌）以及属于D群的粪链球菌、粪便链球菌、坚忍链球菌和鸟链球菌。通常把D群中的链球菌称为“粪便链球菌”。

【流行病学】链球菌是大多数鸡类包括野生鸡类肠道正常菌

丛的组成部分，自然界中无处不在，普遍存在于鸡的生活环境中。鸡链球菌病在世界各地均有发生，主要是慢性感染。兽疫链球菌一般只引起成年鸡发病。粪链球菌对各种年龄的鸡种均有致病性，但是发病最严重的还是鸡胚和雏鸡。主要通过消化道或呼吸道感染，也可通过损伤的皮肤和黏膜感染。各种应激因素，如气候变化，温度偏低，潮湿拥挤，饲养管理不当等，常可成为本病发生的诱因。一般为散发，死亡率 0.5%～50%。

【临床症状】鸡链球菌病在临床上表现为急性和慢性两种病型。急性型病鸡表现为败血症的特征，可见病鸡突然发病，精神委顿，嗜睡或昏睡，食欲下降或废绝，羽毛粗乱，呼吸困难，持续下痢，粪呈淡黄色稀便，鸡冠与肉垂苍白或发紫。成年鸡发病产蛋率下降或停止等。亚急性、慢性型主要表现精神沉郁，食欲下降，病鸡消瘦，冠和肉垂苍白，跛行和头部震颤，最后消瘦死亡。经蛋传播或入孵蛋被粪便污染时，可造成胚胎后期死亡以及未破壳蛋的数量增多。

【病理变化】急性感染的病变特征是脾脏肿大，肝脏肿大，表面有 1 cm 左右大小、红色、黄褐色或白色的坏死点，肾肿大，龙骨部皮下组织及心包囊有积液，呈红色，腹膜炎。若孵化过程中发生感染，常见到脐炎。慢性感染的肉眼病变包括纤维素性关节炎和腱鞘炎、输卵管炎、纤维素性心包炎和肝周炎、坏死性心肌炎、心瓣膜炎。病变组织以革兰氏染色，可见栓塞的血管内和坏死灶中有革兰氏阳性细菌堆积。

【诊断】通过出现典型的临床症状和病变，以及血涂片、心瓣膜或其他病变组织触片中，发现典型的链球菌，可做初步诊断。从症状明显的病鸡组织中分离到兽疫链球菌或其他任何 D 群链球菌时，即可确诊为链球菌病。

在诊断本病时应注意与葡萄球菌病、大肠杆菌病、巴氏杆菌病等相区别。

【防治措施】

(1)鸡一旦发病,应立即给药。急性和亚急性感染可选用青霉素、庆大霉素、新生霉素、杆菌肽锌或磺胺类药进行治疗。青霉素与庆大霉素合用,效果更好。链球菌感染早期用药效果良好,后期疗效不太好。某些链球菌接触抗生素如泰乐菌素后,可产生耐药性。

因此,任何链球菌感染的治疗均应在细菌分离的基础上进行药敏试验。在治疗期间,加强饲养管理,消除应激因素,采取带鸡消毒等一系列措施,可迅速控制疫情。

(2)预防本病须从减少应激因素着手,加强饲养管理,增强体质,提高鸡群抗病能力,同时注意做好鸡舍环境的消毒工作,均能降低链球菌的感染机会。

☞ 250.怎样防治鸡绿脓杆菌感染?

鸡绿脓杆菌感染是由绿脓杆菌引起鸡局部和全身感染的一种条件性败血性传染病。主要侵害2月龄以下的鸡,7日龄以内的雏鸡常呈暴发性发生,来势猛,病程短,死亡率可达85%左右。

【病原】绿脓杆菌属假单胞杆菌,是一种革兰氏染色呈阳性、能运动、无芽孢的小杆菌,单个或呈链状排列,专性好氧,容易在普通培养基上生长。细菌生长时可产生水溶性绿色色素绿脓素和荧光素。

【流行病学】各种年龄的鸡易感,但以幼鸡和处于应激状态或免疫力下降的鸡更易感染。发病率和死亡率一般在2%~10%,最高可达90%。绿脓杆菌普遍存在于土壤、水和潮湿的环境中。是一种条件菌,侵入机体后,可引起败血症,并留下后遗症。当鸡群注射被污染的疫苗和抗生素时,可造成本病的严重暴发。另外,与病鸡接触或饲养密度大、寒冷、通风不良、连续或混群饲养、消毒不严等应激因素,也很容易造成本病的流行。

【临床症状】呈急性经过的绿脓杆菌感染的病鸡，往往未见任何症状即突然死亡。病鸡非常消瘦，精神沉郁，食欲下降，羽毛蓬松无光泽，闭目似睡，排出黄白色稀粪。多数病鸡的趾部和后脚部皮肤上出现大小不一的烂斑，或出现突出于皮肤的痂皮。病鸡眼睑周围肿胀，眼结膜充血、出血、化脓，眼睛周围、口角及鼻孔四周可见化脓溃疡及结痂。

【病理变化】死于绿脓杆菌感染的鸡肉眼病理变化差异较大，鸡冠带紫色，鸡冠上、鼻孔周围、眼睑周围、口角处以及脚上、趾上均可见有化脓溃疡及结痂，剥去痂皮时，可带出绿色脓球。有的病鸡脚部皮下及脚底部虽未见溃烂，但是肿胀，压之柔软，切开皮肤可见浆液性液体流出。有的皮下以及胸肌、大腿两侧的肌肉有散在性出血点，口腔有多量黏稠的黏液。有的喉口有豆粒大的带黄绿色的干酪样物，阻塞喉口及气管；鼻腔有脓样物，气管充血，肺充血、出血，少数有化脓灶；胸腔及腹腔气囊浑浊且粗糙，有灰白色小点；肝脏稍肿大，深红色，有的表面有灰白色小点；胆囊肿大，肌胃较空虚，十二指肠弥漫性充血、出血，整个肠道有出血性卡他性炎症，直肠至泄殖腔充血、出血。个别病例腔上囊有化脓性坏死，盲肠扁桃体出血，心脏有纤维素性心包炎。

【诊断】根据流行特点、临床表现和病理变化，可以做出初步诊断，确诊需进行实验室检查。

【防治措施】预防鸡绿脓杆菌感染主要是搞好环境卫生，加强饲养管理。病鸡可选用庆大霉素、新霉素、青霉素、链霉素、卡那霉素、土霉素及磺胺类药治疗。但绿脓杆菌对许多抗生素都有耐药性，治疗效果不理想。

☞ 251. 怎样防治鸡弧菌性肝炎？

鸡弧菌性肝炎是由弧菌引起主要发生在大龄青年和产蛋鸡的一种传染病。该病病程长，症状不明显，发病率高，死亡率低，常不易发觉。其特征是肝实质变性和坏死。

【病原】病原体弧菌，是革兰氏阴性，能运动，呈逗点状、S形或长螺旋状弧形弯杆菌，主要存在于鸡的盲肠和肠内容物中，并可随粪便排出。

【流行病学】在自然情况下，弧菌主要宿主是鸡。常见于即将开产的产蛋母鸡，或已产蛋数月的成年鸡，4周龄以下的鸡也可发生。主要通过污染的粪便而经消化道传播。

【临床症状】病鸡鸡冠皱缩干枯，并带皮屑，眼无神，消瘦，常有腹泻，体重减轻，倦怠，极个别病鸡可严重发病死亡。小母鸡群的开产期延长，达不到期望的产蛋高峰。成年蛋鸡群不能维持正常的产蛋量，产蛋量下降25％～35％。

【病理变化】主要病变在肝脏，急性病例肝肿大，表面有小星状或菜花状灰黄、灰白色坏死灶，有时可在肝表面出现瓜子大、花斑状的血斑。有的在肝被膜下有不规则的小灶性出血区或见呈水疱状的血液囊肿，有时严重出血使肝被膜破裂，血液进入体腔。慢性病例的肝实质变硬并萎缩，体积变小。此外，还可能出现脾肿大，脾表面有灰白色或紫色坏死灶，心肌柔软，心包积液，腹水，肾苍白、肿大，卵泡萎缩等。幼鸡的心、肝病变比成年鸡严重而易见。

【诊断】根据流行特点、临床表现和病理变化，可以做出初步诊断，确诊需进行实验室检查。

【防治措施】

(1)加强饲养管理，搞好鸡舍环境的清洁卫生和消毒工作，污染的鸡舍、鸡笼、蛋箱、饲料袋及用具等在再使用之前必须消毒，特别是在换群时要彻底消毒，并通风干燥1周，以消灭弧菌。防止其他动物进入鸡场，以免把病原带入。

(2)消除发病诱因及并发性疾病。当鸡群存在着寄生虫病和其他疾病的侵袭以及恶劣环境的影响时，此病的发生率就大为提高，潜伏感染可转变为临床暴发疾病。在临床实践中，很少看到没有并发病(如蛔虫病、毛细线虫病、马立克氏病、痘病及慢性呼吸道病等)的弧菌性肝炎。因此,防止寄生虫病及其他疾病的侵袭,消除各种诱因,可以减少弧菌性肝炎的发生。

(3)对病鸡可选用土霉素按0.02%～0.05%拌饲料,连用3～5天,再减半剂量连用7天;或每只鸡每次注射链霉素50～100 mg,每日2次,连用3天;或在每千克饲料中加金霉素200～600 mg,喂鸡3～5天。也可在饮水中加入磺胺二甲嘧啶。

☞ 252.怎样防治鸡衣原体病?

鸡衣原体病,又称鸟疫、鹦鹉病和鹦鹉热。是由鹦鹉衣原体感染鸡类所引起的一种全身性、致死性的接触性传染病(一般将发生于鹦鹉鸟类疾病称为鹦鹉热,而将发生于非鹦鹉鸟类的疾病称为鸟疫,实质上是同一种疾病)。该病可造成高死亡率、产蛋率下降和屠宰废弃率高等,并可导致严重的经济损失。另外,衣原体病具有重大的公共卫生意义。

【病原】鹦鹉衣原体,属衣原体科、衣原体目、立克次体和衣原体族,为一种专性细胞内寄生菌。具有不寻常的特征性发育周期。有两种独特的形态,即原生小体和网状体。原生小体是一种小的、致密的球形体,是衣原体感染形态,它附着在靶柱状上皮细胞上,不运动,无鞭毛和纤毛。网状体是细胞内的代谢旺盛形态,比原生小体大,通过二分裂方式增殖。其抗原结构非常复杂,所含有的某种毒素似乎与细胞壁成分有关。衣原体对低温的抵抗力不强,而在低温下则可保存较长时间。对青霉素、四环素、红霉素等抗生素敏感,对链霉素、杆菌肽等有抵抗力。沙眼衣原体对磺胺嘧啶钠敏感,而鹦鹉热衣原体对磺胺嘧啶钠则不敏感。

【流行病学】各种鸡均可感染发病,但其易感性不同,其发病率变化很大,幼龄鸡比成年鸡易感,临床症状也比较严重,死亡率较高。隐性感染带菌鸡和中间鸡类宿主是其主经传播媒介。本病可在不同的鸡之间相互传播。可通过直接接触发生传染，也可通过间接接触而感染。主要是经呼吸道和消化道感染。

【临床症状】急性型的病鸡表现发热，全身震颤，步态不稳，食欲消失，拉硫磺色胶状粪便。眼和鼻孔流出一种浆液性或脓性分泌物，眼睛周围羽毛上有分泌物干燥凝结成的痂块。随着病程的发展，病鸡明显消瘦和肌肉萎缩。到末期，病鸡常发生晕厥而死亡。

【病理变化】最主要的病变是体腔和气囊的浆膜有纤维素性到化脓性炎症。表面被覆着厚层的纤维蛋白性渗出物，其中以纤维蛋白性心包炎最为常见。气囊常增厚并出现纤维蛋白性渗出物，腹腔内有大量泡沫样黏性物。心、肝、脾、肾肿大，脾尤为明显，有些病例增大3～10倍。肝、脾偶有灰色或黄色针尖至粟粒大的坏死灶。有的有严重肠炎病变。

【诊断】根据流行特点、临诊症状和病理变化仅能怀疑为本病，确诊须进行病原体的分离培养、血清学试验及抗药敏试验。

【防治措施】

(1)对发病鸡场进行检疫，淘汰病鸡，销毁被污染的饲料，鸡舍用2%甲醛溶液、2%漂白粉或1∶1 000新洁尔灭溶液消毒。清扫鸡舍时要避免尘土飞扬，注意个人防护，防止人员感染。对病鸡可用青霉素、四环素、土霉素、红霉素等抗生素治疗。

(2)目前对本病尚无疫苗预防，只有加强雏鸡的饲养管理，注意鸡舍、饲喂用具的清洁卫生，经常消毒，粪便、垫草、脱落羽毛堆积发酵进行无害化处理，防止传染。有条件的引进鸡时，最好先做血清学检疫。

☞ 253. 怎样防治鸡曲霉菌病？

鸡曲霉菌病，又称曲霉菌性肺炎、真菌性肺炎。是由多种霉菌混合，特别是肺曲霉菌所引起的一种以肺部和气囊感染为主的一种传染病。其特征是出现呼吸道炎症。

【病原】该病的主要病原体是烟曲霉菌和黄曲霉菌，属于半知菌纲、丛梗孢科。其他可能涉及的曲霉菌有土曲霉、灰绿曲霉、构巢曲霉、黑曲霉、阿姆斯丹曲霉和变黑曲霉等。一般认为烟曲霉致病力最强，在曲霉菌病中是常见的，其孢子广泛分布于自然界，其抵抗力很强，煮沸后 5 min 才能杀死，常用的消毒剂如 5% 甲醛、石炭酸、过氧乙酸和含氯消毒剂，均可将其杀死。曲霉菌能产生毒素，可使动物痉挛、麻痹、致死和组织坏死等。

【流行病学】差不多所有的鸡类都会感染此病，但一般的发生率并不高。但当垫料或饲料严重污染时，吸入大量的孢子可能会造成感染。在健康鸡群中，偶尔有个别的鸡可因抵抗力低下或侵袭严重而被感染。吸入孢子后可造成肺部感染。有时眼睛也可能会感染曲霉。在孵蛋过程中，真菌可穿透蛋壳而进入蛋内，因而使新孵出的雏鸡被感染。

【临床症状】发病以 1～3 周龄为多见，主要症状为呼吸突然加速，伸颈张口喘气，眼鼻流液，有甩鼻表现；有的眼睑肿胀，分泌物增多，日龄较大的雏鸡，角膜中央常形成一些溃疡，形成白翳，故又称为“白眼病”；有时可见到脑炎包括斜颈和失去平衡。同时出现全身症状，如病鸡不食，消瘦，后期发生腹泻，病程 2～3 天，死亡率可达 50%。

【病理变化】肺部、气囊和胸腹腔中可出现一种从针头或小米到豌豆般大小不等的灰白或淡黄色结节，柔软而有弹性。有时在肺、气管、支气管和腹腔，出现肉眼可见的菌丝团。有时肠浆膜上和肝实质中发现单独的结节。

【诊断】根据流行病学、症状和剖检可做出初步诊断，确诊则需进行微生物学检查菌丝体和孢子。

在诊断时要注意与鸡传染性支气管炎、雏鸡白痢相鉴别。

【防治措施】

(1)本病目前尚无特效的治疗方法。对患病个体,通常认为没有治疗价值,应该扑杀,并消除传染源。据报道在此病暴发时,以1∶3 000硫酸铜溶液或0.5%～1%碘化钾饮水,或用制霉菌素,剂量为每100只雏鸡一次用50万U,每日2次,连用2～4天,对防治本病有一定效果。

(2)避免使用发霉的垫料或饲料是防止曲霉病的主要措施,垫料要经常翻晒,妥善保存,尤其是阴雨季节,防止霉菌繁殖。种蛋、孵化器及孵化厅均按卫生要求进行严格消毒。

☞ 254.怎样防治鸡念珠菌病?

鸡念珠菌病,又称鸡鹅口疮、消化道真菌病、霉菌性口炎。是由白色念珠菌感染上消化道所引起的以口腔、嗉囊和腺胃病变及体质衰弱为特征的一种真菌性疾病。

【病原】白色念珠菌,属念珠菌属,菌体小而椭圆,长2～4 μm,能够生芽、伸长而形成假菌丝,革兰氏染色阳性,但着色不甚均匀。在萨布罗氏琼脂上,能产生白色奶油状凸出的菌落。能发酵糊精、菊淀粉、乳糖和棉实糖。明胶穿刺培养出现短的、绒毛状到树枝状的侧枝,但不液化明胶。

【流行病学】念珠菌普遍存在于外界环境中,通常寄生于机体的消化道内,但不致病。只有在某些情况下,如饮用水太脏,或被其他鸟特别是鸽污染,营养缺乏,机体遭受寄生虫或其他疾病的侵害;或严重应激等因素导致机体对感染的抵抗力降低时,才引起感染发病。长期使用抗生素或促生长剂,可能破坏机体正常菌群,导致大量念珠菌的繁殖。主要通过消化道,也可通过蛋壳感染。各种年龄的鸡均可发生,一般为散发性,全群暴发的很少见。雏鸡感染性比成年鸡高,鸡群中发病的大多数是2月龄以内的雏鸡。

【临床症状】感染鸡生长不良,发育受阻,食欲减少,精神委顿,羽毛蓬松,眼睑、口角有痂皮样病变。口腔黏膜、舌面有溃疡、坏死等。病鸡吞咽困难和嗉囊肿胀，常出现腹泻，逐渐消瘦，死前可呈现痉挛。

【病理变化】最常见的病变在嗉囊。嗉囊黏膜增厚，表面有灰白色、圆形凸出的溃疡，黏膜上常见有伪膜斑和易于刮落的坏死物。口和食道黏膜也常有黄色豆腐渣样的典型"鹅口疮"。当波及到腺胃时，则出现肿胀，浆膜的外表光滑，黏膜肿胀、出血，并可能被卡他性或坏死性渗出物覆盖。

【诊断】病鸡上消化道黏膜的特殊性的增生和溃疡病灶，常可以作为本病的诊断依据。确诊必须采取病变器官的渗出物抹片检查，或是进行霉菌的分离培养和鉴定。

该病常常伴有肌胃溃疡、球虫病或其他原虫感染，诊断时应注意加以鉴别。

【防治措施】

(1)加强饲养管理，降低饲养密度，保持饮水系统的清洁卫生，饮用水应进行过滤和消毒处理。管道至少每月清洗一次，饮水器应每周用碘制剂或氯制剂消毒一次。同时要注意饲料的配制，特别是确保维生素的含量。另外，应减少不必要的抗生素药物预防。定期口服一定量的抗真菌药，以预防此病的发生。

(2)对病鸡，口部黏膜上的溃疡病变，可以涂碘甘油，嗉囊中可以灌入数毫升2%硼酸溶液消毒。大群鸡治疗时，用0.05%硫酸铜溶液饮水，也可在每千克饲料中添加50万～100万U，连喂1～3周，可以减少疫病的发生和抑制病情发展。在饲料中添加维生素A，也是一种辅助性治疗措施。

☞ 255.怎样防治鸡假单胞菌病？

鸡假单胞菌病主要是由于绿脓假单胞菌引起，常发生在雏鸡和青年鸡的局部性或全身性感染。细菌侵入受精卵后，可导致胚胎或刚出壳的雏鸡死亡，以及种蛋的腐败和爆破等。另外，该菌的污染也会降低肉的品质和保存时间。

【病原】绿脓假单胞菌是一种能运动、无芽孢、革兰氏阴性杆菌，单个或呈短链状排列，专性好氧，容易在普通培养基上生长，通常可产生水溶性绿色色素(由荧光素和绿脓菌素组成)，并伴有特殊的果味芳香。有17个血清型。

【流行病学】鸡和雏是最常见的自然宿主。各种年龄的鸡都易感，但以幼鸡和处于应激状态或免疫力下降的鸡更易感受。如与其他细菌和病毒协同作用时，其敏感性会发生变化。发病率和死亡率一般在2%～10%之间，最高可达90%。假单胞菌是一种条件菌，普遍存在于土壤、水和潮湿的环境中。当鸡群注射被污染的疫苗和抗生素时，可造成本病的严重暴发。另外，与病鸡接触或饲养密度大、寒冷、通风不良、连续或混群饲养、消毒不严等应激因素，也很容易造成假单胞菌病的流行。

【临床症状】病鸡通常于24～48 h内死亡。临床表现主要有精神不振、跛行，运动失调，头、肉垂、窦、跗关节或爪垫等部位发生肿胀，腹泻以及结膜炎等。雏鸡主要表现严重沉郁，食欲减退，两翅下垂，羽毛逆立，肛门周围有白色稀粪污染。有的可出现角膜浑浊，眼睑肿胀和关节炎等。

【病理变化】本病没有特征性病变。常见的主要是心包炎、眼炎和关节炎等，皮下水肿和纤维性渗出，偶见出血，关节积液，浆膜性炎症，如气囊炎、心包炎和肝周炎等，这一点与大肠杆菌败血症很相似；肝脾、肾和脑组织出现肿胀，并有坏死点；化脓性结膜炎，偶见角膜炎。

【诊断】该病的诊断除根据病鸡临床症状流行特点和病理变化外，还需要进行病原体的分离和鉴定。

【防治措施】

(1)消灭传染源，保持孵化器的卫生和注射时严格消毒是控制本病的先决条件。减少应激因素，防止其他病毒性和细菌性感染有助于降低鸡对该病原体的敏感性。

(2)发病的早期应用抗生素进行治疗可以减少损失。由于假单胞菌对多种抗生素有耐药性,因此用药前应进行药敏试验。

☞ 256.怎样防治鸡慢性呼吸道病?

鸡慢性呼吸道病是由鸡败血霉形体引起的一种接触传染性呼吸道传染病。以呼吸时发出罗音、咳嗽、流鼻涕和窦部肿胀为特征,多呈隐性经过,发展较慢,病程较长,故称为鸡慢性呼吸道病。

【病原】鸡败血霉形体,细小,卵圆形,直径 0.25～0.5 μm,革兰氏阴性,姬姆萨氏染色和瑞氏染色着色良好,能发酵葡萄糖,培养时营养要求较高,在固体培养基上 5～6 天形成光滑圆形半透明小菌落,直径 0.2～0.3 mm。病原抵抗力不强,一般消毒药均能将其迅速杀死。

【流行病学】本病一年四季都能发生,但以冬春寒冷季节较为严重。1～2 月龄的雏鸡特别是纯种鸡最易感,而且发病率和死亡率都高。在大群饲养中仔鸡常呈流行性,成年鸡为散发性。各种诱因可促使本病的发生,尤其在发生其他疾病合并感染时,常可造成大批发病和死亡。鸡慢性呼吸道病病原体主要经蛋传播和带菌鸡的污染横向传播。也可通过污染霉形体的饲料、饮水传播。在感染的公鸡精液中,也有病原体存在,因此交配也可传播此病。

【临床症状】感染潜伏期 4～21 天,典型症状是先流出浆液性或黏液性鼻液,鼻孔周围和颈部羽毛常被污染。其后炎症蔓延至下呼吸道时,使呼吸困难,出现张口呼吸、咳嗽和罗音,病鸡食欲不振,生长停滞,逐渐消瘦。继之发生鼻炎、窦炎及结膜炎,鼻腔和眶下窦中蓄积渗出物,眼睑肿胀,眼部突出如肿瘤状,一侧或两侧眼球受到压迫,发生萎缩和造成失明。产蛋鸡感染本病多呈隐性经过,仅表现产蛋率降低,孵化率下降,新孵出的雏鸡增重受影响。本病经常与大肠杆菌合并感染,相应的症状则表现为发热、下痢等。

【病理变化】主要是鼻道、气管和支气管及气囊内有黏性或干酪样渗出物，气囊膜浑浊、增厚，透明度降低，有黄白色的豆渣样渗出物，并常有芝麻至黄豆大的结节，有时个别结节大如核桃。严重病例可见纤维素性或纤维素脓性的肝周炎，心包充血、出血。有的鼻腔中有淡黄色恶臭的黏液，肺炎性充血。胚胎感染时可于孵化期任何阶段死亡，多数死于啄壳时。死胚矮小，全身水肿，关节化脓肿大，肝脾肿大，肝坏死，心包炎，呼吸道有干酪样物。

【诊断】根据临床症状、流行病学和病理变化可做出初步诊断，确诊需进行病原分离和鉴定。

在诊断时应注意与鸡传染性鼻炎、传染性支气管炎、传染性喉气管炎、新城疫等疫病相鉴别。

【防治措施】

(1)对发病鸡群，可使用环丙沙星、氟哌酸、链霉素、土霉素、四环素、红霉素、卡那霉素、庆大霉素、新霉素等药物治疗。霉形体容易产生抗药性，长期使用单一的药物，往往效果甚微或完全无效。为此使用时用药量一定要足，疗程不宜太短，一般要连续用药3～7天。同一鸡群也不要长期使用单一种药物，最好是几种药物轮换或联合使用。交替使用的防治药物有氟哌酸，以0.005%～0.01%浓度拌料，饲喂3～5天；土霉素或四环素，按0.02%～0.06%，或红霉素按0.01%～0.02%浓度拌料，饲喂数天；恩诺沙星或环丙沙星，每5 g原粉加水100 kg，饮服3～5天；链霉素每只成鸡肌肉注射200～400 mg，5～6周龄幼鸡肌肉注射80～100 mg，3月龄鸡肌肉注射150～200 mg；庆大霉素按每千克体重注射3 mg均有显著的疗效。病鸡迁出后的栏舍及一切用具，经彻底清洗消毒，7～10天后才能重新使用，必要时可延续2周以上。

(2)预防本病的最根本措施是设法建立没有本病的“净化”种鸡群。可用链霉素每毫升含2 000 U，对1日龄的雏鸡进行喷雾或滴鼻，在3～4周龄时再重复1次，在2,4,6月龄时各进行1次，经血清学检验，淘汰阳性鸡或全部淘汰，留下全部无病群隔离作为种用，并对其后代继续观察，建立良好的饲养管理和鸡群密度合理；减少舍内尘埃，定期清除粪污垫料，以减少有害气体的刺激。还要保证饲料营养全价，配比合理，在饲养方式上采用"全进全出"等。种蛋入孵前进行消毒处理可减少鸡败血霉形体的垂直传播。对污染的生产鸡群普遍接种鸡霉形体油乳剂灭活苗，对7～15日龄雏鸡颈背部皮下注射0.2 mL，成鸡颈背部皮下注射0.5 mL，平均预防效果可达到80%左右，免疫期为5个月。

☞ 257. 怎样防治肉鸡慢性呼吸道病与大肠杆菌混合感染？

肉鸡慢性呼吸道病和鸡大肠杆菌病是肉鸡场常见多发病，以3～7周龄鸡最易感染。两病既可并发也能继发，同属于条件性、接触性传染病，一般呈散发性慢性经过，但其感染率却很高。往往由于诊断不当使发病鸡死亡率增加，一般可达20%以上，是目前危害肉鸡饲养业的严重疾患之一。

【发病原因】本病发生的原因比较复杂，根据临诊实际综合分析，归纳起来主要有以下几方面的因素：

(1)鸡舍环境卫生欠佳，饲养管理不善。尤其是鸡舍内通风不良，闷热或阴冷，饲养密度大，垫料潮湿，没有及时更换，室内异味刺激(如舍内氨气和二氧化碳含量过高)等。

(2)日粮营养配合不当，维生素类缺乏，微量元素不足，饲料或饮水被污染，或者饲料发生霉变。

(3)肉种鸡卫生防疫措施不力，种蛋与孵化环节消毒制度不严格，造成垂直感染。

(4)预防用药不合理，药物选择或投药方法不科学，盲目用药等。

【临床症状】发病早期发现打喷嚏、甩鼻，时有阵咳，流眼泪，饮水增多，排粪稀薄。

发病中期呼吸困难，有喘鸣音，咳嗽，眼眶周围或面部红肿，个别鸡眼睑发炎，关节肿胀，跛行。排白灰色或黄绿色的稀粪，污染肛门周围羽毛。发病后期精神沉郁，羽毛松乱，鸡冠部呈暗红色或紫色，呼吸困难(呈水泡音响)，下痢，个别病鸡一眼或双眼失明(角膜炎)，最后虚脱或心力衰竭而死亡。

【病理变化】气囊壁增厚、浑浊，囊内充满黄色泡沫状黏液或有黄色干酪样物。心包膜增厚，表面附着灰白色絮状物，心包内充满淡黄色纤维蛋白性渗出液，常伴发心肌炎。肝、脾肿大，呈青铜色或土黄色，表面通常裹着一层浅黄色的黏性假膜，体腔内有干酪状的积累物。肝脏、盲肠和肠系膜呈现典型肉芽肿，肠管呈卡他性炎症，肠腔内有大量的黏液或气体，腹腔积液。肾肿大、苍白呈斑驳状。

【防治措施】

(1)加强鸡舍环境卫生，确保饲养密度合理，垫料干洁，通风良好，温度适宜，舍内无刺激异味，减少应激反应。定期进行带鸡消毒和日常的饮水消毒。同时还要强化种蛋孵化环节的消毒工作。保证饲料新鲜、卫生，营养丰富，适当增加鱼肝油或维生素 AD_3 在日粮中的含量，以增强其抗病力。

(2)建立完善的肉鸡免疫程序和科学预防用药计划，以使子代鸡获得较强抵抗力。对肉种鸡，在3～4周龄和16～17周龄时，分别接种禽大肠杆菌多价油佐剂灭活苗，5～6周龄和15～16周龄分别接种禽败血霉形体病油佐剂灭活苗。肉鸡12～15日龄皮下注射禽大肠杆菌多价油佐剂灭活苗，每只0.2～0.25 mL，具有一定的保护力。

从2周龄开始在饲料中添加0.05%～0.1%氟哌酸，连续投药3～5天，间隔10天再用药1次。从3周龄开始在饲料中添加0.05%复方敌菌净或复方新诺明药1次，连续投药5～7天，间隔10天再用药1次，一般出栏前5～7天停药。

(3)对病鸡可用环丙沙星或恩诺沙星等氟喹诺酮类药物拌料

或饮水，同时加入0.01%庆大霉素，连用3～5天。

☞ 258.怎样鉴别鸡的慢性呼吸道病、传染性喉气管炎和传染性支气管炎？

鸡的慢性呼吸道病、传染性喉气管炎、传染病性支气管炎，在临床上容易混淆，应注意区别（表6-1）。

表6-1 鸡的慢性呼吸道病、传染性喉气管炎、传染性支气管炎的鉴别诊断

项目	慢性呼吸道病	传染性喉气管炎	传染性支气管炎
病原	鸡败血霉形体	疱疹病毒	冠状病毒
侵害对象	鸡和火鸡能自然感染	自然感染主要是鸡	只有鸡能自然感染
流行病学	主要侵害4～8周龄幼鸡，呈慢性经过，可经蛋传染	主要侵害成年鸡，传播迅速，发病率高	各种年龄的鸡均可发病，但雏鸡最严重，传播迅速，发病率高
主要症状	流浆液或黏性鼻液，喷嚏，咳嗽，呼吸困难，出现罗音；后期眼睑肿胀，眼部凸出，眼球萎缩，甚至失明	呼吸困难，呈现头颈上伸和张口呼吸的特殊姿势，呼吸时有罗音，咳嗽，咳出血性黏液	咳嗽，喷嚏，张口呼吸，气管有罗音，鼻窦肿胀，流黏性鼻液；产蛋鸡产蛋量下降，产软壳蛋、畸形蛋或粗壳蛋
病程	1个月以上，甚至3～4个月	5～7天，长的可达1个月	1～2周，有的可延长到3周
病理变化特征	鼻、气管、支气管和气囊内有黏稠渗出物，气囊膜变厚和混浊，表面有结节性病灶，内含干酪样物	轻的，喉头和气管黏膜呈卡他性炎症；重的，该黏膜变性、出血、坏死，上面覆有纤维素性干酪样假膜，气管内有血性渗出物	鼻腔、鼻窦、气管、支气管黏膜呈卡他性炎症，有浆液性或干酪样渗出物；产蛋鸡卵巢滤泡充血、出血、变形，有的腹腔内有卵黄物
治疗	链霉素及四环素族抗生素	尚无有效药物治疗	尚无有效药物治疗

☞ 259.怎样防治鸡冠癣病？

鸡冠癣病，又称鸡黄癣。是由鸡头癣菌（或称鸡毛癣菌）引起的一种真菌性慢性皮肤病。其特征是头部的无毛处，特别是在鸡冠上面生长一种黄白色鳞片状的顽癣，严重时可蔓延到颈部和躯体，羽毛发生脱落。

【病原】发癣菌属子囊菌纲，中南尼兹霉属，外发型，孢子排列规则。孢子抵抗力较强，干燥可活3～4年，煮熟1 h方可杀死。

【流行病学】主要发生于鸡，各种年龄鸡均可感染，但6月龄之内的小鸡很少发生；重型品种鸡较易感染；也可感染鸡和人。夏、秋多雨季节能促使本病发生和传播。主要通过皮肤伤口传播，如蚊虫咬伤或擦伤，以及在鸡群中直接接触就可以互相传播。另外，病鸡脱落的鳞屑和污染用具物品也可使本病广泛散播。

【临床症状】病鸡首先由受损害的冠部发生病变，出现白色或灰黄色圆形斑块或小丘疹，形成鳞屑，如撒上一层麸皮状。以后逐渐蔓延扩大到整个冠、肉髯、眼睛四周及耳部、头部无毛部分的皮肤，整个鸡冠表面覆盖着一层灰白色癣痂。有的还可蔓延到身体有羽毛处，使羽毛脱落。随着病情发展，鳞屑变厚，形成结痂，皮肤发生痒痛，此时病鸡表现不安，精神委顿，瘦弱，贫血，黄疸，母鸡产蛋减少等。

【病理变化】严重者上呼吸道和消化道黏膜有点状坏死、小结节和黄色干酪样沉着物。偶见肺及支气管发生炎症变化，有的嗉囊和小肠黏膜发生坏死性炎症等。

【防治措施】

(1)发现重病鸡应及时淘汰，对病鸡污染的地面和用具，必须彻底清洗消毒，并切实搞好鸡群的环境卫生。

(2)对轻病鸡隔离治疗，可采用福尔马林软膏、甘汞软膏、碘甘油、10%水杨酸钠软膏或抗生素等药物局部涂擦。局部治疗时，需先将患部用肥皂水清洗皮肤表面的结痂及污垢，待干燥后将药物涂于患处。如冠癣病变扩散蔓延，造成全身损害时，在有治疗价值的情况下，可用制霉菌素，每只 3 万 U，每日 3 次，连服数日。如和克霉唑（抗真菌 1 号）配合治疗，则疗效更好（雏鸡 100 只用 1 g 混料内服）。

☞ 260. 怎样防治鸡螺旋体病？

鸡螺旋体病是由疏螺旋体引起鸡的一种急性、热性传染病，主要特征是发热、厌食、精神沉郁、头部发绀和腹泻。对幼鸡危害性较大。

【病原】鸡疏螺旋体，为微嗜氧菌，形态细长，长 6～30 μm，有疏松排列的 5～8 个螺旋，在血液中运动活泼，易被常用染色液染色。在宿主体外螺旋体抵抗力不强，对一般消毒药、砷制剂及青霉素等敏感。

【流行病学】自然感染主要通过媒介昆虫波斯锐缘蜱的刺螯传播。该蜱还能通过卵将螺旋体传给后代。鸡螨和鸡虱等节肢动物也能传染本病。此外也能通过皮肤伤口和消化道在禽类间传播。各种日龄的鸡均易感，但幼鸡易感较高，发病率 10%～100% 不等。老龄鸡有较强的抵抗力，感染后常可自然康复，幼鸡的病死率较高。本病多见于夏秋温暖季节。

【临床症状】潜伏期一般为 5～7 天或更长。急性病例常突然发病，体温升高，精神委顿，食欲废绝，羽毛蓬乱，嗜睡，头部发绀，腹泻，口渴，粪便呈浆液性（似蛋清），中有绿色和白块状物，行走摇摆不定，严重者腿翅麻痹，最后抽搐而死亡。病程一般为 4～6 天或更长。慢性病例较少见，症状与急性者相似而较轻缓，一般经 2 周左右可以完全康复。

【病理变化】最特征的病理变化在脾和肝。脾脏明显肿大，被膜下有斑点状出血和坏死灶。肝淤血肿大变性，常见密布的针头大灰白色坏死灶。有些病例可见肾肿大色泽变淡。常有卡他性炎症病变。内脏器官呈现出血、黄疸，皮肤及肌肉黄染，血液稀薄。

【诊断】根据蜱咬伤病史和特征性的症状病变，可以做出初步诊断。首次发现本病时，应进行实验室检查。取病鸡发病初期的血液或取内脏（脾、肝等）做触片用姬姆萨氏染色法染色后镜检。也可暗视野显微镜检查湿标本，发现有螺旋体即可确诊。

【防治措施】

（1）早期治疗有较好效果，首选药物是土霉素、青霉素及新砷凡纳明（九一四）。其他药物如金霉素、杆菌肽、卡那霉素、链霉素等，也有一定的效果。

（2）预防本病可从消灭病原体的媒介蜱、螨等吸血昆虫着手，应避免将有蜱、螨寄生虫的禽类引进洁净的鸡舍。对病鸡应隔离治疗或淘汰，病死鸡和粪便应妥善处理。在常发病地区或鸡场，可利用本地区现场分离的病原体自行制苗，给鸡群免疫接种。

第七章　鸡的寄生虫病

☞　261.怎样防治鸡球虫病？

鸡球虫病，又称艾美耳球虫病，是由艾美尔球虫寄生于肠上皮细胞引起的一种内寄生虫性疾病。该病以出血性肠炎、血痢、雏鸡的高度发病率和死亡率为特征。对养鸡业危害较为严重。

【病原体与发育史】感染鸡的球虫多属于球虫纲下的艾美耳属。其卵囊由一个单细胞构成，被一个较厚的外壳包裹。感染性卵囊含有 4 个孢子囊，每个孢子囊含有 2 个子孢子。具有非常严格的宿主特异性。感染鸡的主要有 9 种球虫，致病力最强的为柔嫩艾美耳球虫以及毒害艾美耳球虫。

球虫的发育史是：卵囊→裂体生殖→配子形成→合子→卵囊，如此周而复始地生长发育。刚排出体外的卵囊对鸡没有致病性，要在外界环境中发育成具有感染力的孢子卵囊(感染性卵囊)后才具有致病性。

【流行病学】本病主要发生于 3 月龄以内的雏鸡，15～45 日龄内最易感染，发病率和死亡率均很高。11 日龄以内的幼雏很少发生，成年鸡多为带虫者，体重和产蛋量均受影响。

该病通常在雨水较多、气温在 22～30℃的春、夏季多发。主要通过消化道传播，雏鸡吃了孢子化卵囊而感染，饲料和饮水、畜禽、昆虫、饲养人员和一切用具等，都可作为球虫病的传播者。康复鸡是传播本病的重要来源。阴雨潮湿，育雏鸡群过分拥挤，饲料中缺乏维生素 A、维生素 K，日粮配合不当等，都可引起球虫病的流行。

【临床症状】病雏精神委靡，喜欢拥挤，羽毛松乱，头颈卷蜷，闭眼呆立，病雏下痢，排出混有血液甚至全血的稀粪。食欲不振，渴欲增加，嗉囊充满液体。后期食欲废绝，两翅下垂，运动失调，倒地痉挛死亡。多数病鸡于发病后6～10天内死亡，雏鸡的死亡率达50%以上，严重时可达100%。3月龄以上的中雏及成年鸡感染后多为慢性型。病鸡表现食欲不振，间歇性下痢，有时粪便中混有血液，逐渐消瘦，贫血，中雏发育迟缓，成年鸡产蛋率下降，病程长达1～2个月。

【病理变化】急性病例盲肠肿大，比正常大几倍，呈棕红色或暗红色，质地坚实。盲肠内粪便干硬，混有血液及干酪样物。盲肠壁肥厚，黏膜弥漫性出血。慢性者小肠壁肥厚，黏膜上有白色粟粒大结节，有时可见出血斑。

【诊断】根据发病日龄、高度的发病率和死亡率、逐渐加剧的血痢及盲肠病变可做出初步诊断，从粪便中镜检出球虫卵囊可确诊。

【防治措施】

(1)加强饲养管理，坚持每天清扫鸡粪，并进行生物热处理。成年鸡和雏鸡要严格分群、分舍饲养。饲养人员及用具要固定，防止流动传播本病。饲料和饮水要保持清洁，雏鸡应给予富有营养的饲料，要保证蛋白质及维生素A和维生素K的供给。在温暖多雨季节，要特别注意保持鸡舍干燥，通风良好，鸡舍雏鸡的密度也要适宜。

(2)预防和治疗鸡球虫病的药物较多，可根据具体情况选择使用。如果一种药物使用不见效或效果不理想时，则应立即更换药物。较常用的有以下几种：氨丙啉每千克饲料125～240 mg，混饲给药，连用7天，然后再以半量喂饲14天。氯羟吡啶每千克饲料125 mg，混饲给药。盐霉素每千克饲料50～70 mg，混饲给药。莫能菌素每千克饲料 70～125 mg 混饲给药。敌菌净磺胺合剂(敌菌净与磺胺二甲基嘧啶以 1∶5 混合)每千克饲料 200 mg 混饲给药。

☞ 262.怎样防治鸡隐孢子虫病?

鸡隐孢子虫病是由隐孢子虫寄生在鸡的呼吸道和胃肠黏膜上皮微绒毛区内而引起的一种原虫病。虽然该病给鸡直接带来的危害较小,但由于有隐孢子虫的感染,大大增加了一些病原微生物的致病作用,使呼吸道、消化道病更加复杂。

【病原体与发育史】隐孢子虫为隐性孢子属的小球性寄生虫,主要寄生在雏鸡的法氏囊,其次为呼吸道和肠道。卵囊为卵圆形或柱形,卵囊壁光滑无色,囊内不形成孢子虫的卵囊,只有 4 个子孢子。隐孢子虫的发育史同球虫一样,有裂体生殖、配子生殖和孢子生殖。对一般的能杀灭病毒、细菌和真菌等病原体的化学药物有着明显的抵抗力,65℃以上的温度能杀灭卵囊。

【流行病学】隐孢子虫呈世界性分布。主要发生在鸡和火鸡。隐孢子虫通常侵入泄殖腔和法氏囊的上皮细胞。从严重污染粪便的垫料或笼内可采集到卵囊。吸入环境中的卵囊也可造成呼吸道感染。如与其他呼吸道病原体相互作用使鸡更易遭受大肠杆菌的继发感染。

【症状】经呼吸道感染隐孢子虫的鸡,大多数在感染后 3～4 天出现严重症状,表现为打喷嚏和咳嗽,多数鸡伸头呼吸,严重者伏地、不愿动。病鸡拉稀,精神委靡不振,羽毛松乱,不愿运动,食欲减少或消失,逐渐消瘦,有时体温升高。呼吸道感染时,病鸡表现为咳嗽、发出咯咯声或气喘。剖检可见法氏囊肿胀、充血,有液体积蓄。盲肠黏膜充血。

【病理变化】早期鸡后胸气囊增厚并含泡沫状、光亮的白色到灰白色液体。以后气囊变厚,并含有干酪样的渗出物,带有严重气囊炎病鸡的肺几乎都受影响。下呼吸道感染,可出现气囊炎和肺炎,在气管和支气管也会有转移感染。

【诊断】根据流行情况、症状表现和剖检变化,可做出初步诊断,通过寄生虫学检查可以确诊。

【防治措施】目前尚无特效的药物用来预防和治疗鸡的隐孢子虫病。对病鸡,可用盐霉素、多黏菌素、螺旋霉素等药物治疗有一定的效果。平时主要通过加强饲养管理,搞好环境卫生,防止饲料和饮水被污染,饲槽、饮水器要用开水浸泡,地面、墙壁、鸡笼可用火焰消毒,可控制该病的流行。

☞ 263.怎样防治鸡住白细胞原虫病?

鸡住白细胞原虫病是由住白细胞原虫寄生于鸡的白细胞(主要是单核细胞)和红细胞内引起的一种血孢子虫病,以内脏和肌肉组织广泛出血为特性。呈地方性流行,成年鸡发病率低,症状较轻或不明显,能造成大批死亡。

【病原体与发育史】鸡的住白细胞原虫已知的有很多种,其中对鸡危害性较大的有3种:卡氏住白细胞原虫、沙氏住白细胞原虫和安氏住白细胞原虫。其生活史由3个阶段组成:孢子生殖在昆虫体内;裂子生殖在宿主的组织细胞内;配子生殖在宿主的红细胞或白细胞里。

【流行病学】本病呈地方性流行,主要流行于适合无脊椎动物宿主双翅目昆虫(蚋和蠓)生活的地区。在我国南方一些鸡场常有发生。流行有明显的季节性,主要发生在蚋和蠓活动频繁的季节。成年鸡发病率低,多为带虫者。1~3月龄的幼鸡发病率高,症状明显,能造成大批死亡。

【临床症状】本病自然潜伏期为5~10天。雏鸡感染住白细胞虫后,表现贫血,鸡冠苍白,两腿麻痹,行走困难,食欲减退或废绝,口流黏液,大便稀薄带绿色。1月龄雏鸡发病严重,死亡率高。

中鸡和成年鸡感染后，一般死亡率不高，但可引起暂时性贫血，表现鸡冠苍白，食欲不振，精神沉郁，排出白色或绿色水样稀粪，运动失调，两腿轻瘫，呼吸困难而死，死前口流鲜血是最具特征性的症状。中雏生长受阻，产蛋量下降或停止。

【病理变化】死后剖检可见鸡尸体消瘦，肌肉苍白，血液稀薄，高度贫血，肝脾肿大，表面有出血斑点，消化道充血，有时有肠炎变化，全身皮下出血，尤以肺、肾、肝、胸肌和腿肌的出血斑或出血点明显。

【诊断】根据本病的临床症状，流行病学和病理变化，可做出初步诊断。确诊须进行实验室病原体检查。

【防治措施】

(1)治疗。对病鸡可选用磺胺二甲基氧嘧啶，按 0.05%混入饮水中饮用 2 天，然后再用 0.03%饮水 2 天。氯羟吡啶每千克饲料 250 mg 混饲给药。磺胺喹啉按 0.025%的比例混入饲料中饲喂，1 周后减半使用。泰灭净，按 0.01%的比例混入饮水或拌入饲料中喂给，连用 2 周。

(2)预防。防止媒介昆虫蠓和蚋进入鸡舍，在鸡舍内外可用 5%敌敌畏或蝇毒磷乳剂喷洒，以减少昆虫的侵袭。流行季节，在饲料中加入乙氨嘧啶 0.000 4%、克球多 0.125%任选一种，均有预防效果。

☞ 264. 怎样防治鸡组织滴虫病？

鸡组织滴虫病，又称传染性盲肠肝炎或单孢子虫病。它是由组织滴虫引起鸡的一种急性原虫病，其他禽类有时也可发生。本病可导致肝脏产生特异性、坏死性病灶和盲肠溃疡，故称为盲肠肝炎；部分鸡表现头部皮肤呈现暗紫红，故又称为黑头病。多在温暖潮湿季节发生，以 4～6 周龄雏鸡最易感染。

【病原体与发育史】病原体是一种很小的原虫，主要寄生于鸡的盲肠和肝脏内，虫体大小不一，形状多样，近似圆形、卵圆形和变形虫样，存在于腔体内的虫体具有一根鞭毛；存在于肠壁和肝脏组织中的虫体没有鞭毛，这种原虫能包藏在鸡异刺线虫卵内，随肠内容物排出体外，在外界适宜的环境条件下，发育成为感染性虫卵。鸡吞食感染性虫卵后，卵壳被消化，线虫的虫体和组织滴虫一起被释放出来，移至盲肠。由于线虫幼虫的刺激，就会引起盲肠肝炎的发生。如果异刺线虫的虫卵被蚱蜢或蚯蚓吞食后，鸡啄食了蚯蚓也可引起感染。

【流行病学】本病常发生于卫生和管理条件不好的鸡场。鸡群过分拥挤，鸡舍和运动场不清洁，通风和光线不足，饲料中营养缺乏，尤其是缺乏维生素 A，都是加重本病流行的重要因素。本病主要通过寄生在鸡盲肠内的异刺线虫虫卵而传播。成年鸡多为隐性感染，能够传播和携带病原。

【临床症状】本病潜伏期一般为 15～21 天，最短 5 天。病鸡表现精神委顿，闭目呆立，怕冷，拥挤成堆；食欲减退或消失，羽毛松乱，两翅下垂，排出淡黄色或绿色稀粪，严重者带血；鸡头部皮肤常呈蓝紫色或黑色。如不及时治疗，10 天左右可死亡，死亡率有的可高达 70％。

【病理变化】盲肠肝炎的病变局限于盲肠及肝脏，一侧或两侧盲肠肿大，肠壁肥厚，盲肠内常充满干燥坚硬、干酪样物或坏死块，胆管异常膨大。有的盲肠黏膜坏死、形成溃疡，甚至肠壁穿孔，引起腹膜炎。肝脏肿大，表面形成特征性的坏死溃疡灶，坏死灶圆形或不规则形，中心则稍下陷，呈黄色或灰绿色，边缘略隆起，大小不一。

【诊断】根据流行特点、临床症状和病理变化，可做出初步诊断。进一步确诊必须检查到病原虫体。

【防治措施】

(1)治疗。对病鸡可用甲硝唑(灭滴灵)，配成 0.05％水溶液代替饮水，连用 7 天，停药 3 天，再用 7 天。严重病鸡也可按每千克体重直接投服灭滴灵 0.1 mg，每日 2 次。

(2)预防。搞好鸡舍清洁卫生，定期用左旋咪唑等药物驱除鸡盲肠中的异刺线虫。同时应注意消灭鸡舍内的蚯蚓，粪便堆积发酵消毒。

☞ 265. 怎样防治鸡蛔虫病?

鸡蛔虫病是由蛔虫寄生于鸡的小肠引起的一种蠕虫病。影响雏鸡的生长发育和母鸡的产蛋性能，严重时可引起雏鸡大批死亡，对养鸡业危害较大。

【病原体与发育史】鸡蛔虫是寄生于鸡体内最大的一种线虫，呈淡黄白色，似豆芽梗样，雄虫长为 5～7 cm，雌虫长为 6.5～11 cm，虫卵呈椭圆形，卵壳厚而光滑，呈深灰色。雌虫在小肠内产卵，随粪便排到体外，在适宜的温度(30～33℃)和湿度条件下发育成感染性虫卵。鸡吞食了这种虫卵而感染。幼虫在十二指肠孵出进入小肠，钻进肠黏膜内发育，引起黏膜出血，然后再重返肠腔，直接发育为成虫。从感染开始到发育为成虫在鸡体内所需的时间，为 35～50 天，雌虫、雄虫交配受精产卵，随粪便排到体外，污染饲料、饮水土壤、用具等造成扩散传播。在温暖潮湿、场地不洁，鸡群拥挤等情况下，造成雏鸡感染流行。

【临床症状】雏鸡生长发育不良，精神委靡，行动迟缓或呆立不动。翅膀下垂，羽毛膨乱，鸡冠苍白，黏膜贫血。消化机能障碍，食欲减退，逐渐消瘦，下痢和便秘交替发生，有时排出稀粪，在粪中混有带血的黏液或虫体，以后逐渐衰弱死亡。成年鸡多属轻度感染，不表现症状，个别严重感染的出现生长不良，贫血，母鸡产蛋减少和下痢等症状。

【病理变化】剖检可见小肠有炎症，肠管扩张，黏膜充血水肿，有时存在出血点，肠内黏液增多，肝脏淤血，成虫寄生期可发现大量成虫。

【诊断】根据临床症状和病理变化，结合粪便检查发现大量虫卵或剖检发现大量虫体，则可确诊。

【防治措施】

(1)治疗。对病鸡可选用丙硫苯咪唑，按每千克体重 25 mg，一次口服；或左咪唑，按每千克体重 25 mg，一次口服；也可用丙氯咪唑，按每千克体重 40 mg，直接投服或混入饲料中让鸡自食。

(2)预防。雏鸡与成年鸡分群饲养，对鸡群每年定期进行驱虫，以免散布病原。运动场地经过一定时间后，要铲去表土，垫上新土，或进行翻耕，以减少感染。鸡舍、运动场地保持清洁干燥。饲槽、用具等经常清洗和消毒，鸡粪发酵处理，防止鸡吞食感染性虫卵。

☞ 266.怎样防治鸡绦虫病?

现代集约化养鸡很少发生绦虫感染。而在放牧或庭院式饲养的方式下，约有 50%的鸡肠道内有绦虫寄生。特别多发生在中间宿主繁多的夏季。

【病原体与发育史】寄生于鸡的绦虫，种类很多，主要是棘沟赖利绦虫，其虫体为乳白色，扁平带状，由许多节片组成，无消化系统，主要依靠虫体头节上的吸盘，把虫体吸附并钩在鸡的肠壁上吸收营养，过着寄生生活。多寄生于鸡的十二指肠和小肠内，其孕节或卵囊随粪便到外界，被蚂蚁吞食后，卵囊在消化道内溶解，六钩蚴逸出，钻入体腔，约经 2 周发育为具有感染性的似囊尾蚴。鸡吞食了含有似囊尾蚴的蚂蚁后，中间宿主在消化道被消化，逸出的似囊尾蚴用吸盘和顶突固定在小肠壁上，经 19～23 天发育为成虫，并能见到孕节随鸡粪排出。

【流行病学】本病流行甚广，各种日龄的鸡均可感染发病，以雏鸡易感性最强，发病率和死亡率高。但绦虫的发育按其种类，需要蚂蚁、金龟子、步行虫等中间宿主，鸡吞食到含有虫体的中间宿主才会发病，所以圈养的鸡群不易感染发生本病。被病鸡污染的鸡舍和有关场地常是绦虫病传染来源。在不良的饲养管理条件下，往往促进鸡绦虫病的传播。

【临床症状】鸡感染后主要表现贫血，消瘦，下痢，严重时产蛋明显减少或产蛋停止。幼鸡在严重感染时发生急性肠炎，腹泻，粪便中含有大量的黏液、黏膜，常带血液，后期两脚无力，卧地不起，呈麻痹状态，最后死亡。有的因吸收虫体的代谢产物后而引起中毒，常出现神经症状。

【病理变化】肠黏膜肥厚，肠腔内有多量黏液，恶臭，黏膜贫血，黄染。棘沟赖利绦虫感染时，肠壁上有结核结节，结节中央有黍粒大的凹陷，在此常有虫体存在或填充着黄褐色凝乳样栓塞物。

【诊断】检查粪便，可以发现绦虫节片或虫卵，以资确诊。难以确诊时，可做剖检或诊断性驱虫。

【防治措施】

(1)治疗。对病鸡可选用以下药物驱虫：硫双二氯酚(别丁)，按每千克体重 200～300 mg，混合于饲料中喂给；丙硫本咪唑，按每千克体重 10～20 mg，混合于饲料中喂给；吡喹酮，按每千克体重 10 mg，混合于饲料中喂给；灭绦灵(氯硝柳胺、拜尔 2353)，按每千克体重 150～200 mg，混合于饲料中喂给。

(2)预防。初建鸡场时，宜选择未被绦虫污染的场址和未被感染的鸡饲养。从外面购入的鸡，须先隔离饲养，确无绦虫感染(应给绦虫药)再合群。平时要经常清除鸡粪，并进行发酵处理后，再作肥料使用。彻底清除鸡场上的污物，填平低洼潮湿的地方，以减少甲虫、蚂蚁、蜗牛等中间宿主的藏身之地。幼鸡应单独饲养，不要与成鸡混养。

☞ 267. 怎样防治鸡异刺线虫病？

鸡异刺线虫又称盲肠虫，成虫主要寄生在鸡的盲肠内。该虫除本身可使鸡致病外，它的虫卵还是组织滴虫的传播者，使鸡发生盲肠肝炎。

【病原体与发育史】鸡异刺线虫呈细线状，淡黄色，雄虫长为7～13 cm，雌虫长为10～15 cm。虫卵呈椭圆形，淡灰色，卵壳厚而光滑，内含单个胚细胞。异刺线虫的雌虫产卵，随鸡粪排出体外，在温度(18～26℃)和湿度适宜的条件下，约经2周发育成含有幼虫的感染性虫卵。感染性虫卵随饲料或饮水进入鸡的消化道，经1～2 h孵出幼虫。蚯蚓吞食虫卵后，可以成为感染的一个途径。幼虫移行到盲肠后，附着在黏膜上，历时24～30天发育成为成虫，并可产卵。虫卵抵抗力强，但在干燥和有阳光充分照射的地方，能很快被杀死。

【临床症状】患鸡消化机能障碍，食欲不振，下痢。雏鸡发育停滞，消瘦，贫血，严重时可造成死亡。成年鸡产蛋量下降或停产。

【病理变化】鸡严重感染时可见盲肠壁显著肿胀发炎和增厚、出血，形成结节和溃疡，肠内容物有时凝结成条。

【防治措施】本病防治办法与鸡蛔虫病相同。但在使用丙苯咪唑(抗蠕敏)时，每千克体重需100 mg才能有效。

☞ 268. 怎样防治鸡毛细线虫病？

鸡毛细线虫病系毛首科、毛细线虫属的多种线虫寄生于鸡消化道所引起的一种寄生虫病。我国各地都有分布。严重感染时，可引起鸡死亡。

【病原体与发育史】鸡毛细线虫虫体细小，成毛发状。前部为食道部，后部包含着肠管和生殖器官，其构造与毛首线虫相似。雄虫有一根胶合刺和一个交合刺鞘，有的没有交合刺鞘而只有鞘。

虫卵两端有卵塞。常见的有有轮毛细线虫、鸽毛细线虫和膨尾毛细线虫，它们寄生的部位比较严格。如有轮毛细线虫主要寄生于鸡的嗉囊和食道；鸽毛细线虫和膨尾毛细线虫，主要寄生于鸡的小肠。

【临床症状】病鸡食欲不振，精神委靡，消瘦，贫血，头下垂。寄生于口腔、食道、嗉囊时，病鸡常做吞咽动作，嗉囊膨大，呼吸困难，常呈企鹅状，使头和身体紧靠，运动失调，3～10 天内终因麻痹死亡，死亡率高达 90％以上。成年鸡大量寄生该虫时，出现营养紊乱，贫血，脱毛，产蛋减少或停止，一般于 15～30 天内死亡。

【诊断】结合临床症状，通过用饱和盐水漂浮法进行粪便检查，发现两端有卵塞的虫卵即可确诊。

【防治措施】

(1)治疗。对病鸡可用左旋咪唑，按每千克体重 25 mg 1 次口服；或丙硫苯咪唑(抗蠕敏)，按每千克体重 25～30 mg 1 次投服。

(2)预防。加强饲养管理，大、中、小鸡必须分群饲养，不共用同一器具；粪便应逐日清除，堆积发酵后才能利用；垫料要勤换，并经常保持干燥；鸡舍及有关场地要定期清扫消毒；鸡群进行预防性驱虫。

☞ 269.怎样防治鸡前殖吸虫病?

鸡前殖吸虫病，又称输卵管吸虫病。是由前殖吸虫寄生于鸡的肠道、腔上囊和输卵管引起的一种寄生虫病。常造成输卵管发炎，患鸡产无壳蛋或软壳蛋，有时继发腹膜炎而死。本病在春季和夏季多发。

【病原体与发育史】前殖吸虫虫体扁平比较透明，长约 5 mm，宽约 2 mm，前端较狭窄，后端宽圆，外观呈梨形。虫体发育过程中需要更换宿主。成虫在鸡的输卵管、腔上囊或直肠内产卵，虫卵随粪便排出体外，落入水中，被第一中间宿主淡水螺吞食，在其体内孵化为毛蚴，毛蚴经过发育最后发育成许多尾蚴，尾蚴离开螺体进入水中。如遇到第二中间宿主蜻蜓幼虫，即钻入其体内发育成囊蚴，留在蜻蜓体内。当鸡啄食了含有囊尾蚴的蜻蜓，就会发生感染。在鸡消化道内，囊蚴的囊壁被消化，幼虫逸出，并移行到输卵管、腔上囊或直肠中，发育成成虫。

【临床症状】病初无明显症状。病情严重时，表现食欲不振，消瘦，贫血，精神委顿，羽毛粗乱，常蹲伏平地做产蛋姿势。由于虫体的刺激引起输卵管炎，从而影响正常蛋的形成。病鸡产软壳蛋、无壳蛋或畸形蛋，有时从泄殖腔排出蛋壳碎片或流出浓稠白色液体。有些病鸡腹部膨大，步态不稳，两腿叉开。泄殖腔翻出，充血潮红。诱发腹膜炎时，则鸡冠和肉垂变青紫色，最后全身衰竭而死。

【病理变化】剖检可见输卵管呈现黏膜充血，疏松并增厚，在输卵管壁上有时可找到虫体，呈椭圆形，鲜红色。

【防治措施】

(1) 治疗。对病鸡可选用硫双二氯酚，按每千克体重0.1～0.2 g，混料饲喂；或丙硫苯咪唑，按每千克体重30 mg，混料喂服。

(2)预防。加强饲养管理，定期进行预防性驱虫。在蜻蜓出现季节，防止鸡群啄食蜻蜓及其幼虫。

☞ 270.怎样防治鸡肌胃线虫病?

鸡肌胃线虫病是由钩状华首线虫寄生在鸡的肌胃的角质膜下引起鸡的一种寄生虫病。

【病原体与发育史】鸡肌胃线虫虫体很细，长度为4～25 mm，呈淡红色。虫体常钻进肌肉层，在表面形成一种结节病灶。虫卵通过黏膜孔进入肌胃，随肌胃内容物排出体外。蚱蜢、甲虫、象鼻虫、沙蚤是本虫的中间宿主。当虫卵被中间宿主吞食后，经20天发育成感染性幼虫，当鸡吞食了这些中间宿主而被感染。幼虫被吞食后，在第 1 天钻入肌胃的角质层下面，经过 25 天后，虫体钻入肌肉层，76 天虫体发育成熟。

【临床症状】一般无明显的症状，但寄生虫体多时，会影响肌胃的机能，患鸡出现精神沉郁，消瘦，贫血，翅膀下垂，羽毛松乱，腹泻，幼鸡生长缓慢，有的鸡常因肌胃破裂而死亡。

【病理变化】剖检可见肌胃、腺胃壁出血，有脓性结节、溃疡，有时腺胃壁增厚、软化，肌胃壁变薄，甚至穿孔破裂。

【防治措施】可参照鸡毛细线虫病的防治措施。

☞ 271. 什么叫鸡的外寄生虫？有何特征？

鸡的外寄生虫是寄生于鸡的皮肤和羽毛上或其内的、以血液或皮肤为营养源而生存和繁殖的节肢动物。其种类繁多，共同特征是体表、附肢分节，有几丁质的外骨骼。但为适应生活，有些常发生形态上的变化和某些特征的消失，以至难以辨认。

某些外寄生虫是吃皮肤上的死细胞及其附属的。但多数外寄生虫主要是吸食血液和淋巴液，皮肤仅是一种生活条件，并可借此获取温暖和庇护。有些外寄生虫，可以终身在宿主身上靠宿主间接触传播。另一些则在禽类之间自由传播。有些具有高度的宿主特异性，也有一些种类的外寄生虫可与宿主保持一种相当松散的关系，不把永久活动地局限于一个特定的宿主种，甚至不把活动局限于鸡类。

鸡类感染外寄生虫时，早期无明显症状，严重感染时一般都表现为不安、搔痒和啄羽等，以及原因不明的产蛋量下降或饲料消耗增加。有些外寄生虫如虱子和北方螨等，拨开羽毛、检查皮肤即可见到。而有些如吸血虫中的臭虫和鸡螨等，仅在吸血时爬上鸡体，很难发现，需要检查垫料、墙壁、缝隙及粪便等处，收集垫草、灰土和其他物品，放置在白盘内仔细检查，可以看到节肢动物在盘中爬行。还有些夜间摄食的寄生虫,只能在夜间检查鸡舍时,才可在鸡身上看到。

检查外寄生虫,应当列入日常的防疫灭病规程。每栋鸡舍,每月最少检查2次,每次检查20～50只鸡,且要从整个鸡舍的各个部位随机抽样。应仔细检查鸡的肛门、头和腿部。若查到虫体,但不能立即确定种属,则应送交实验室由有关昆虫专家进行鉴定。

对于鸡外寄生虫的防治,应当强调利用现代养鸡体系的优点,采取综合防治措施。避免或减少外寄生虫引进的机会,通常可采取如下措施:

(1)每次进鸡之前应进行彻底的清洗消毒,采用全进全出制。

(2)鸡舍建筑物表面应比较光滑,实施完整的防灭鼠方案,严格处理粪便,防止蝇类滋生,并定期进行检查,一旦发现立即采取治疗和消灭措施。

(3)常用于防治外寄生虫的药物,主要包括合成的和天然的除虫菊酯类、有机磷类和氨基甲酸酯类杀虫剂。

☞ 272.怎样防治鸡的刺皮螨病?

鸡刺皮螨,又称红螨。主要寄居于鸡的窝巢内,靠吸食鸡血而生存,有时也吸人血。常发生于温暖干燥季节。轻者造成失血,影响鸡只生长和产蛋,严重时可达致命的程度。

【病原体与发育史】鸡刺皮螨呈长椭圆形,淡红色或棕灰色。雄虫长约0.6 mm,雌虫吸饱血后可达1.5 mm。侵袭鸡只的雌螨在每次吸饱血后,一般是回到鸡体周围的窝巢或鸡舍的墙缝中产卵,在20～25℃的情况下,经2～3天的时间孵化出幼虫。从虫卵变成虫的全部发育过程需1周时间完成。但在寒冷季节,繁殖不旺盛。

【临床症状】刺皮螨主要在夜间侵袭鸡体而吸血,但在白天如果鸡只留居舍内或母鸡孵卵时,亦可遭受侵袭。遭受严重侵袭时,鸡体日渐消瘦、贫血，皮肤上会出现红疹，产蛋量下降。

【防治措施】对病鸡可用0.5%敌百虫溶液、0.03%蝇毒磷水乳剂，或每千克水中加入50～80 mg的敌杀死溶液，涂于患部。此外，还可使用这类药物的水溶液对鸡舍、栖架、墙壁缝隙等喷洒或涂刷。房舍消毒可用石灰水粉刷，产蛋箱要保持清洗干净，经常用沸水浇烫，再在阳光下暴晒，以彻底杀灭虫体。

☞ 273.怎样防治鸡突发膝螨病?

鸡突发膝螨病，又称鳞脚病，是由鸡突发膝螨寄生在鸡的脚、腿等无毛处或鸡冠和肉髯上引起的一种外寄生虫病。

【病原体与发育史】鸡突发膝螨很小，呈卵圆形，雄虫体长约0.2 mm，雌虫长约0.5 mm。虫体的发育史全部在鸡体上进行。成虫可穿入皮下，在皮下组织中形成隧道，并可产卵，孵化出幼虫，幼虫经过蜕化发育为成虫，隐匿寄生于鸡脚皮肤的鳞片下面。

【临床症状】鸡脚由于此虫的寄生，往往引起皮肤炎症，局部先起鳞片，接着皮肤增生，变成粗糙，并发生裂缝，渗出物干燥后形成灰白色痂皮，如同涂有石灰样，故此病又称“石灰脚”病。患脚发痒，因瘙痒而致患部发生创伤。如病势发展蔓延，病鸡行动困难，甚至可引起关节炎和趾骨坏死。鸡脚畸形，走路艰难，食欲减退，生长和产蛋均受到影响。

【防治措施】

(1)治疗。对个别病鸡治疗前可先将病鸡的脚浸入温热的肥皂水中，使痂皮泡软，再除去痂皮，涂上20%的硫磺软膏或10%灭虫丁软膏，间歇数天再涂一次。大群治疗时，可采用药浴法。常用0.1%敌百虫溶液或0.03%蝇毒磷溶液，先将病鸡的脚放在药液中浸泡4～5 min，用小刀刮去痂皮，再用小刷刷洗患部。

(2)预防。平时注意鸡场的环境卫生，不引进患鳞脚病的鸡。鸡群中发现病鸡时，应当隔离治疗，鸡舍彻底消毒。

☞ 274.怎样防治鸡虱病?

鸡虱又称羽虱,是寄生在鸡体表的一种昆虫,也是鸡的一种最普通的外寄生虫。对成年鸡无明显的致病作用,但雏鸡感染严重的,可导致死亡。

【病原体与发育史】羽虱全部生活史都在鸡身上进行,取食鸡身上的羽毛或皮肤鳞屑而生活,一般不吸血,离开了鸡体表,不久就会死亡。羽虱的各类很多,鸡常见的有以下几种:

(1)鸡头虱。又称幅广长羽虱。雄虫长约 2.5 mm,雌虫长约 3.3 mm。大多寄生于鸡的羽毛稀少的皮肤部分,如胸部、腿部及肛门附近等处。

(2)鸡体虱。又称大羽虱或黄体虱,雄虫长约 2.8 mm,雌虫长约 3.3 mm。大多寄生于鸡的羽毛稀少的皮肤部分,如胸部、腿部及肛门附近等处。

(3)鸡羽虱。雄虫长约 1.7 mm,雌虫长约 2 mm。一般寄生在羽毛的羽干上,咬食羽毛的羽枝和羽小枝。

【临床症状】寄生数量多时,患鸡常因啄痒而伤及皮肉,精神不安,常引起消瘦,羽毛脱落,食欲不良和生产力降低。鸡头虱对雏鸡的危害相当严重,可造成雏鸡生长发育停滞,体质日衰,甚至造成死亡。

【防治措施】防治鸡的羽虱,可选用蝇毒磷、溴氰菊酯、氯氰菊酯、杀灭菊酯、双甲脒等灭虱药。但在治疗的同时应采用上述药物消毒鸡舍。一般要进行 2 次,间隔 7～10 天。平时要定期检查鸡群中有无羽虱,每月至少 2 次,发现感染及时采取措施。

第八章　鸡的代谢病与中毒病

☞　**275.什么叫营养代谢病？造成营养代谢病的原因有哪些？**

营养物质缺少或过多，以及某些与健康和生产不相适应的内外环境因素的影响，都可引起营养物质平衡失调，导致新陈代谢和营养障碍，使机体生长发育迟滞，生产力、繁殖力和抗病力降低，甚至危及生命。这一类疾病统称营养病。

造成营养代谢病的原因有以下几点：

(1)营养物质摄入不足。其中以蛋白质(特别是必需氨基酸)、维生素、常量元素和微量元素更为常见。此外，食欲降低或废绝，也可引起营养物质摄入不足。

(2)营养物质消化与吸收不良。胃肠道、肝脏及胰腺等机能障碍，影响营养物质的消化吸收和动物体内的合成代谢。

(3)营养物质需要增多

①生理性营养物质需要增多，如鸡的产蛋期所需的营养物质大量增加。

②病理性营养物质需要增多，如鸡热性病、结核病、寄生虫病等慢性消耗疾病，使体内营养物质消耗增多。

③饲料中的抗营养物质需要增多，如蛋白质抑制素、皂苷等，能降低矿物质元素的溶解和利用等。

(4)营养物质平衡失调。动物体内营养物质间可通过转化、依赖和拮抗等作用以维持平衡。在这过程中，往往引起某种营养物质不足。

①转化作用:如糖能转变成脂肪及部分氨基酸;脂肪可变为糖和部分非需氨基酸;蛋白质能转变成糖及脂肪。

②依赖作用:如钙、磷、镁的吸收,需有维生素 D;脂肪是脂溶性维生素的载体;合成半胱氨酸和胱氨酸时,需有足量的甲硫氨酸;磷过少,则钙难以沉积;缺钴则维生素 B_{12} 不能合成;维生素 E 和硒具有协同作用等。

③拮抗作用:如充分的锌和铁,可防止铜中毒;维生素 E 和硒的补给,可防止铁中毒;雏鸡饲喂超量的赖氨酸引起的体重减轻,可用加喂精氨酸得以纠正;钙过剩,增加了锌的需要量。

(5)动物体机能衰退。机体年老和久病,器官功能衰退,对营养物质的吸收和利用的能力减退,常导致营养缺乏。

(6)遗传因素。如白来航鸡的隐性基因影响维生素的利用率。

☞ 276.怎样防治鸡蛋白质缺乏症?

蛋白质缺乏症主要就是由于搭配饲料中蛋白质的含量较低或品质低劣,特别是动物性蛋白质太少,不能满足需要而引起的。当然有时饲料中缺少必需的氨基酸也会引起本病。本病主要发生在雏鸡和产蛋母鸡。

【临床症状】雏鸡蛋白质缺乏症主要表现为生长发育迟缓,皮下水肿,贫血,鸡冠苍白,机体虚弱,抗病力较差,易感染其他传染病,甚至死亡。产蛋鸡缺乏时主要表现为产蛋量减少或长期不产蛋,蛋内有时可见出血点。另外,病鸡也时有食羽毛等恶癖。公鸡主要表现为精子活力降低,受精率及孵化率下降。

【防治措施】防治本病主要在于合理搭配饲料,保证蛋白质和必需氨基酸的供应量。一般来说,在鸡的日粮中蛋白质饲料的含量。雏鸡和肉用鸡应占 18%～20%,产蛋鸡占 15%～16%,其中动物性蛋白质饲料(如鱼粉等)应不少于 3%。如鸡群中发现有病鸡,应及时补给适量的蛋白质饲料和必需的氨基酸。

☞ 277.怎样防治雏鸡缺水症?

幼雏缺水症是指雏鸡出壳后,在第 1 次得到饮水之前,身体已处于比较严重的缺水状态。对雏鸡的生长发育和成活率有不可低估的影响。

【病因】由于种蛋保存时间过久,造成在保存期内失水过多。孵化条件差或技术疏忽,使种蛋在孵化期失水过多。雏鸡在出壳后 12～24 h 内未能得到饮水。这往往都是引起本病的最常见原因。

【临床症状】主要表现为绒毛、腿爪干枯无光泽,眼眶凹陷,缺乏活力,体重减轻。一般情况下,渴死的很少,多数在饮水后可恢复正常,但有一部分失水严重的,持续衰弱,抗病力较差,引起雏鸡中弱雏、死雏增多。

【防治措施】

(1)种蛋产出后,应尽快入孵。一般要求保存期不超过 5～7 天,种蛋保存环境的相对湿度应保持在 75%～80%,或将种蛋保存在塑料袋内。应注意控制环境温度不要太高。

(2)种蛋上的粪污,应当在入孵前擦去,但只能擦局部,一般不宜将整个蛋下水洗。

(3)孵化器内相对湿度要保持在 50%～60%,出雏器内应保持 60%～70%,不宜过于干燥。

(4)如果出壳时间不整齐,持续较久,对先出壳的雏鸡,应在出壳后 12～24 h 内给予饮水,以后一直供水不断。

(5)对于发生缺水的幼雏,应立即供给饮水,绝大多数在饮水后很快恢复正常。

☞ 278. 怎样防治鸡维生素 A 缺乏症?

维生素 A(V_A)是鸡生长发育所必需的营养物质,也是维持视觉、保持器官黏膜完整性所必需的物质。维生素 A 缺乏时,不仅可引起雏鸡生长发育不良,还可引起眼球变化,视觉障碍,降低呼吸道、消化道的抵抗力,容易感染疾病,造成经济损失。

【病因】维生素 A 是一种脂溶性物质,易被氧化而失效。维生素 A 在植物中以维生素 A 原(又称胡萝卜素)的形式存在,被鸡消化吸收后,在肠上皮细胞中经酶的作用转变成维生素 A。胡萝卜素在青绿饲料如豆科绿叶、绿色蔬菜以及胡萝卜、黄玉米中含量最丰富。日粮中长期缺乏这类饲料或在储存过程中遭受暴晒或风吹雨淋,使其中所含维生素 A 原被破坏,从而引起维生素 A 缺乏症。鸡群运动不足,饲料中矿物质缺乏或患有肝、胃肠疾病、寄生虫病,都可促使本病的发生。

【临床症状】雏鸡维生素 A 缺乏时一般表现精神委顿,食欲减退,生长停滞,发育不良,消瘦虚弱,羽毛松乱,走路不稳,喙和小腿部皮肤的黄色发淡或消失。两眼怕光,流出水样或乳样分泌物,有的眼睛干燥。死亡率很高。

成年鸡多为慢性经过,主要表现精神委顿,食欲减退,产蛋下降,种蛋受精率和孵化率降低,身体消瘦,冠髯苍白,羽毛无光泽,两脚无力,步态不稳,往往以尾支地,甚至伏卧地上。特征症状是病鸡眼中流出一种乳白色黏性分泌物,上下眼睑往往被粘着在一起,以后变成豆腐渣样物质,造成失明,最后角膜软化,眼球下陷,甚至穿孔,有的病鸡鼻孔中流出黏稠分泌物,造成呼吸困难,常张口呼吸,有时还伴有"咕噜"声。

【病理变化】剖检可见口、咽、食道黏膜上有许多灰白色的小结节,有时会融合成一片黄白的假膜覆盖在黏膜表面,这种假膜很易剥离，可以与白喉性鸡痘相区别。另外，肾肿大、呈灰白色，肾小管、输尿管内充满白色的尿酸盐，严重时心包、肝、脾表面均有白色尿酸盐沉积。

【防治措施】

(1)治疗。病重的成年鸡，每天可口服鱼肝油丸 1 丸，雏鸡每天滴服鱼肝油数滴，也可肌肉注射维生素 AD 注射液，每只 0.2 mL。对眼部有病的鸡，可用 2%～3%的硼酸水冲洗，并涂以抗生素软膏，每天 1 次。

(2)改善饲养管理，消除可能导致维生素 A 缺乏的各种病因，保证供给充足的维生素 A 或维生素 A 原饲料。

☞ 279. 怎样防治鸡维生素 D 缺乏症？

维生素 D(V_D)又称抗佝偻病维生素，它是鸡体进行钙、磷代谢的必需物质，可促进钙、磷的吸收，形成骨髓以及满足鸡体生长和产蛋对钙、磷的需要。因此，任何年龄的鸡对维生素 D 都很需要。

【病因】维生素 D 缺乏的主要原因是饲料中缺乏维生素 D，或鸡体光照不足，或饲料植物在生长阶段得不到充足的阳光，从而影响维生素 D 的合成，而造成维生素 D 缺乏症。

【临床症状】雏鸡发病后，表现生长迟缓，羽毛生长不良，两腿无力，走路费劲，跛行，飞节着地，或蹲伏于地。骨骼发育不全，骨端的软骨部分肿大，趾爪易弯曲，翅骨、腿骨变脆易折断，胸骨和骨盆骨发生畸形。产蛋母鸡发病后，产薄壳蛋，软壳蛋，蛋形变小，随后产蛋率下降，蛋的孵化率降低，最后产蛋完全停止。胸骨变软，腿骨关节肿大，容易骨折。有时腿麻痹，出现蹲坐姿势。

【防治措施】

(1)治疗。对维生素 D 缺乏的母鸡，可一次性大剂量喂服维生素 D_3 2 万 IU；对雏鸡，可每次滴服鱼肝油 1～2 滴，每天 2 次，连服 5 周。

(2)预防。加强饲养管理,给鸡群多晒太阳,笼养鸡可用紫外线照射。日粮中添加富含维生素 D 的饲料,如骨粉、鱼粉、甘油磷酸钙等。

☞ 280.怎样防治鸡维生素 E 缺乏症?

维生素 E(V_E)又叫生育酚,是一种很强的生理抗氧化剂,具有维持机体正常生育功能,促进生长繁殖,维持肌肉、神经结构和功能,改善血液循环状态等作用。另外,维生素 E 和微量元素硒在一定范围有着特殊密切的关系,它们既不能相互代替,又不能截然分开。因此,维生素 E 缺乏多与硒缺乏同时发生。

【病因】维生素 E 广泛存在于各种植物和颗粒谷物中,如小麦、玉米、黄豆等。如长期饲喂缺乏维生素 E 的饲料或维生素 E 遭到破坏的饲料,都可引起本病。

【临床症状】本病多发生于雏鸡和育成鸡,主要症状为脑软化症、渗出性素质和肌营养不良等特殊症状,常造成大批死亡。

(1)脑软化症。又称小鸡癫狂病,一般发生在 2～4 周龄的幼鸡,表现共济失调,两脚痉挛,头向后方或向下方挛缩,有时向侧方扭转,丧失平衡,连连拍翅,边向后仰倒,或向前冲,最后痉挛衰弱而死。

(2)渗出性素质。一般发生在 3～8 周龄的鸡,除缺乏维生素 E 外,与硒还有关系。病鸡表现头、颈、胸及大腿内侧出现皮下水肿,严重的可能发展到喙的下面。浮肿的皮肤呈红黑或蓝黑色,也有蓝紫色。有的病鸡由于腹部皮下液体积聚,致使雏鸡运动困难,站立时两脚分叉距离加大。穿刺皮肤,常流出一种蓝绿色黏性液体。

(3)肌营养不良。又称白肌病。多发生在 1 月龄前后的雏鸡,一般认为与维生素 E 和含硫氨基酸同时缺乏有关。病雏主要表现精神沉郁,消瘦衰弱,生长发育不良,羽毛松乱,行走无力,陆续死亡。剖检可见骨骼肌，尤其是胸肌的肌纤维呈淡白色条纹状。成年母鸡缺乏维生素 E 后，虽可产蛋，但孵化率显著降低，成年公鸡繁殖机能减退。

【防治措施】

(1)治疗。发现本病，应注意增喂富含维生素 E 的饲料。对于脑软化症的病雏，可每天口服维生素 E 5 U，连用 3～4 天；对于渗出性素质及白肌病的病雏，可于每千克饲料中添加维生素 E 20 U(或植物油 5 g)、亚硒酸钠 0.2 mg、蛋氨酸 2～3 g，连用 2～4 周。对于成年鸡发生维生素 E 缺乏时，可于每千克饲料中添加维生素 E 10～20 U，或植物油 5 g，或大麦芽 30～50 g，连用 2～4 周，并酌喂青料。

(2)预防。为了预防维生素 E 缺乏，平时应注意加强饲养管理，提高其抗病力，并在饲料中增加青绿饲料和带谷皮的子实饲料，或定期喂给大麦芽、谷芽、中药黄芪和植物油等富含维生素 E 的饲料。

☞ 281. 怎样防治鸡维生素 K 缺乏症？

维生素 K(V_K)又称抗出血维生素，它在机体内合成凝血酶原起催化作用。此酶原是促进血液凝固的主要物质之一。维生素 K 缺乏时，凝血时间延长，肌肉内出血。多发生于雏鸡。

【病因】饲料中缺乏维生素 K，或在饲料中加入抗球虫药或某些抗生素(土霉素、金霉素)、磺胺类药时，会阻碍机体内凝血酶原的合成来源，使机体内凝血酶原减少，凝血时间显著延长，从而引起机体内维生素 K 缺乏症。

【临床症状】鸡缺乏维生素 K 后经 2～3 周出现症状，主要表现精神委顿，蜷缩发抖，常挤堆成团，严重贫血，很快死亡。种鸡和产蛋鸡产蛋率下降，种蛋孵化率降低，胚胎死亡率增加。剖检可见胸、腿、翅部皮下及肌肉出血，有明显的出血点，腹腔内也常有血液，血液不易凝固。

【防治措施】

(1)治疗。对病鸡可按每千克饲料中添加维生素 K_3 0.5～1 mg饲喂；或用维生素 K_3 注射液肌肉注射，同时多喂些青绿饲料和动物性饲料，如鱼粉等。

(2)预防。平时应注意加强饲养管理，消除可能导致本病的一些病因，保证饲料中有充足的新鲜青绿饲料，或注意在饲料中添加适量维生素 K。另外要密切注意饲料的保管、储存，防止光照及发霉。

☞ 282.怎样防治鸡维生素 B_1 缺乏症？

维生素 B_1 又称盐酸硫胺素。它是机体内碳水化合物代谢所必需的物质。缺乏时可引起鸡食欲减退，发生多发性神经炎。

【病因】维生素 B_1 在麦芽、谷芽、酵母、麸皮、青绿饲料中含量丰富。由于长期青饲料不足或缺乏，或单纯饲喂精料，而没有添加多维素；或者饲料经加热、加碱处理，使维生素 B_1 遭受破坏等，都可引起维生素 B_1 缺乏症。雏鸡最易发生。

【临床症状】患鸡主要表现腿、脚、翅、颈等肌肉麻痹，不能站立，常把身体坐在自己屈曲的腿上。由于颈前肌肉麻痹，头向后仰，呈“观星”状或垂直坐地，倒地不起。体温下降，贫血、下痢、皮肤水肿，瘫痪死亡。

【防治措施】

(1)治疗。病鸡可按每千克体重口服盐酸硫胺素 2.5 mg，或每千克饲料中添加 2～3 mg 喂服。也可用维生素 B_1 注射液，按每千克体重 0.25～0.5 mg 肌肉注射。

(2)预防。加强饲养管理，平时多喂给富含维生素 B_1 的饲料，如新鲜青绿饲料、发芽的谷物、麸皮、米糠、酵母等。

☞ 283. 怎样防治鸡维生素 B_2 缺乏症？

维生素 B_2 又称核黄素。它在鸡体内起着调节细胞呼吸的各种氧化还原过程，对鸡生长发育和提高种蛋孵化率有着重要的作用。

【病因】饲料单纯，尤其缺乏新鲜青绿饲料，或在配合料中没有添加多维素，或饲料在日光下暴晒或遇碱性物质，致使其中大量的维生素 B_2 被破坏等，都可引起维生素 B_2 缺乏症。

【临床症状】鸡维生素 B_2 缺乏时，生长发育受阻，消化障碍，下痢，消瘦，衰弱。特征症状是趾爪向内蜷缩，不能站立行走。强逼行走时，以飞节着地，并张开翅膀，以翅尖支地，维持身体平衡。日久两腿麻痹瘫痪，失去运动能力。母鸡产蛋率明显下降，蛋的孵化率降低。剖检常见坐骨神经和臂神经显著肿胀。

【防治措施】

(1)治疗。出现轻度症状时，可按每千克体重用核黄素 20 mg，拌入饲料中喂给，连喂 1～2 周。病重的鸡也可口服核黄素，雏鸡每只每天可口服 2 mg，成年鸡可用 5～6 mg。

(2)预防。平时饲养应注意饲料的多样化，并注意饲料搭配，最好在饲料中适当添加多维素，以确保日粮中有足够的维生素 B_2。

☞ 284. 怎样防治鸡泛酸(维生素 B_3)缺乏症？

泛酸又叫抗皮炎因子，是合成辅酶 A 的重要原料，在机体的蛋白质、脂肪及碳水化合物代谢中起着重要的作用。

【病因】泛酸广泛存在于各种植物和动物组织中，极易被热和酸所破坏。它与维生素 B12 有着密切的关系，当维生素 B_{12} 缺乏时，就有可能引起泛酸缺乏症。玉米中泛酸含量较少，以玉米为主要成分的配合料如不添加多维素，可引起泛酸缺乏症。

【临床症状】雏鸡泛酸缺乏时，主要表现羽毛生长缓慢、粗糙无光泽，有的头部羽毛脱落。眼睑边缘和口角出现颗粒状破溃，形成小的结块，上下眼睑往往被黏性渗出物粘着，视力障碍。皮肤的角化上皮渐渐脱落，趾间和足底表皮剥脱，产生裂隙，病鸡疼痛，不能行走。产蛋鸡缺乏泛酸时，蛋的孵化率降低，孵化出的雏鸡弱小，生活力不强。

【防治措施】日粮中补充一些花生饼、麸皮、苜蓿、酵母、肝粉等，必要时用泛酸钙治疗，每千克饲料加 20～30 mg，连用 2 周左右。

☞ 285.怎样防治鸡维生素 B_5 缺乏症？

维生素 B_5 又名烟酸、尼克酸、维生素 PP、抗糙皮病因子，在机体碳水化合物、脂肪、蛋白质的供能反应中起着极为重要的作用，并对维持皮肤及消化器官的正常机能有重大作用。本病主要发生于幼鸡，特征症状是生长停滞，羽毛稀少，舌和口腔有深红色的炎症，故称为“黑舌病”。

【病因】天然饲料中均含有一定量的维生素 B_5，一般不会缺乏。另外，色氨酸也可以转化为烟酸。当饲料中色氨酸缺乏时，对烟酸需要量增多。而玉米中色氨酸及烟酸的含量都很少，所以配合饲料中玉米的含量过高，或长期饲喂缺乏蛋白质的饲料，饲料中蛋氨酸、胆碱等含量不足时，往往会引起烟酸缺乏症。

【临床症状】鸡缺乏维生素 B_5 时，雏鸡舌呈暗红色，口腔和食道黏膜上皮因发生炎症而呈现褐红色，两腿无力，膝关节重大，腿骨弯曲，脚、爪呈痉挛状，下痢，羽毛蓬乱。产蛋鸡引起脱毛，有时能看到足和皮肤有鳞状皮炎。

【防治措施】加强饲养管理，平时喂给富含烟酸的饲料，如大麦、米糠、麸皮、花生饼、酵母、鱼粉等。由于以玉米为主的日粮中缺乏色氨酸，而且烟酸在谷物中又呈结晶状，不易利用，因而，必须加入色氨酸较多的蛋白饲料。对病鸡，可在每千克饲料中加15～20 mg烟酸，连用3～5天即可。

☞ 286.怎样防治鸡维生素B_6缺乏症？

维生素B_6包括吡哆醇、吡哆醛和吡哆胺三种，它们之间可相互转化，其作用相同，主要是参与含硫氨基酸和色氨酸的代谢，促进机体的生长发育。同时对维持皮肤、血液、肝、肾及神经的正常功能也有一定的作用。

【病因】维生素B_6广泛存在于一般饲料中，如玉米、油饼、糠麸、青绿饲料中其含量都较为丰富，在鸡日粮中一般不需补充。但偶尔因受到强光照射、高温等应激因素的刺激，致使机体对维生素B_6的需要量增加，从而易诱发缺乏症。

【临床症状】雏鸡维生素B_6缺乏时，一般表现为食欲减退，生长发育不良，羽毛粗乱，行走时呈急剧的反跳运动。严重时表现为兴奋性增强，盲目奔跑，或呈急跳，或扑动双翅倒向一侧，翻滚在地，头脚急剧摆动，有时可发生休克，最后痉挛衰竭而死。成年鸡则表现食欲减退，机体消瘦，产蛋率和孵化率明显下降。

【防治措施】发生本病时，要注意饲喂酵母、糠麸、油饼等富含维生素B_6的饲料。雏鸡最好配合饲喂一定量的青绿饲料，必要时于每千克饲料中添加3～4 mg的维生素B_6。平时应加强饲养管理，尽量避免各种应激因素。

☞ 287.怎样防治鸡维生素B_{11}缺乏症？

维生素B_{11}又称为叶酸，其主要功能是参与鸡体核酸的代谢和蛋白质的合成，促进红细胞血红蛋白的生成及红细胞、白细胞的成熟。以雏鸡发病为多见。

【病因】一般情况下，青绿饲料、麦麸、苜蓿、肝粉中维生素 B_{11} 含量较高，但在玉米中含量很少，所以在鸡饲料中玉米配量太多或长期饲喂以玉米为主的饲料时，以及饲料储存不当，特别是遇到强光暴晒后，饲料中的大量维生素 B_{11} 被破坏，就会发生叶酸缺乏症。另外，胃肠机能减退或滥用药物也可诱发此病。

【临床症状】雏鸡缺乏维生素 B_{11} 时，一般表现为生长发育迟缓，贫血，消瘦，头颈部肌肉麻痹，导致头抬不起来，向前伸直下垂。羽毛生长不良，稀少，有色羽品种的羽毛出现色素不足，出现白羽。成年鸡缺乏时，一般表现为产蛋率及蛋的孵化率有不同程度的下降。

【防治措施】发生本病时，应注意多喂一些青绿饲料，有条件的可添加一些酵母、肝粉等，另外还可于饲料中添加适量含维生素 B_{11} 的多维素。必要时可于每千克饲料中加入 50 mg 左右的维生素 B_{11}。对病鸡也可每只鸡肌肉注射叶酸 50～100 μg，连用 7 天。平时预防应注意饲料的合理搭配，特别在喂玉米料为主时，要搭配一些富含维生素 B_{11} 的其他饲料。

☞ 288.怎样防治鸡维生素 C 缺乏症？

维生素 C 又称抗坏血酸、抗坏血酸维生素，是一种很好的还原剂，其作用相当广泛，体内的维生素 C 可参与细胞间质中胶原和黏多糖的合成，维持毛细血管、骨骼、牙齿、肌肉及其他组织器官的正常机能，同时，维生素 C 还有解毒作用，能增强机体的抵抗力，维持机体细胞的正常代谢，调节机体的生命活动。

【病因】维生素 C 广泛存在于一般的动植物性饲料中，另外，动物机体可以利用单糖合成部分自身必需的维生素 C，故一般不会缺乏。但在高温、长途运输及其他一些应激因素的影响下，维生素 C 需要量显著增加，这种情况下容易引起维生素 C 缺乏。

【临床症状】鸡维生素 C 缺乏时，一般表现为精神委顿，消瘦，贫血，生长发育迟缓，皮肤、黏膜出血，严重缺乏时可见皮下、肌肉、关节有明显出血现象。

【防治措施】加强饲养管理，尽量减少一些应激因素，多喂一些青绿饲料，以补充小麦、玉米、豆饼、酵母等饲料中维生素 C 不足的现象，必要时可于每千克饲料中添加维生素 C 0.1～0.2 g。

☞ 289. 怎样防治鸡维生素 B_{12} 缺乏症？

维生素 B_{12} 又称氰钴胺、钴胺素，是维持鸡的正常生长和健康所必需的一种含钴化合物。因其主要由微生物来合成，所以称为动物蛋白因子。虽然鸡肠道内微生物能合成维生素 B_{12}，但鸡的需要量较大，一般不能满足要求，必须经饲料中补充。

【病因】配合饲料中缺乏动物性饲料，或多维素添加量不足或质量低劣，从而引起缺乏症。

【临床症状】鸡维生素 B_{12} 缺乏时，一般无明显的特征症状，雏鸡主要表现为食欲减退，生长发育不良，消瘦，贫血，缺乏旺盛的活力，最后往往衰竭死亡。成年鸡产蛋量减少，蛋形变小，蛋壳无光泽，孵化率降低，一般孵化到后期时，多数鸡胚会死亡。

【防治措施】发生本病时应注意多喂一些动物性饲料，如鱼粉、肝粉、骨粉等，同时于饲料中添加适量优质的多维素，必要时可于每千克饲料中添加维生素 B_{12} 4～10 μg 及适量的氯化钴。重病鸡可直接肌肉注射维生素 B_{12} 每次每只 2～4 μg，1 天 1 次，连用数天。平时预防应着重于补充动物性饲料或多维素。

☞ 290. 怎样防治鸡钙缺乏症？

钙是鸡体内很重要的一种常量元素，大约 99%用于构成骨骼和蛋壳，其余分布于细胞和体液中，对维持神经、肌肉、心脏的正常功能及体内酸碱平衡、促进内伤口血液迅速凝固等具有重要作用。

【病因】饲料中含钙不足，或饲料中含磷过多或钙、磷比例失调，影响钙的吸收，或缺乏维生素D等，均可发生缺钙症。

【临床症状】雏鸡缺钙时，主要表现生长发育迟缓，骨骼发育不良、质脆易折断，或变软易弯曲，严重时两腿变形外展，关节肿大，站立不稳，与维生素D缺乏症相似。成年蛋鸡缺乏时最初产薄壳蛋或软壳蛋，蛋壳易破碎，产蛋减少，继而骨骼变松变脆，导致自发性骨折。

【防治措施】加强饲养管理，调整日粮中营养成分的比例，适量添加鱼粉、骨粉、贝壳粉或石粉，以保证钙的含量，并增加运动和光照。一般雏鸡要求饲料中含鱼粉5%～7%，骨粉1.5%～1.8%，贝壳粉0.5%。产蛋鸡从18周龄左右开始，贝壳粉应增加到2%；20周龄后进入产蛋期时，要求饲料中含骨粉1.5%、贝壳粉5.5%；38周龄后及天气炎热时，贝壳粉可加至6.5%。

在防治钙缺乏时，应注意防止钙质过多。过多的钙质会形成钙盐在肾脏中沉积，损害肾脏，阻碍尿酸排出，促进痛风病的发生。成年鸡还会出现采食、产蛋减少，蛋壳上有钙质颗粒，蛋的两端粗糙等现象。

☞ 291. 怎样防治鸡磷缺乏症？

磷也是鸡体内很重要的一种常量元素，有8%左右同钙一起参与构成骨骼、蛋壳成分，其余分布在全身组织中，可参与磷脂、核酸和某些酶的组成，具有广泛的生理作用。

【病因】长期单纯饲喂一些谷物饲料，或配合饲料中骨粉、鱼粉缺乏，再加上维生素D缺乏，往往会引起磷缺乏症。

【临床症状】鸡磷缺乏时，主要表现为厌食，倦怠，生长发育迟缓，骨骼发育不良。严重时的表现与钙缺乏相似。

【防治措施】防治本病主要应注意调整饲料中磷的含量，一般要求饲料中含有效磷0.4%～0.55%，雏鸡应略多点，产蛋鸡略少，具体防治办法同钙缺乏症。但防治过程中也应注意防止磷过量，如果过量往往会妨碍机体对钙的吸收利用。

☞ 292. 怎样防治鸡氯化钠（食盐）缺乏症？

氯化钠即食盐，其中钠以氯化钠、碳酸钠、磷酸钠的形式存在于鸡的血液和体液中，调节酸碱度，并与钾和钙维持固有平衡关系，调节心脏活动。氯的主要功能是维持渗透压和酸碱平衡，同时也参与胃酸（盐酸）的形成。

【病因】给鸡饲喂不加食盐的饲料，就有可能会导致食盐缺乏症。

【临床症状】雏鸡食盐缺乏时，一般表现为食欲减退，饲料的消化利用率降低，生长停滞，常有异嗜，并出现典型的神经症状，当病鸡受惊时，躯体向前倒，两脚向后伸，不能站立，经数分钟可恢复正常，再次受惊时上述症状又重复出现，有时休克死亡。成年蛋鸡缺乏时，产蛋率下降，蛋形变小，孵化率降低。

【防治措施】防治本病主要应注意饲料中食盐含量。一般鸡对食盐的需要量占饲料的 0.25%～0.6%，以 0.37%左右最为适宜。但不能过量，以防引起中毒。

☞ 293. 怎样防治鸡锰缺乏症？

鸡锰缺乏症又称为脱腱症、骨短粗症、滑动腱、膝关节病。锰是鸡生长繁殖必需的微量元素，对骨骼生长、蛋壳形成、胚胎发育及能量代谢都具有重要作用。

【病因】饲料中缺锰，或饲料中钙、磷含量过多，影响肠道内对锰的吸收，以及维生素不足，使机体对锰的需要量增加等，往往会导致缺锰症。

【临床症状】雏鸡缺锰主要表现为腿骨粗短，飞关节肿胀、扭转，胫骨、跖骨弯曲变形，运动失调。成年鸡产蛋量显著减少，蛋壳薄易破碎，种蛋入孵后胚胎发育不良，多在出雏前 1～2 天大批死亡。

本病应注意与软骨病相区别，软骨病的病鸡骨骼钙化不全，骨质柔软，而本病虽然骨骼变形，但钙化完全，骨质坚硬。

【防治措施】防治本病主要在于补充锰制剂，一般可于每50 kg饲料中添加硫酸锰10～12 g，同时适量饲喂一些青饲料。在没有硫酸锰的情况下，也可以用0.02%的高锰酸钾溶液作饮水，每天更换2～3次，用2天停2天，再用2天，如此反复几次。对腿骨变形严重者，应予淘汰。

☞ 294.怎样防治鸡硒缺乏症？

硒是鸡的必需矿物质元素，主要生理功能是与维生素E协同阻止体内某些代谢产物对细胞膜的氧化作用，保持细胞膜不受损害，维持细胞的正常代谢。此外，硒还具有提高蛋的孵化率、刺激免疫球蛋白形成、增强机体抗病力的作用。硒与维生素E在含量上有相互补偿的作用，在功能上有相互协调的关系，但两者不能相互代替。

【病因】正常情况下，每千克饲料中含0.1 mg左右的硒就能满足鸡的需要。植物性饲料中的含硒量与土壤有很大关系。我国多数地区饲料中的含硒量较低。如果饲料中含硒量不足，而添加量又不足或含量达不到标准，或质量低劣，往往就会导致硒缺乏。

【临床症状】硒缺乏症主要发生在雏鸡。轻度缺乏时，一般表现为精神沉郁，食欲减退，羽毛蓬松、无光泽，生长发育不良，死亡率较高；严重缺乏时，特别是同时缺乏维生素E的，一般在2～3周龄开始发生，高峰在3～6周龄，病鸡翅下、胸腹及腿部皮下出现水肿，呈蓝绿色。同时，还表现缩颈，垂翅，冠髯苍白，两腿发软，站立和运动障碍，甚至蹲地不起，排绿褐色或乳白色粪便，最后常衰竭死亡。

【防治措施】加强饲养管理，平时要注意在饲料中适当添加含硒的优质微量元素添加剂。对病鸡,可于每千克饲料中加亚硒酸钠 0.2 mg 饲喂。但不宜超过 5 mg,以免发生中毒现象。中毒雏鸡表现为生长受阻,羽毛松乱,神经过敏,性成熟延迟;种鸡表现为蛋入孵后出现大量畸形胚胎,孵化率大大降低。

☞ 295.怎样防治鸡锌缺乏症?

锌是动物生命活动所必需的一种微量元素,具有广泛的生理功能,在体内参与构成和激活多种酶,同时也是胰岛素的组成成分,与蛋白质、核酸和糖代谢密切相关。另外,锌还具有促进鸡生长发育的作用。

【病因】一般植物性饲料中的含锌量较低,动物性饲料中的含锌量较高,如果长期单纯喂以大豆、籽饼等为主的植物性饲料,而没有添加微量元素添加剂,则有可能会导致锌缺乏。另外,饲料中钙、磷含量过多,不饱和脂肪酸缺乏,往往会抑制锌的吸收和利用,与本病也密切相关。

【临床症状】雏鸡缺乏锌时,表现为食欲不振,生长停滞,贫血,羽毛粗乱、不丰满、质地差、易磨损,体质衰弱,长骨粗短,有时弯曲,飞关节增大、僵硬,两腿无力,步态不稳,皮肤鳞屑增多,足趾更为显著。成年鸡严重缺锌时,羽毛也会缺损,产出的蛋蛋壳较薄,入孵后胚胎骨骼不能正常发育,成为畸形胚,出孵率较低,幼鸡体质差。

【防治措施】加强饲养管理,平时应注意饲料搭配,可于饲料中适量添加微量元素添加剂,并配合肉粉、骨粉、谷类等饲料,保证每千克饲料中含锌在 65 mg 左右。对病鸡,可于每千克饲料中加氧化锌 0.1~0.2 mg。但不能过量,过量会对铁、铜的利用产生抑制作用。

☞ 296.怎样防治鸡铁缺乏症?

铁是动物体内所必需的微量元素,是多种含铁蛋白及酶的组成成分,主要参与血红蛋白的合成及机体的能量代谢,同时,铁还是鸡形成羽毛色素的必需物质。

【病因】饲料中缺乏含铁微量元素,或添加低劣的添加剂,则有可能会引起铁缺乏症。另外,饲料中维生素 B_6 缺乏,也会使机体对铁的吸收减少。产蛋鸡对铁的需要量较大,每千克饲料含铁 80 mg,才能满足鸡对铁的需要。

【临床症状】鸡体缺铁时,主要表现贫血,生长发育不良,羽毛缺乏色素,颜色变淡,并且缺乏光泽,血液中血细胞数目减少,血红蛋白含量降低。

【防治措施】加强饲养管理,平时应注意饲料搭配,保证供给适量的动物性饲料。有条件的可添加适量的含铁微量元素。对病鸡,可在每千克饲料中拌入硫酸亚铁 130～200 mg;也可用硫酸亚铁 100 g、硫酸铜 12 g、糖浆 500 mL 混合,每只鸡口服 1 滴,或加 3 倍水,让鸡自饮。

☞ 297.怎样防治鸡镁缺乏症?

镁是动物机体所必需的常量元素,也是形成骨骼的必需元素。在鸡体内约有 70%的镁与钙、磷共同构成骨骼,蛋壳中含镁约 0.4%,体液中的镁对碳水化合物的代谢和许多酶的活化是必不可少的。此外,镁对维持神经、肌肉的正常机能活动也起着很大的作用。

【病因】一般饲料中的镁都可满足机体的正常需要,但如有的地区土壤中镁含量少或缺镁,或日粮中钙、镁比例失调,都会引起镁缺乏。

【临床症状】雏鸡镁缺乏时,一般表现食欲丧失,羽毛蓬乱,生长缓慢，颤栗，肌肉震颤、痉挛，严重时气喘，惊厥，昏迷，甚至死亡。成年鸡缺乏时，也表现有肌肉震颤现象，并且产蛋减少，蛋壳变薄，骨质疏松等。

【防治措施】一般饲料中都可以满足鸡对镁的需要，不必添加。但应注意调整饲料中钙、磷、镁的比例，保证饲料中含镁量不低于 0.04%，必要时可于饲料中加入适量的镁制剂（硫酸镁或氧化镁）。同时又要防止饲料中含镁过量，以免发生镁过多症。镁过多会引起中枢抑制、下痢等症状。

☞ 298.怎样防治鸡碘缺乏症？

碘是甲状腺素的主要成分，主要存在于甲状腺中，以维持其正常功能，甲状腺素几乎参与所有的物质代谢过程，具有调节代谢和产生热量的作用，另外，还能促进胚胎发育和雏鸡生长。

【病因】海鱼粉和海产贝壳粉中含有丰富的碘，沿海地区的土壤和水以及这些地区生产的饲料中也含有一定的碘。如果配料时没有添加鱼粉和海产贝壳粉，特别是在一些缺碘地区（如东北部地区），由于土壤缺碘，饲料中又不添加微量元素添加剂，或添加剂量不可靠，则很可能引起碘的缺乏。

【临床症状】鸡体内缺碘时，主要表现为甲状腺肿大，功能低下，生长发育受阻，嗜眠，羽毛不丰满，体重下降。产蛋鸡除表现为甲状腺肿大外，其产蛋量下降，所产蛋孵出的雏鸡还会出现先天性甲状腺肿大。孵化后期的胚胎会发生死亡，孵化时间延长，胚胎变小，卵黄囊的吸收迟缓。

【防治措施】在一些缺碘地区，应注意于饲料中适当添加含碘的微量元素添加剂，以保证每千克饲料中含碘不低于 0.35 mg。一般可于每千克饲料中添加碘化钾 0.46 g，或在配料时用碘化食盐，其在饲料中的含量占 0.3%～0.5%。在缺碘严重的地区于每千克饲料中加入碘化钾 1～2 mg，治疗时碘化钾含量一般添加到

0.25%。

☞ 299.怎样防治鸡钼缺乏症?

钼在鸡体内是组成许多辅酶的成分,与铁的代谢密切相关,能催化肝脏铁蛋白中的铁的释放,加速铁进入血浆的过程。钼缺乏时,主要引起蛋白质代谢障碍。

【病因】鸡对钼的需要量尚无一致的意见,不过一般日粮即可以满足机体对钼的要求。钼和钨有拮抗关系,在不含钨的饲料中加入钼才能更好地发挥作用。另外,钼和铜有相互置换的关系,在低铜的日粮中加入往往可以避免铜缺乏引起的不良后果。一般日粮中保证有 5 mg/kg 的钼即可满足需要,过多反而会干扰铜。

【临床症状】鸡体内缺钼,会引起蛋白质代谢发生障碍,使各种含氮有机物在体内的最终代谢产物不能形成尿酸,而蓄积于体内,使鸡中毒。若鸡摄钼过多,主要表现顽固性下痢,精神沉郁,消瘦,贫血,体质虚弱,体重减轻,羽毛粗乱、无光泽。蛋鸡产蛋量下降,出现畸形蛋。

【防治措施】雏鸡缺钼时,可于每千克饲料中添加钼 1.0 mg 饲喂;产蛋母鸡缺乏时,可口服或静脉(翅静脉、趾静脉均可)注射铜盐治疗。

☞ 300.怎样防治鸡生物素缺乏症?

鸡生物素缺乏症是由于维生素 H 缺乏致使羧化酶的合成减少,导致糖、脂肪、蛋白质代谢障碍而引起的一种疾病,常见于雏鸡。

【病因】因肉仔鸡对生物素缺乏比较敏感,当日粮中谷物及其副产品的量占 75%以上而没有添加生物素时,易导致其缺乏;生蛋清内含生物素拮抗因子(抗生物素朊),有啄蛋癖的鸡由于吞食生蛋清可导致生物素缺乏。生物素在常温下不易被酸、碱、光等破坏，但高温和氧化剂可使其丧失活性。虽然生物素广泛存在于动植物饲料中，但麦类所含生物素不易被鸡吸收利用。鸡对生物素的需要量为：雏鸡、种鸡每千克饲料 0.15 mg，大雏、产蛋鸡为 1 mg。

【临床症状】雏鸡缺乏生物素时主要表现脚（趾爪）、喙基部、眼周围皮肤发生渗出性炎症和结痂，羽毛生长不良，骨骼发育受阻而呈现短骨，其胫骨很短，密度异常。种鸡缺乏时产蛋率一般不下降，但蛋孵化率降低，鸡胚发育不良，先天性骨短粗，软骨营养障碍。鸡胚可发育成并趾，3～4 趾长为"蹼"，又称"并趾症"。

【防治措施】发现病鸡，可口服或注射 4～6 μg 生物素，其后正常供给含维生素丰富的饲料，或增加多种维生素的数量。一般种鸡需要生物素量比生长鸡大得多，特别在应激和喂麦类、鱼粉、肉粉等时更应供应充足。平时可多喂些含维生素较多的饲料（如豆饼、玉米胚芽、米糠、苜蓿、啤酒酵母等）作为预防。

☞ 301. 怎样防治鸡痛风病？

鸡痛风病，又称尿石症、中毒性肾炎、肾性痛风等。是由于机体内蛋白质代谢障碍，血液中蓄积大量尿酸，在内脏、骨关节等发生尿酸盐沉积的一种鸡尿酸血症。本病主要危害 3～12 周龄的肉用仔鸡，成年鸡和产蛋鸡也有发生。

【病因】

（1）长期饲喂富含蛋白质的饲料，如喂过多的肉渣、鱼粉、动物内脏、豆饼等。

（2）饲料中缺乏充足的维生素 A 和维生素 D，或饲料中矿物质含量配合不当，含钙过多。

（3）育雏温度偏低，鸡舍拥挤、潮湿，饮水不足，缺乏运动等。

（4）肾脏机能障碍，如磺胺类药物用量过大、疗程过长，损害肾脏易引起发病。

【临床症状】由于尿酸盐在体内沉积的部位不同,可分为关节型和内脏型两种,有时可以同时发生,鸡群中常见的为内脏型。

(1)内脏型。病鸡表现为精神委顿,食欲减退,逐渐消瘦,鸡冠发白,粪便稀薄,并含有大量白色尿酸盐,呈淀粉糊样。母鸡产蛋减少,甚至停止。

(2)关节型。病鸡脚趾和腿部关节腔内因尿酸盐沉积,而使关节肿胀、疼痛、变软,关节和脚趾显著变形,活动困难,出现跛行。

【病理变化】剖检内脏型痛风可见肾肿大,颜色变淡,表面有尿酸盐沉着所形成的白色斑点,输尿管明显变粗,管内充满石灰样沉积物,严重时在胸膜、肠系膜和内脏表面,都覆盖一层白色似薄膜状的尿酸盐。关节型的可见关节内充满白色的尿酸盐,有时关节组织也会发生溃烂、坏死。

【防治措施】

(1)治疗。鸡群中发生痛风时,应立即找出病因,加以消除,在此基础上适量增加饲料中的多维素用量,减少蛋白质的用量,并供给充足的饮水,有可能再增喂一些青饲料,一般可以控制发病和死亡。

(2)预防。注意饲料中蛋白质的含量不宜过高,不宜长期单一饲喂某种饲料,注意补充维生素A、维生素D,不宜长期大量服用磺胺类药物,保持鸡舍干燥,保证充足饮水,鸡群应有适当的运动。

☞ 302.怎样防治鸡脂肪肝出血综合征?

鸡脂肪肝出血综合征,又称脂肝病,是由于鸡体内脂肪代谢障碍,大量脂肪沉积于肝脏,导致肝脏发生脂肪变性的一种疾病。主要发生于笼养产蛋母鸡,以及某些品种的肉用仔鸡。

【病因】

(1)日粮中碳水化合物饲料过多,或饲料中蛋白质含量过高,转化为脂肪,而某些营养成分又不足。如饲料中玉米比例过大,蛋氨酸、胆碱、维生素 B_{12} 及生物素等物质缺乏，运动受到限制等，都会促使本病发生。

(2)由于长期应用发霉的花生饼或其他变质饲料，因黄曲霉毒素刺激，引起肝脏发生脂肪变性。

【临床症状】本病在鸡群中发生时，大多数鸡精神、食欲尚好，但明显肥胖，体重增加，产蛋鸡群产蛋下降，或停止产蛋。个别鸡可能突然死亡，其死亡多为肝脏破裂。

【病理变化】剖检时发现肝脏肿大，肝包膜破裂，肝脏表面和腹腔中有凝血块，肝脏色泽变黄，质地很脆弱，肝的表面有小的出血点。腹腔和肠的表面有脂肪组织沉着。

【防治措施】

(1)治疗。发生本病时，要尽可能找出病因，加以消除，改换饲料比例，并于每千克饲料中添加维生素 E 10 U、氯化胆碱 1 g、维生素 B_{12} 适量，连用 2～4 周或更长时间。也可每只鸡内服氯化胆碱 0.1～0.2 g，连用 10 天。

(2)预防。合理搭配饲料，使各种营养物质既能满足生理需要，又不过剩，同时要注意补充蛋氨酸和胆碱。

☞ 303.怎样防治笼养蛋鸡骨质疏松症(疲劳症)?

笼养蛋鸡骨质疏松症，又称产蛋鸡笼养疲劳症、瘫痪症或腿病，是指产蛋母鸡骨骼明显变脆，腿软无力，肋骨、肋软骨结合处出现念珠状病变的一种疾病。常在夏季笼养高产蛋鸡群中发生。

【病因】由于饲料中缺磷或钙、磷比例失调，维生素 D 缺乏及笼舍内活动余地太小，母鸡长期站立，运动不足等因素，都可导致本病的发生。

【临床症状】本病的特征是病鸡腿软无力，不能站立。病初食欲尚好，产蛋基本正常，随之站立困难，常蹲伏不起，两腿麻痹，骨质疏松、变脆，易发生骨折，肌肉松弛，翅膀下垂，胸骨凹陷，最后因脱水、消瘦、衰竭而死。越是高产的蛋鸡，越容易发生瘫痪，无明显症状的母鸡，所产的蛋蛋壳薄，质量差。

【病理变化】剖检可见其肋骨与胸廓变形，椎肋与胸肋交接处呈串珠状，腿骨薄而脆。

【防治措施】

(1)治疗。发现病鸡，可将其移至平地上放养，病鸡只要腿脚没有严重畸形或伤残，大多可自然康复。

(2)预防。加强饲养管理，调整日粮中钙、磷比例，注意补给骨粉、贝壳粉以及含钙、磷多的饲料，使日粮中钙的含量不低于3.2%～3.5%，有效磷保持在0.4%～0.42%，并适当补充维生素D和其他矿物质。另外，日粮中可适当增加2%～3%的脂肪或植物油，并给以充足的光照，保持环境安静，减少应激等，可有效地防止本病的发生。

304.怎样防治鸡脂肪肝-肾综合征？

脂肪肝-肾综合征主要见于生长良好的肉用仔鸡，发病大多在3～5周龄，死亡率一般不超过6%。

【病因】引起本病的确切因素还不很清楚，可能由于饲料中的营养代谢失调所致，一般认为主要是喂过多的低脂肪及低蛋白饲料，特别是以小麦为主要成分作为饲料时，更易发生，同时认为其发生与生物素缺乏也密切相关。

【临床症状】病鸡主要表现为嗜睡，胸部、颈部肌肉麻痹，头颈下垂无力，继而头着地伏下，在几小时内死亡，其余鸡往往生长缓慢。

【病理变化】剖检可见肝脏、肾脏和其他组织中存有大量脂肪，肝、肾肿大，肝脏呈青白色，有小出血点，肾脏变成各种各样的颜色，体脂肪呈粉红色，心脏也呈苍白色，心肌脂肪组织往往呈淡红色，肌胃和小肠内有黑色液体滞留。

【防治措施】平时应注意增加蛋白质饲料和含脂肪多的黄豆饼、鱼粉、肉粉等饲料，有条件的酌喂一些酵母粉，多喂一些青绿饲料。发病的鸡群，除增加上述饲料外，可于每千克饲料中添加生物素 0.1～0.2 mg，具有很好的治疗效果。

☞ 305. 怎样防治肉鸡猝死综合征？

肉鸡猝死综合征又称暴死症或急性死亡综合征。其特点是发病急，突发性死亡。发病鸡群死亡率不太高，但惊吓、噪声、饲喂活动及气候突变等应激因素均可使死亡率增加。本病多发生于肉用仔鸡，肉用种鸡、产蛋鸡也常有发生。1～8 周龄的肉用仔鸡发病率最高，3～5 周龄为高峰，死亡率从 5%～40%不等，一年四季均可发生。

【病因】目前一般认为该病可能是一种代谢病，其发病原因与遗传、营养、日粮、酸碱平衡和环境等多种因素有关。大多数生长发育良好、生长速度快的现代肉鸡品系比较多发，公鸡比母鸡发病率高。日粮中蛋白质和脂肪水平过高，维生素与矿物质搭配不合理，也可能引起肉鸡猝死。另外，该病还与饲养密度、垫料平养、光照等多种因素有关。

【临床症状】本病主要特征是肌肉丰满、外表健康的鸡常突然发生。发病鸡在临死前几分钟都不表现有任何临床症状或异常行为。发作的特征是平衡失调、惊厥和强烈拍打翅膀，有的尖叫。大多数鸡死于背卧姿势，一腿或双腿外伸或竖起。有些鸡却在伏卧或侧卧时死亡。大多数病鸡死于饲喂时间。

【病理变化】死于本病的鸡体况多良好，剖检多无感染和压死迹象；肺脏淤血、水肿，右心房淤血、扩张，心包液增多。鸡冠、肉髯和泄殖腔充血，肌肉组织苍白。

【防治措施】

(1)治疗。本病无有效治疗方法。对发病鸡群，可试用碳酸氢钾进行治疗。一般按 0.62 g/kg 饮用碳酸氢钾水，或在饲料中添加 3.6 kg/t 碳酸氢钾，可明显降低死亡率。

(2)预防。加强饲养管理，平时可采用光照强度低的渐增光照程序，以玉米和植物油作为日粮的能量来源。在饲料中添加 0.3 mg/kg饲料以上的生物素，可减少发病率和死亡率。

☞ 306.鸡中毒性疾病发生的原因和防治原则是什么？

鸡中毒病是指有毒的物质或毒素进入鸡体内所引起的疾病。

【病因】

(1)给鸡饲喂了劣质、霉败、含有毒素及污染的饲料。

(2)鸡误食了拌有农药的种子，或误食了有毒的消毒药水。

(3)由于环境有毒因素的污染，而使饮水、饲料中某些矿物质过高，引起鸡体内的一些矿物质含量超过正常需要量。

(4)人为的投毒破坏也是鸡中毒的一个原因。

【防治原则】

(1)不用含毒的饲料喂鸡。某些含毒的饼渣类饲料(如棉子饼等)应进行脱毒处理后再使用。

(2)加强对农药、毒鼠药、外用杀虫药及化学肥料的管理，建立严格的管理制度，防止滥用、误用这些药物引起中毒。

(3)合理选择药物和正确掌握剂量、浓度和使用方法，防止用药过量和用药不当。

(4)发现鸡中毒时应立即停止饲喂可疑有毒的饲料、饮水或药物等，使病鸡尽快离开被毒物污染的环境。并采取措施尽快排除进入体内的毒物，如可用洗胃法和泻下法。

(5)为破坏和阻止毒物的吸收,可用吸附剂、沉淀剂使毒物变为无害的结合物而排出。也可应用中和原理,如用碱性药物中和酸性毒物中毒,或用酸性药物中和碱性毒物中毒。

(6)根据中毒的性质,选择具有特效药物进行解毒。

(7)鸡发生中毒时,会出现各内脏器官的机能紊乱,可选用对症疗法,并投给一定的抗菌药物,防止继发感染。

☞ 307.怎样防治鸡磺胺类药物中毒?

磺胺类药物是防治鸡细菌性疾病和球虫病的常用药物,但应用不当时,常会引起中毒的发生,以雏鸡的敏感性较高。

【病因】引起中毒的主要原因与药物的剂量、使用时间及鸡的年龄有关。若一次误服大剂量的药物,或连续用药时间在 7 天以上,都能引起严重中毒。此外,幼龄、体质瘦弱的鸡或饲料中缺乏维生素 K 时,更易引起中毒。

【临床症状】中毒病鸡表现为精神委顿,羽毛松乱,食欲减退或废绝,烦渴,全身虚弱,生长停滞,贫血,黄疸,下痢,粪便呈酱油色,有时也呈灰白色,呼吸困难,冠髯发紫,产蛋鸡产蛋量急剧减少,出现软壳蛋或薄壳蛋,蛋壳粗糙,部分鸡会死亡。急性病例有时还表现有兴奋、摇头、惊厥、麻痹等神经症状。

【病理变化】剖检可见皮下、胸肌及腿内侧肌肉有点状或斑状出血,腺胃、肌胃角质膜下及肠管黏膜有出血,肝脏肿大,呈紫红或黄褐色,有出血斑点,胆囊扩张,脾肿大,肾脏肿大,呈土黄色,有出血斑,输卵管变粗,充满了白色尿酸盐,心包积液,心外膜出血,血液稀薄,凝血时间延长。

【防治措施】

(1)治疗。发现中毒,应立即停止用药,并供给充足的饮水,也可饮用 1%～2%的小苏打溶液或 5%的葡萄糖水,每千克饲料中添加维生素 C 0.2 g,维生素 K_3 5 mg,同时,注意适当添加多维素或复合维生素 B。症状严重的鸡，还可口服维生素 C 25～50 mg，或肌肉注射 50 mg。

(2)预防。使用磺胺类药物时，应尽量选用在肠道内吸收率低的磺胺类药物，用量要准确，搅拌应均匀，连续用药时间一般不超过 5 天。同时应注意提高饲料中维生素 B 和维生素 K 的含量，用药期间，务必供给充足的饮水。1 月龄以下的雏鸡和产蛋鸡，应尽量避免使用磺胺类药物。

☞ 308.怎样防治鸡呋喃类药物中毒?

呋喃类药物有呋喃西林、呋喃唑酮等。呋喃西林多为外用，常引起中毒的多为呋喃唑酮。呋喃唑酮又名痢特灵，以往常用于进行鸡的疾病防治。该药用量过大或时间过长，会发生中毒，若剂量达到 0.1%，鸡就会死亡。因此现在已禁止使用。以雏鸡发病多见。

【临床症状】中毒后雏鸡主要表现精神委靡，有的病雏兴奋不安，鸣叫不止，羽毛松乱，口渴，不食，随后出现神经症状，向前冲撞，运动失调，步态不稳，扭颈，翅膀僵硬，做旋转运动，无目的的飞行及角弓反张，阵发性抽搐等，不久后死亡。慢性中毒的病雏鸡生长迟缓，发育停止。

【病理变化】剖检可见口腔、胃肠中有黄色黏液，肌胃角膜易脱落，肺淤血，有轻重不等的出血性肠炎，心肌变性有出血点，肝脏充血肿大。

【防治措施】对鸡呋喃唑酮中毒，没有特效的治疗方法，只有禁止使用。如发现中毒现象，应立即停药，并给予 0.5%～1%的百毒解饮水，连用 5 天，或每只鸡每天给予 25 g 的维生素 B_1 和 25～30 g的维生素 C。在投药的同时，供给大量的饮水，水中最好加入少量的葡萄糖或红糖。

☞ 309.怎样防治鸡喹乙醇中毒?

喹乙醇作为饲料添加剂,既有抗菌助长、促进增重的作用,同时还有防治大肠杆菌病和沙门氏菌病等作用。在养鸡业中应用较为广泛,但使用不当,就会发生中毒。目前已被国家列入禁用限用兽药名录。

【病因】由于添加剂量过大,或连续使用时间过长,或拌料不均匀等都会引起中毒。若一次内服 50 mg/kg,连用可中毒死亡。

【临床症状】鸡中毒后主要表现精神沉郁,缩颈闭眼,羽毛蓬松,行走步态不稳,食欲减少,甚至废食,拉白色稀粪,出现症状后1～3 天内死亡。死亡前有的出现拍翅挣扎、尖叫等症状。

【病理变化】剖检死鸡,可见肝肿大色暗红且质脆,有的肝脏上有黄色坏死块,心脏外膜和心冠脂肪有严重出血点,肾脏肿大、淤血、变紫色,腺胃和肌胃黏膜出血和溃烂,肠有卡他性出血性炎症,十二指肠和直肠黏膜可见点状出血。

【防治措施】加强饲养管理,不用喹乙醇做添加剂。发现喹乙醇中毒,要立即停喂,并充分喂给 5%的葡萄糖水,加喂复合维生素。

☞ 310.怎样防治鸡食盐中毒?

食盐是鸡日常饲料中必需的营养物质。喂给适量的食盐可增进食欲,帮助消化,增强体质。但摄入量过多时,会引起中毒。幼鸡比成年鸡易发生。

【病因】

(1)配合饲料中咸鱼粉、鱼干或其他一些含盐多的副产品比例过高,或饲料中食盐添加量过大。一般鸡对食盐的需要量占饲料的 0.2%～0.5%,当饲料中食盐量达 3%时,鸡就会大批中毒死亡。

(2)饲料中某些营养物质缺乏,如维生素 E、含硫氨基酸、钙、镁等缺乏时,能增强鸡对食盐的敏感性。

(3)鸡饮水量不足时,对食盐的耐受力也会降低。

【临床特征】轻度中毒鸡表现为饮水增多,粪便稀薄或混有稀水;严重中毒时,表现为精神委顿,食欲废绝,饮欲强烈,无休止地饮水,嗉囊扩张膨大,口鼻中流出黏性分泌物,腹泻如稀水。运动失调,两脚无力,行走困难,甚至完全瘫痪。后期呼吸困难,嘴不断张合,有时肌肉抽搐,头颈弯曲,胸腹朝天,仰卧挣扎,最后呈昏迷状态,虚脱死亡。

【病理变化】剖检可见嗉囊充满黏液,黏膜脱落,腺胃黏膜充血,有时形成假膜,小肠黏膜充血、出血,腹腔和心包积水,心肌、心冠脂肪有小出血点,肺水肿,皮下水肿,血液浓缩,脑膜血管充血扩张,肾脏和输尿管有尿酸盐沉积。

【防治措施】

(1)治疗。发现鸡中毒,应立即更换含盐量过高的饲料。轻度与中度中毒时,供给充足的新鲜饮水、红糖水或温水,给予易消化的饲料,症状可逐渐好转;严重中毒的要适当控制饮水,可间隔1 h让其饮水十几到二十几分钟。中毒早期可灌服一些植物油;有条件的,肌肉注射葡萄糖酸钙,雏鸡 0.2 mL,成年鸡 1 mL;也要可肌肉注射 20%的安钠加,雏鸡 0.1 mL,成年鸡 1 mL。

(2)预防。平时应注意合理利用含盐的副产品或配料成分,如用咸鱼粉配料,饲料中就不必另加食盐;严格控制饲料的含盐量,食盐和饲料要充分拌匀。应经常供给新鲜、清洁而充足的饮水。

☞ 311.怎样防治鸡有机磷农药中毒?

有机磷农药种类很多,常用的有敌百虫、敌敌畏、三硫磷(1605)、乐果等。鸡对这类农药特别敏感,稍不注意,就会引起中毒。

【原因】

(1)误食喷洒过农药的青绿植物,或饮用了被农药污染的沟水。

(2)误食拌过或浸过农药的植物种子或被农药污染的饲料。

(3)用敌百虫驱除体表寄生虫时,使用浓度过大,浸洗时间过长。

(4)用敌敌畏等农药在鸡舍内驱虫灭蚊等。

【临床症状】发生中毒的鸡,最急性的,往往见不到任何症状,突然死亡;急性中毒的病例,主要表现为口角流出多量口水,频频做吞咽动作,有时出现异嗜现象,流泪,瞳孔缩小,腹泻,站立不稳,呼吸困难,冠髯呈青紫色,最后倒地不起,肌肉震颤,抽搐,昏迷,死亡。

【病理变化】剖检可见肌胃内容物有大蒜味,胃壁和小肠黏膜出血,心肌出血,肝脏肿大并脂肪变性,肺水肿,气管、支气管有卡他性炎症,肾肿大、质脆,并呈土黄色。

【防治措施】发生中毒时,应立即清除毒源,并根据实际情况,迅速采取以下抢救措施。

(1)成年鸡立即肌肉注射解磷定 0.2～0.5 mL(每毫升含 40 mg),配合肌肉注射硫酸阿托品溶液 0.2～0.5 mL。雏鸡可内服阿托品 1/3～1/2 片,以后按每只 1/10 片的剂量溶于水饮服,30 min 1 次,一般 2～3 次。

(2)灌服 1%～2%的硫酸酮溶液 10～30 mL,或用 0.1%～0.2%的高锰酸钾溶液 20～40 mL。

(3)如系对硫磷中毒,可灌服 1%～2%的石灰水上清液 3～6 mL,但敌百虫中毒时不可用。

☞ 312. 怎样防治鸡磷化锌中毒?

磷化锌是一种无机磷类的杀鼠药,鸡往往因误食含磷化锌的饮料或毒饵而发生中毒。

【临床症状】最急性的中毒病例往往不表现明显症状即突然死亡。急性中毒多在 1 h 内出现症状，表现为精神委顿，羽毛松乱，饮水增多，腹泻，运动失调，随后倒地，头向背后屈曲，两脚向两侧伸张，呼吸困难，很快惊厥死亡；慢性中毒主要呈现消化机能紊乱，下痢，粪便呈绿色，精神委顿，羽毛松乱，消瘦，虚弱。

【病理变化】剖检可见心包积液，腹水较多，十二指肠发炎，嗉囊和肌胃内容物有一种刺鼻的大蒜味，尸体呈暗红色。

【防治措施】发现中毒病鸡，可灌服适量的0.1%～0.5%硫酸铜溶液，也可灌服适量0.02%的高锰酸钾溶液。平时使用这类杀鼠药时，要十分小心，毒饵应放置在鸡接触不到的地方，或在晚间投放毒饵，次日早晨再将其收回。毒死的老鼠也不要随便乱丢，应深埋或烧毁。

☞ 313. 怎样防治鸡氨气中毒?

氨气中毒是养鸡生产中最常见的中毒疾病之一，多发生于育雏室内和在严冬为了保温而封闭过严或在鸡粪、垫料潮湿发酵的鸡舍中。鸡舍内的氨气浓度允许在 10 mL/m^3 范围内，当浓度高于 20 mL/m^3 时，就会损害鸡的呼吸道，使之失去抗病能力，从而引起多种病变。

【临床症状】氨气含量过高时会使鸡只采食减少，生长受到抑制，产蛋下降，并出现咳嗽、喷嚏，可导致气管、支气管出血；氨溶解在黏膜和眼中变成一种弱碱性物质——氢氧化铵，刺激眼部会引发局部炎症，引起眼的氨气灼伤症。中毒病鸡表现紧闭眼睛，不愿活动，有时在翅膀上擦拭眼睛。两眼同时发病时，角膜外观混浊或有溃疡，结膜充血水肿，病鸡不吃食，逐渐消瘦，重者可发生角膜溃疡和失明，甚至导致死亡。

鸡舍氨气高低的判断：鸡舍氨气浓度在 10～15 mL/m^3 时人

能够闻到有氨臭气；25～35 mL/m^3 时，人感到刺眼和钻鼻流涕；50 mL/m^3 时，鸡两眼流泪和角膜发炎；75 mL/m^3 时鸡剧烈摇头、甩头和出现轻微的神经症状，表现为难受不安。

【防治措施】

(1)治疗。确诊鸡氨气中毒后，必须立即采取通风换气来排除有害气体，增加舍内的新鲜空气；对密闭式鸡舍与笼养密度大的鸡舍，依靠抽风机解决空气对流；小型鸡舍依靠开窗增加空气对流，以减少舍内氨气，这样多数鸡可以恢复。

(2)预防。加强饲养管理，改善鸡舍通风，保持鸡舍干燥，垫料含水量不宜超过 25%，并勤于清除鸡粪、垫料及饲料残渣，防止发酵产氨；或者使用能消除氨气等有害气体的除臭剂“环保安”。另外，如在鸡舍内撒些磷肥(按每平方米 0.5 kg，每周 1 次)，使磷与氨形成磷酸铵盐，既可提高肥效，又能防治氨气中毒。

☞ 314. 怎样防治鸡一氧化碳中毒？

一氧化碳俗称煤气，主要是由于煤炭在氧气供应不足的状态下，不完全燃烧而产生的。鸡一氧化碳中毒是由于鸡吸入了过多的一氧化碳气体，而导致全身组织缺氧的一种中毒病。主要发生于育雏期的雏鸡。

【病因】在环境温度较低时，育雏室内常用煤炉加温，如用无烟煤，又无烟囱，致使空气中一氧化碳的浓度过高，而引起急性中毒；如烧有烟煤，而烟囱堵塞，引起倒烟，室内通风不良，一氧化碳不能及时排出，也能发生中毒。

【临床症状】轻度中毒的病鸡主要表现为精神委顿，不活跃，羽毛松乱，食欲减退，生长发育不良；严重中毒的病鸡，先表现为烦躁不安，不久变为呼吸困难，运动失调，呆立，昏睡，头向后仰，临死前常发生痉挛、惊厥。

【病理变化】死亡后剖检可见血液和脏器都呈樱桃红色。

【防治措施】发现中毒时,有条件的最好迅速将雏鸡转移到空气新鲜、温度适宜的育雏室内。无此条件时,要迅速打开门窗,换进新鲜空气,同时抢修煤炉,解决供暖问题。中毒严重的,也可皮下注射少量生理盐水或5%的葡萄糖溶液以及强心剂。平时应经常检查育雏室的取暖设备,煤炉装置要确实安全,防止烟囱漏烟、倒烟,同时应注意保证室内通风良好。

☞ 315.怎样防治鸡高锰酸钾中毒?

高锰酸钾是一种常用消毒药,同时也能提供微量元素锰,一般养鸡场常用此作为饮水消毒剂和锰补充剂,但使用不当能引起鸡中毒。

【病因】饮水中高锰酸钾浓度达到0.03%以上时,对消化道黏膜就有一定的刺激性和腐蚀性;浓度达 0.1%以上时,就会引起中毒。

【临床症状】中毒的鸡表现为口腔、舌、咽黏膜变为紫红色,并发生水肿,呼吸困难,有时有腹泻现象,严重中毒的鸡常在 1 天内死亡。

【病理变化】剖检可见整个消化道黏膜有一定的腐蚀现象和轻度出血,严重时,嗉囊黏膜大部脱落。

【防治措施】

(1)治疗。发现中毒,鸡群应立即供给充足的清洁饮水,一般经 3～5 天可逐渐康复。对于病重鸡,可用 3%的双氧水 10 mL 加水 100 mL 稀释后给鸡清洗嗉囊,然后灌服植物油或蛋清,并于饮水中酌加鲜牛奶或奶粉。

(2)预防。平时使用高锰酸钾时,用量要准确,浓度不可过高,一般以 0.1%～0.5%的浓度用于槽具消毒,以 0.01%～0.02%的浓度用于黏膜、伤口的洗涤或用于饮水消毒。

☞ 316. 怎样防治鸡亚硝酸盐中毒？

鸡亚硝酸盐中毒是因鸡吃食含有较多亚硝酸盐的绿色植物，而引起的中毒症。鸡的亚硝酸盐中毒病例较少。

【病因】许多绿色蔬菜，如小白菜、青菜、韭菜、菠菜、包心菜、萝卜叶，以及其他幼嫩青饲料都含有较多的硝酸盐，特别是施用过硝酸盐化肥的植物，其含量更高。当这些蔬菜在堆积发酵、腐败变质或蒸煮不透的情况下，其中的硝酸盐可转变为有毒的亚硝酸盐，鸡采食后即可引起中毒。另外，饲料中的硝酸盐在鸡嗉囊中经微生物的作用，还原为亚硝酸盐也可引起中毒。

【临床症状】中毒鸡主要表现为缺氧，呼吸困难，张口呼吸，口黏膜、冠髯发紫，全身抽搐，不久卧地不起，很快因窒息而死亡。

【病理变化】剖检可见血液呈酱油色，凝固不良，肝、脾、肾淤血。

【防治措施】

(1)治疗。发现中毒时，应立即肌肉或静脉注射1%美蓝溶液，每千克体重0.1 mL，并配合注射高渗葡萄糖、维生素C溶液，并更换饲料，改善饲养管理。

(2)预防。加强饲养管理，平时多用新鲜蔬菜饲喂，不喂腐败变质、水浸而加热不彻底的绿色植物，堆放青绿饲料时，要选择在阴凉通风的地方，并经常翻动。

☞ 317. 怎样防治鸡氰化物中毒？

鸡氰化物中毒是由于鸡误食了含氰化物的诱饵(如氰化钙、氰化钾等)或采食了多量含氰苷配糖体的植物(如高粱、玉米的嫩苗等)后，在其胃中被消化水解产生氢氰酸而引起。

【临床症状】氰化物为剧毒，鸡误食后多呈急性中毒，主要表现为运动失调，行走困难或失去平衡，呼吸急促，张口呼吸，昏迷，迅速死亡。采食多量含氰苷配糖体的植物引起的中毒，中毒过程较慢，其表现也类似急性中毒。

【病理变化】剖检时，急性中毒病例往往没有明显变化，一般冠髯发绀，内脏器官充血，血液呈鲜红色，不易凝固，心脏内血液可混有气泡，尸体有苦杏仁味。

【防治措施】发现中毒时，迅速肌肉注射硫酸阿托品溶液0.01～0.05 mL，同时静脉注射5%的硫代硫酸钠溶液3～5 mL，并皮下注射40 mL；含氰苷配糖体的植物应立即停喂。

☞ 318.怎样防治鸡硫酸铜中毒？

硫酸铜除了是微量元素添加剂的成分外，对雏鸡的曲霉菌病也有一定的预防和辅助治疗作用，但饮用过量会发生中毒。一般情况下，饮用的硫酸铜溶液浓度为1/3 000～1/2 000，连用不超过10天，如浓度达1/1 500，即能引起中毒，1/400可迅速死亡。

【临床症状】轻度中毒的病鸡表现为精神委顿，生长停滞，肌肉营养不良，脚软无力；严重中毒时，先表现短暂的兴奋，冠髯变暗，随后表现为精神委顿，衰弱，排出混有绿色黏液和黏膜片的排泄物，最后麻痹、惊厥、昏迷、死亡。

【病理变化】剖检可见食道、嗉囊黏膜因硫酸铜的腐蚀作用而出现凝固性坏死，肌胃角质脱落，肌层坏死，肠黏膜有轻度炎症，并有出血点，肝、肾变性。

【防治措施】轻度中毒的病鸡，在停用硫酸铜后可逐渐康复，对急性中毒的病鸡可灌服少许牛奶，或用鸡蛋清加水少许打匀，经口灌服，每只鸡3～5 mL。

☞ 319.怎样防治鸡链霉素中毒？

链霉素是一种主要抗革兰氏阴性菌的抗生素，可用于防治多种鸡的细菌性疾病。如长期、大剂量应用，则会引起中毒，甚至迅速死亡。

【临床症状】中毒病鸡起初表现行动无力、迟缓，精神委顿，闭目流泪，两翅下垂，食欲废绝，以后出现运动失调，向一侧歪斜，瘫痪，角弓反张，扑翅，惊厥，迅速死亡。

【病理变化】死后剖检可见弥漫性出血，部分皮下浸润。

【防治措施】对发生中毒的病鸡，停止使用链霉素，并应立即缓慢翅静脉注射5%的氯化钙注射液2～5 mL，或缓慢静脉注射1%的葡萄糖酸钙5 mL左右。平时使用链霉素时，应注意使用剂量，一般成年鸡每只0.1～0.2 g，雏鸡每只2～25 mg，1天2次即可。

☞ 320. 怎样防治鸡四环素中毒？

四环素是一种常用的广谱抗生素，对多种病原微生物都有抑制或杀灭作用。如果使用剂量过大，则会导致中毒的发生。

【临床症状】中毒病鸡主要表现为精神沉郁，食欲废绝，不愿活动，最后昏迷，死亡，有些病例会出现口渴，排黄色稀粪，瘫痪等症状。

【病理变化】死亡后剖检主要可见肝脏肿大，消化道有不同程度的充血、出血现象。

【防治措施】发生中毒时，应立即停止用药，拌药的饲料应更换，并大量补充B族维生素和维生素C。抢救及时，可取得满意效果。平时使用四环素时，须严格控制剂量，一般情况下，可在饲料中拌入0.02%的四环素，连喂3～4天，不宜超过5天。

☞ 321. 怎样防治鸡土霉素中毒？

土霉素是养鸡最常用的一种抗生素。在防治鸡的疾病时，如长期连续或大剂量服用，可引起中毒。

【临床症状】一般呈慢性经过，病鸡表现食欲减少，精神沉郁，羽毛松乱，呆立，排出黄白色或白色稀粪，生长受阻，发育迟缓；有的病鸡腿瘫痪蹲地，不能行走，皮肤呈紫色。

【病理变化】剖检可见肝肿大，并呈土黄色，胃肠黏膜充血、水肿，肾质地变软、淤血，心内膜出血，肺气肿，在心、肝、肺及气囊表面可见石灰样物。

【防治措施】发生土霉素中毒时，应立即停药，并给予5%的葡萄糖饮水，同时加喂多种维生素。也可给病鸡内服酵母片 5 g，肌肉注射复合维生素 B 2mL、10%的维生素 C 5mL，连用 3～5 天，可取得良好的效果。

☞ 322. 怎样防治鸡安妥中毒？

安妥是一种常用的毒鼠药，对鸡有剧毒。如果鸡误食了含安妥的毒饵或饲料，即会导致中毒。

【临床症状】中毒病鸡表现为精神委顿，食欲废绝，呼吸困难，运动失调，衰弱，昏迷，很快死亡。

【病理变化】死后剖检可见肺水肿、呈暗红色，心包积水，肝脏肿大淤血，肾脏淤血，心肌变性。

【防治措施】对于中毒病鸡目前尚无可靠的解救方法，可灌一些硫酸钠等泻剂，同时对症治疗，防止并发症，禁喂高脂肪食物。平时应注意灭鼠药的安全投放。

☞ 323. 怎样防治鸡甲酚中毒？

甲酚和酚的其他产品（石炭酸、煤酚皂溶液、臭药水等）常用做鸡舍的消毒药，但消毒后立即将雏鸡放入舍内，鸡误饮未干的消毒药液，往往可引起中毒。

【临床症状】中毒病鸡表现为精神沉郁，羽毛松乱，有“扎堆”现象，呼吸用力，头颈伸直，并可能随呼吸出现罗音，严重时全身皮下水肿，行动不稳。

【病理变化】剖检可见皮下有黄色渗出液浸润，特别是腹部皮下尤为明显，胸肌苍白，腹腔中有棕色积液，肝肿大，表面有一层纤维素性覆盖物。慢性中毒病例，肝脏可能萎缩和硬化，脾苍白并萎缩，肾苍白，肿大，心肌苍白，心包积液，气管黏膜发炎，有多量黏液，嗉囊和内脏组织可嗅到难闻的酚臭味。

【防治措施】发现中毒病鸡，应立即将其转移到温度适宜的新环境中，并用适量植物油反复清洗嗉囊，最后再灌服 5 mL 左右的植物油即可。

☞ 324. 怎样防治鸡甲醛中毒？

在育雏工作中，福尔马林（40％左右的甲醛溶液）已广泛用做环境的消毒剂，但如果在育雏室内刚进行熏蒸消毒或喷洒消毒后，随即放入雏鸡，会引起鸡中毒。

【临床症状】刚出壳的雏鸡由于吸入了空气中的甲醛，刺激呼吸道黏膜，引起呼吸困难。另外，雾化的甲醛对眼黏膜能产生一定的刺激，易发生角膜炎，表现为畏光现象。严重中毒的病鸡可于数天后死亡。

【病理变化】剖检病鸡可见皮下肿胀，腹腔积液，肺有散在性或局限性炎症灶。

【防治措施】发生中毒，应立即将病鸡移至空气新鲜、温度适宜的新环境中，让其吸入充足的氧，并采取适当的对症治疗措施。有些因口服而中毒的，可用 15％的醋酸铵溶液或 0.8％的稀氨水冲洗嗉囊，同时口服适量蛋清稀释液。

☞ 325. 怎样防治鸡季铵化合物中毒？

季铵化合物包括阴离子表面活性消毒剂和清洁剂。用此类药物对鸡的饮水和饲养场地、笼舍、用具进行清洁和消毒时，如果处理不当或剂量过大，就会引起中毒。

【临床症状】雏鸡中毒主要表现食欲减少，生长发育迟缓；产蛋鸡产蛋量下降，甚至引起死亡。同时表现出一种特异性的综合中毒病状，即无饮欲，不停地鸣叫，并做吞咽动作，流涎，眼中有泡沫状分泌物，眼睑粘着，鼻孔中流出黏液，喘息，喉头部有特殊的块状物，运动失调，痉挛，最后倒地而死。

【病理变化】剖检可见早期病变在舌头的基部有固膜性豆腐渣样溃疡，随后口腔、食道、嗉囊和真胃的黏膜也出现假膜，肌胃和腺胃交界处有环状腐蚀斑。

【防治措施】对季铵化合物中毒的鸡尚无特殊的治疗药物，病鸡即使不死亡也没有饲养价值，必须淘汰。因此，在饮水中使用清洁剂和消毒剂时，其用量必须特别谨慎，使用量应严格控制在0.000 5%，即100 mL水含消毒剂0.000 5 g。

☞ 326.怎样防治鸡左旋霉素中毒？

左旋霉素常用做防治鸡蛔虫等线虫病，效果显著，安全可靠。但若长期大剂量使用也会引起中毒。多发生于雏鸡。

【临床症状】雏鸡中毒后表现排粪频繁，呼吸困难，站立不稳，羽毛蓬乱，精神高度沉郁，眼睛和鼻孔等有大量的分泌物，排出带有黏液和血丝的粪便。后期雏鸡无力站立，借助跗关节以下肢趴地行动，两翅外展，四趾蜷曲、紧缩，角弓反张，两眼紧闭，肢体抽搐，最终向一侧倒卧，衰竭死亡。

【病理变化】可见后躯被粪严重污染，口腔、鼻腔有多量的分泌物，眼睛内有多量的泪液，全身发紫，趾紧缩，剖开体腔，有暗红色血液流出，嗉囊中有多量的食物和黏液，胃肠壁肿胀，肠黏膜高度充血、出血，有大小不等的坏死灶，肠管空虚，气管中有多量的分泌物，心肌有大小不等的出血点，心包液增多，有的还因痉挛、抽搐而引起小肠发生套叠或部分盲肠、结肠套叠于直肠中。

【防治措施】在使用左旋霉素时，要严格按规定计算用药量。

驱虫时一定要把药片研碎捣细，拌料均匀，全面喂给，以避免中毒事故的发生。对中毒病鸡，可用 5%的葡萄糖加 10%维生素 C 水溶液让鸡自由饮水。病重鸡每只鸡每次灌服 20 mL，每天 3 次，连用 3 天。

☞ 327.怎样防治鸡氯苯胍中毒？

氯苯胍是用来防治蛋鸡球虫病和住白细胞原虫病常用的一种药物。若大剂量或长期连续使用，即会引起中毒。一般预防量为 33 mg/kg 体重，治疗量为 66 mg/kg 体重。

【临床症状】中毒鸡主要表现为精神沉郁，闭目，蹲伏，呆立，颈部前伸，羽毛松乱，食欲减退，下痢，粪便中含有大量白色物质，严重者昏迷死亡。

【病理变化】剖检可见肝脏稍肿大，轻度淤血；脾表面血管充血呈树状条纹，肾肿大；刚死亡的鸡心内血液未完全凝固，颜色发暗；嗉囊、胃内容物有一股浓烈的氯苯胍气味，腺胃黏膜有炎症，十二指肠至空肠前段黏膜脱落，有出血点或出血斑或呈充血状，盲肠扁桃体肿大、出血，生殖腔有条状出血。

【防治措施】

(1)治疗。发现中毒，立即停止使用氯苯胍及其他药物。并用 5%葡萄糖加 10%维生素 C 水溶液让鸡充分、自由饮用 3 天。病重鸡每只每次灌服 20 mL，每日 3 次，连灌 2 天。同时，可在饲料中增加多种维生素用量，每 100 kg 料加 40 g。

(2)预防。平时为预防球虫病和住红细胞原虫病，剂量以控制在 0.01%左右为宜，但拌料一定要均匀；在与其他药物如呋喃类药物、磺胺类药物联合应用时，更应谨慎，要注意观察鸡群动态，一旦发现异常要马上停药，以免造成不必要的经济损失。

☞ 328. 怎样防治鸡高氟饲料中毒?

鸡对氟的耐受量极低，过量的氟会引起鸡中毒，鸡日龄越小，中毒症状越重。过多的氟对机体危害最大的是干扰钙的吸收和钙、磷代谢，易导致骨骼和牙齿的严重病变，故该病又称为氟骨病。此外，氟还能干扰甲状腺、性腺、肾上腺、胰岛等内分泌腺的功能，使甲状腺、性腺、胰腺分泌减少或紊乱，可导致低血压、低血糖及功能障碍。

【临床症状】病鸡表现精神不振，生长缓慢，喙软，粪便稀薄，腿软无力，以跗关节着地趴伏于地，或两腿呈"八"字形外翻倒地，食欲减退或废绝，最后昏迷死亡。雏鸡摄入高氟饲料后可造成大量的瘫痪和死亡。

【病理变化】剖检可见骨骼软而柔韧，骨骼颜色变淡，严重者呈土黄色；有的病鸡肋骨与肋软骨，肋骨与椎骨结合部呈珠状突起，有些病例可见心包、胸腔和腹腔积液，心、肝、肾脂肪变性。其他脏器无特异性病变。

【防治措施】

(1)治疗。发现中毒应立即停止使用造成中毒的饲料，换用低氟饲料；同时在饲料中添加骨粉、鱼肝油、多种维生素；在饮水中添加补液盐、维生素 C，连用 3～4 天，鸡群可基本稳定并逐渐好转。

(2)预防。不用含氟高的饲料，饲料原料磷酸氢钙、磷酸钙中的含氟量最多不能超过 0.2%，成品料中的含量不能超过 0.02%，饮用水含氟量每升不能超过 5 mg。

☞ 329. 怎样防治鸡喹乙醇中毒?

喹乙醇又名为倍育诺，是 20 世纪 70 年代起普遍用于鸡的一种优质高效饲料添加剂。并对多种细菌有很强的杀灭作用。在防治鸡霍乱方面，具有用量少、疗效高、价格低廉、使用方面，目前已有不少因用量过大而引起生产力下降乃至大批中毒死亡的报道。该药已被限制使用。

【临床症状】中毒病鸡采食减少甚至停止，精神不振，身体蜷缩，闭目呆立，不愿活动，动作迟钝，羽毛松乱，翅膀下垂，结膜发绀，排稀粪，鸡毛冠呈紫黑色，最后衰竭或痉挛，挣扎不止而死。

【病理变化】可见肝肿大淤血，质地脆，初期呈暗紫红色或樱桃红色，病程长的颜色变淡。口腔内有多量黏液，心冠脂肪呈胶冻样、有小点出血，血液凝固不良；心肌弛缓，心外膜严重充血、出血，部分死鸡的心肌出血；小肠呈出血性炎症变化，盲肠扁桃体肿大，有局灶性坏死，肺脏表面呈斑纹；3 天后死亡的可见腺胃充血或出血，肌胃角质层下出血；亚急性死亡的，内脏器官明显萎缩。

【防治措施】

(1)治疗。一旦发现有中毒或可疑时，立即停止饲喂混有喹乙醇的饲料，同时饮用口服补液盐溶液(27.5 g 口服补液盐加水 1 000 mL)。对病鸡可给服用 5% 葡萄糖水和维生素 C。还可用中药黄芪、甘草、党参各 200 g，煎汤后一部分饮水，一部分混饲，连续煎服 2～3 天(以上系 400 只鸡 1 次用量)。

(2)预防。加强饲养管理，严格按照规定的剂量投服药物，防止计算剂量上的误差。由于其用量较小，在配制预混料和饲料时必须注意一定要搅拌均匀，防止发生药物中毒。

☞ 330. 怎样防治鸡棉子饼中毒？

棉子饼是产棉地区鸡的主要饲料，它含粗蛋白 25%～40%，是一种全价蛋白。但棉子饼中因含有毒物质棉酚，如果没有进行去毒处理，饲料中含棉酚量达 0.04%时就可引起鸡中毒。

【临床症状】鸡中毒后一般仅见食欲不好，产蛋量下降，中毒严重时出现不吃食，鸡冠、肉垂发绀，消瘦，精神沉郁，拉稀。

【病理变化】剖检可见组织广泛水肿，胸腹腔有淡红色透明渗出物，胃肠有出血性炎症，肝肿大，肺气肿、充血，严重者肝肾变性。另外，还可见蛋黄变硬，并使蛋白呈粉红色。

【防治措施】

(1)治疗。发现中毒，首先停喂含棉子饼的饲料，并用2～4 g硫酸钠，加水配成2%～4%的溶液灌服。也可在饲料中拌入鞣酸蛋白、硫酸亚铁等收敛性药物，并添加磺胺类药物。对病鸡可翅静脉注射葡萄糖，肌肉注射维生素A和维生素D，连用3天，病鸡一般可恢复健康。

(2)预防。预防棉子饼中毒最重要的办法是对棉子饼先进行去毒处理，再饲喂。常用的去毒方法有以下几种：

①加温去毒：将棉子饼蒸煮1 h，可使80%的棉酚被破坏。

②碱浸去毒：一般用1%的碳酸钠或2%～3%的石灰水浸泡24 h，然后洗掉碱液沥干喂服。

③在饲料中加硫酸亚铁：饲料中每配入100 kg棉子饼，同时需加1 kg硫酸亚铁。

④硫酸亚铁浸泡：用2%～3%的硫酸亚铁溶液浸泡24 h，捞出后饲喂。

☞ 331.如何防治鸡菜子饼中毒?

菜子饼一般含有粗蛋白33%～37%，略低于豆饼，而蛋氨酸及钙、磷、硒、锌的含量都高于豆饼。在鸡的饲料中适当配入一些菜子饼，不但可以降低成本，也有利于营养成分的平衡。但由于菜子饼中含有配糖类黑芥子苷，在芥子水解酶的作用下，产生挥发性芥子油(异硫氰酸丙烯酯)，因其具有强烈的穿透性和刺激作用，会逐渐损害胃肠黏膜，因此在饲料中添加过量的菜子饼会引起鸡中毒。

【临床症状】中毒鸡主要表现呼吸时发出长鸣音，呼吸困难，粪中带血，鸡冠、肉垂发紫，腿脚无力，站立不稳，常因虚脱而死亡。

【病理变化】剖检可见肌胃内有多量的菜子饼，肌胃和小肠黏膜充血和出血，肝肿大、质脆。

【防治措施】

(1)治疗。发现中毒病鸡，立即停喂含菜子饼的饲料，并灌服0.5%的高锰酸钾溶液，也可翅静脉注射葡萄糖。中毒不严重时，病鸡1周内可恢复。

(2)预防。加强饲养管理，限制菜子饼的饲喂量，并将其去毒后饲喂。菜子饼去毒的方法有坑埋法、碱处理、氨处理等。一般先将其打碎，用温水浸泡8～12 h，倒去泡过的水，再加清水煮1 h，使毒素挥发后与其他饲料适当搭配。蛋鸡6周龄以下、肉用仔鸡4周龄以下，一般不用菜子饼配料，后来保持菜子饼在饲料中所占的比例不超过5%。

☞ 332.怎样防治鸡水中毒?

水是机体的重要组成成分，也是机体生命活动的物质基础。适量的给予饮水，能保持机体代谢和维持机体微量元素平衡，促进雏鸡的正常生长发育。但如果在鸡群严重饮水不足时，而突然给予过量的饮水，就会发生水中毒。

【临床症状】水中毒的病鸡，主要表现精神沉郁，食欲废绝，离群，羽毛松乱，黏膜发绀，口流液体，嗉囊膨大，积水而透明，并排出少量稀粪，若抢救不及时，就会死亡。

【病理变化】剖检可见嗉囊蓄积大量水而无饲料，消化道轻度出血，肠黏膜用刀背轻刮易脱落。其他内脏均无异常。

【防治措施】发生本病后，应把鸡放到安静、温暖、干燥的地方，让其自然恢复。预防本病的关键是定时定量的给鸡群供水。同时饲养密度不宜过大，温度不宜过高，湿度不能低于40%。

☞ 333.怎样防治鸡肉毒梭菌中毒症?

鸡肉毒梭菌中毒症是由于鸡吸收肉毒梭菌毒素而发生的一种中毒性疾病。肉毒梭菌广泛分布于自然界,腐烂的动植物为此菌繁殖和产生毒素提供了良好的环境,鸡采食腐败的尸体及腐烂的饲料会引起发病。

【临床症状】鸡发病的潜伏期多为4～20 h,长的可达数天,发病轻重主要决定于摄入毒素的量。病鸡主要表现颈部肌肉麻痹,头颈软弱无力,翅部、腿部肌肉麻痹,翅膀下垂,行走困难,羽毛松乱,容易脱落,闭目瞌睡,处于昏迷状态,一般经数小时至3～4天死亡。有些食入毒素量较少的病鸡,仅表现共济失调等症状而死,中毒很轻的可以康复。

【病理变化】剖检无特殊病变,有时可见咽喉黏膜、胃肠黏膜、心内外膜有出血斑点,肺、脑膜可能充血,有水肿病变。

【防治措施】

(1)治疗。发现此病,早期可用肉毒梭菌多价抗毒素,在毒型确定后,可用同型抗毒素进行治疗。同时可用大剂量盐类泻剂和清洗嗉囊,以促进毒素排出。内服盐酸胍和甲脂酸胚芽碱,可促进神经末梢释放乙酰胆碱和加强肌肉的紧张,对此病有良好的疗效。

(2)预防。不让鸡吃腐败的动物尸体,发现有腐败的动物尸体及残骸应立即清除,已经腐烂的草料和青菜等不能再用来喂鸡,及时清除病鸡的粪便;对常发此病的地方,可用同型类毒素或明矾菌苗进行预防接种。

第九章　鸡的普通病及其他杂症

☞ 334. 怎样防治鸡的苍白综合征?

鸡的苍白综合征是发生在肉用鸡的一种新病,主要表现为腿、冠苍白,增重缓慢。

【病因】其病因目前尚未详知,有人认为是由于霉菌毒素等侵害,也有人认为与鸡生长发育不良及脂溶性维生素缺乏有关。

【临床症状】病鸡主要表现为腿及冠颜色苍白,羽毛生长不良,呈直升机形翅(也有人称为直升机病),以后体重减轻,饲料利用能力降低,粪便中含有橙红色黏性物质及未消化的饲料。

【病理变化】剖检可见脾脏肿大,肌胃缩小,肌胃弹性消失,角质层粗糙、糜烂、不易剥离,脑软化,小肠前段有水样消化不全的内容物,后段含有橙红色黏性物质及较多的未消化谷粒,浆膜有淤血斑点,法氏囊较小。

【防治措施】由于本病病因不详,尚无有效的防治方法。一般情况下,本病在鸡群中经一段时间后可自然消失,病鸡亦能自行恢复。预防本病应注意改善饲养管理,保持舍内环境卫生,不用被霉菌污染的垫料,饲料中应适当加喂含硫氨基酸,调整饲料营养成分,以平衡饲料能量水平。此外,也可在每吨饲料中加硫酸铜0.45 kg,并做好传染性法氏囊病的防疫工作。

☞ 335. 怎样防治鸡的圆心病?

鸡的圆心病是指鸡由于急性心跳停止而死亡的一种疾病。主要见于鸡，各种年龄均可发生，尤以6～12月龄鸡多发。

【病因】其病因尚不详知，一般认为与药物中毒（如痢特灵）、有毒物质影响（如铅盐、锌盐、黄曲霉毒素）、营养缺乏（如维生素D、维生素E）及环境应激等因素有关。

【临床症状】患鸡大多数在死亡之前无明显前驱症状，有时当精神突然紧张或用力跑来抢食时而突然死亡，亦有从栖架上突然跌下而死亡。对于一些病程相对长一些的病例，往往表现为突然衰弱，精神沉郁，食欲废绝，羽毛蓬乱，行走不稳，呼吸困难，鸡冠呈暗红色并歪向一侧，后呈急性心跳停止而死亡，多在饲喂时或饲喂后突然发生。

【病理变化】剖检可见心脏增大，扭转，失去正常的圆锥形外观，肥大的心脏上端呈钝圆形，心肌呈灰色或暗玫瑰红色，心包及胸腔内含液状或胶样渗出物，肌肉和内脏水肿，腹腔内有较多腹液。

【防治措施】本病目前尚无有效的治疗方法。预防本病必须消除鸡群的环境应激因子，正确使用某些药物，合理调配饲料，注意适量补充微量元素、酵母、发芽谷物、鱼肝油、胡萝卜及干粉料等，饮水中可适量添加亚硒酸钠，有良好的效果。

336.怎样防治鸡惊恐病？

鸡惊恐病是神经素质异常的一种表现，各种年龄的鸡均可发生，一般以肉用鸡及产蛋鸡多发。

【病因】本病的病因尚未详知，一般以为与饲养管理、环境应激及遗传因素有关。如饲料中缺乏维生素B_1和烟酸、蛋白质供应不足，鸡群过于拥挤，舍内卫生、通风不良而使氨味过浓，舍内尘土过多，闷热，光照过强，或突然受到惊扰等。

【临床症状】惊恐病在鸡群中往往突然发作，初期只有少数鸡表现为兴奋不安，展翅乱飞，碰到障碍物或遇到饲养员时均很紧张，“喀喀”怪叫，无目的地乱跑，呈恐惧状态。有时可波及全群，整个鸡群惊恐时，鸡只乱飞乱撞，或成群转圈，堆挤倾轧，造成鸡只撞伤，鸡背和尾大片被抓破撕裂，甚至发生死亡，其影响时间有时达几个月。在此期间，病鸡食欲严重减退，体重下降，产蛋量显著降低。

【防治措施】防治本病须消除使鸡受惊的各种应激因素，建立合理的饲养管理制度，调整饲养密度，注意断喙，调节鸡舍适当的光照强度、温度、湿度及通风。此外，在饲料内除增加1%～2%的蛋白质外，还可补充适量的烟酸及维生素 B_1（每千克饲料中各加15～20 mg）。

☞ 337.怎样防治鸡出血性综合征？

鸡出血性综合征是一种血液恶病质的疾病，主要发生于青年鸡，尤以3～9周龄的雏鸡最为常见。

【病因】引起本病的原因尚未具体确定，一般认为是由于营养缺乏（如维生素C、维生素K、维生素E及硒等）、细菌毒素的影响（如霉菌、链球菌、葡萄球菌、大肠杆菌等）、病毒感染、滥用某些药品（如磺胺类药物）等引起。

【临床症状】病鸡常表现为精神委顿，羽毛逆立而散乱，常蹲伏堆挤在一起，食欲减退，时有腹泻，组织苍白或黄染。头部与眼周围常呈暗紫色，腹部有暗红色出血斑，有时公鸡肉垂水肿呈暗紫色，病程稍长者可见出血部位呈黄色或黄绿色。

【病理变化】剖检可见血液呈樱红色，稀如水样，皮肤、肌肉、内脏广泛弥漫性出血，尤其是肌肉、肠道、心、肝、嗉囊、肌胃等部位，腿骨骨髓往往退色。

【防治措施】本病由于病因不详，所以无特殊有效的治疗方法，一般用维生素、微量元素等制剂作辅助治疗（如维生素C、维生素K、维生素E及硒等添加剂），此外，应加强饲养管理，注意清洁卫生，不用被霉菌侵害的饲料或垫料，尽量减少环境中的应激因子，在使用磺胺类药物时，要注意使用剂量和疗程。

☞ 338. 鸡患软脚病怎么办？

软脚病是肉用仔鸡常见的一种病症，以 4～5 周龄的雏鸡多发，发病率高的可达 20%左右。病鸡采食和增重严重受阻，影响产蛋质量。

【病因】由于肉用仔鸡生长迅速，新陈代谢旺盛，如果饲料中缺乏骨骼生长所必需的钙、磷、维生素 D 以及其他维生素和微量元素，就容易发生软脚病；光照不足和缺乏运动的肉用仔鸡，也容易发生本病。

【临床症状】主要表现为腿软，站立不稳，行动迟缓，步态蹒跚，吃料饮水困难，消瘦，营养不良等。

【防治措施】

(1)治疗。发生本病后，可用鱼肝油丸治疗，每鸡 1 丸，早晚各喂 1 次。

(2)预防。平时应适当增加运动量和日光照射。在 2～3 周龄时，用每千克饲料中含有 2 000 U 维生素 D、1%钙、0.5%有效磷的日粮饲喂；或在饲料中添加 2.5%的酒曲，增加碳酸氢钠（小苏打），一般占饲料的 0.5%左右，多喂玉米、饼类饲料等，都可以减少软脚病的发生。

☞ 339. 怎样防治肉仔鸡腹水症？

肉仔鸡腹水症比较常见，而且发病因素也比较复杂。一般是由多种致病因子造成鸡慢性缺氧代谢机能紊乱等所引起，以腹腔内积聚大量液体为主要特征。多发于 4 周龄以上的生长快、新陈代谢旺盛的肉鸡，病死率可高达 30%～50%，在气温低的季节病死率最高。公鸡比母鸡多发。

【病因】饲料中的毒素可能是引起腹水的主要病因。通风不良，造成舍内一氧化碳、二氧化碳、氨气及尘埃等有害气体浓度增高。鸡长期生活在通风不良、氧气缺乏的环境下，都会造成肺部损伤，引起腹水。另外，霉菌毒素、低温、生长速度过快、饲料营养成分过高、疫苗接种、呼吸道疾病、维生素 E/硒缺乏、缺氧、饲料和饮水中钠含量过多等均可诱发腹水症。

【临床症状】病鸡腹部膨大，两腿分开，行走缓慢，反应迟钝，倦怠，呼吸困难，羽毛松乱，膨大部羽毛脱落，皮肤变薄，青紫发亮，触之有波动感，喜卧，不愿活动，重病鸡的冠及肉垂呈紫色，呼吸困难，常突然倒地死亡。

【病理变化】死者病鸡的腹腔中有大量积液，液体清亮，呈棕红色血水样，腹腔液常可见纤维蛋白凝块。心包积液或有胶冻物存在，腹部肌肉严重淤血。心脏增大，心室明显扩张，心壁菲薄、松弛。肝脏肿大，边缘钝圆，肝脏有淤血，肝表面可见有一层胶状物质。肾肿大淤血，肺充血水肿，肠广泛性淤血，呈暗红色。

【防治措施】

(1)治疗。本病无特效治疗药物。可以使用改善血液循环的药物。如皮下注射 0.1%亚硒酸钠，每次 0.1 mL，每日 1～2 次；在饲料中添加维生素 C，每吨饲料加维生素 C 500 g，也可收到控制腹水的效果。对病重鸡，可给口服双氢克尿噻，每只鸡每次 50 mg，每日 2 次，连服 3 天，有一定效果。

(2)预防。搞好鸡舍环境卫生，及时清除鸡粪，保持鸡舍适宜的温度和良好的通风，给鸡喂食要定时定量，控制采食次数，降低饲料能量，提高饲料利用率。

☞ 340.怎样防治肉仔鸡非传染性出血症？

鸡非传染性出血症主要是由于营养缺乏而引起的一种出血性疾病。常发生于 3～5 周龄的肉用仔鸡，发病率 30%～60%，死亡率20%～30%。

【病因】本病发生原因比较复杂，有疾病因素，如新城疫、法氏囊病、巴氏杆菌病等；细菌毒素侵害因素，如霉菌、链球菌、葡萄球菌、大肠杆菌等；中毒因素，如磺胺类药物中毒等；营养缺乏因素，如维生素C、维生素K、维生素E及硒缺乏等。

【临床症状】患鸡精神委顿，羽毛蓬松、散乱，大多蹲伏堆挤在一起，食欲减退，时有腹泻，消瘦，贫血，腹部有出血斑，严重者翅下、胸部、腿部也可见明显出血点，出血部位随时间延长呈黄绿色。

【病理变化】可见血液稀薄，翅下及胸腹部下、胸肌、腿肌广泛出血，内脏器官也有明显弥漫性出血，尤其是肠道、心、肝、脾等。肺、腺胃、法氏囊未见明显变化。病料通过实验室检验无细菌生长；接种10日龄鸡胚，未见鸡胚死亡；取盲肠内容物镜检无球虫卵发现。

【防治措施】

(1)治疗。对病鸡群每千克饲料中添加维生素E 10 mg、亚硒酸钠0.2 mg、维生素K 2mg、维生素C 0.2 g、土霉素0.5 g，连用3～5天。用药后一般2天病情可得到改善，5天后基本可恢复正常。

(2)预防. 注意改善饲养管理，保持鸡舍的环境卫生，调整饲养密度，控制环境温度，减少应激因素的影响。

☞ 341. 怎样防治鸡嗉囊卡他(软嗉病)？

鸡嗉囊卡他又称嗉囊膨胀病，主要是由于鸡采食了变质饲料或容易膨胀的饲料，在嗉囊内膨胀发酵，产生大量气体，刺激嗉囊黏膜，而引起嗉囊黏膜表层发炎和膨胀，多发于肉仔鸡。

【临床症状】病鸡精神不振，食欲减少或废绝，嗉囊明显膨大突出，触诊病鸡疼痛，嗉囊波动有弹性，嗉囊内充满液体或气体，用力按压或倒提病鸡，可从口腔流出黄色有臭味的黏液。严重的病鸡，呼吸困难，不断张口，常因窒息死亡。

【防治措施】加强饲养管理，给以容易消化的饲料，不喂霉变发酵的饲料。治疗宜早，可用注射器先尽量抽取嗉囊内的液体和气体，然后注入0.01%高锰酸钾溶液，每只鸡50～100 mL，注后将病鸡倒提，轻轻按摩嗉囊，使内容物从口腔排出，洗后喂服5%～10%碳酸氢钠溶液20～30 mL，效果很好。

☞ 342. 怎样防治鸡嗉囊阻塞(硬嗉病)?

鸡嗉囊阻塞，主要是由于鸡采食了过量的干硬粗劣的或容易膨胀的饲料，如大麦、高粱、玉米、秕稻以及豆类、花生麸等引起发病。因其嗉囊充满发硬，故又称硬嗉病。

【临床症状】病鸡不食，精神委顿，翅膀下垂，呆立不动。嗉囊显著膨大，触摸坚硬，囊内充满坚硬的饲料。

【防治措施】加强饲养管理，饲喂配合日粮。块根及粗纤维饲料应切碎后饲喂。对于病轻者治疗时，可灌服植物油或用注射器将植物油注入嗉囊内，轻轻揉压嗉囊，软化食物，促使后行；或用注射器将生理盐水或温水注入嗉囊内，倒提病鸡，用手轻轻揉压嗉囊，使积食和水一起由口腔排出。如一次不能排净，可再次冲洗，直至排净嗉囊内容物为止，然后滴服植物油少许，一般次日即可恢复。对病情较重者，可行嗉囊切开，清除内容物。

☞ 343. 怎样防治鸡啄癖?

鸡啄癖是啄肛、啄羽、啄趾、啄蛋甚至啄肉等恶癖的统称。这是大群养鸡时很容易发生的一种非常复杂的常见疾病。不同日龄、不同品种、不分季节，无论平养或笼养的鸡均可发生。由于相互啄食，往往造成创伤，甚至死亡。其中啄肛危害最大，常将肛门周围及泄殖腔啄得血肉模糊，甚至将后半段肠管啄出吞食；啄羽如果是偶尔个别的发生，问题不大，严重时啄掉大量羽毛，特别是尾羽被啄光，露出皮肤，就会进一步引起啄皮、啄肉、啄肛，同时吞食羽毛也会造成嗉囊阻塞；啄趾一般多见于幼雏，也会造成脚趾出血、跛行等现象。

【原因】造成啄癖的原因很复杂，而且也不甚明确，即使在同一个鸡场，这种恶癖常常发生在某一栋鸡舍或某一个围栏内，而在类似饲养环境条件下的其他舍栏内却不发生。一般认为，啄癖的发生可能有以下几方面原因：

(1)饲养管理方面。成年母鸡产蛋箱太少、太简陋，或光线较强，产蛋后鸡不能很好地伏窝休息，往往由于其他鸡的骚扰或伏在窝里不舒服，过早地出箱，如此日久，就会造成脱肛，其他鸡见到红色黏膜就会去啄，引起啄肛。群体饲养密度过大，鸡舍内和运动场都很拥挤，不便休息、活动。鸡舍内光线过强，或通风不良，潮湿闷热，以至不能舒适地休息。个别鸡发生外伤时，其他鸡出于好奇去啄，越啄越厉害。育雏器内灯泡太低太亮，光线从某种角度照射到雏鸡脚蹼上，上面的血管好似一条小虫，其他鸡就会去啄。另外，当食槽过高时，部分雏鸡由于吃不上饲料，也有可能引起啄趾。

(2)饲料营养方面。饲料中缺乏食盐时，鸡往往为了寻求有咸味的食物，而引起啄肛、啄皮肉或吮血。饲料中缺乏蛋白质或含硫氨基酸(蛋氨酸、胱氨酸)，很容易引起啄羽。饲料中缺乏某些微量元素或维生素时，也容易发生啄癖。饲料中糠麸太少，体积较小，往往代谢能得到了满足而本身没有饱感，或种鸡因限量饲喂，没有吃饱，这样可能会引起啄癖。饲料中掺有未被充分粉碎的肉块、鱼块，也易引起啄肛、啄肉。

(3)其他方面。虱、螨等体外寄生虫的刺激。鸡缺乏沙浴，或饲料中缺少沙粒。有些可能是个别鸡偶尔啄一下，啄破流血后，其他鸡都跟着去啄。

【临床症状】

(1)啄羽癖。表现为啄羽、啄尾，或自啄，或被啄，或互相啄，啄得羽毛不全，皮肉暴露，并可迅即成为啄肉癖。产蛋量下降。

(2)啄肉癖。除啄肉外，也啄冠、肉髯，育雏期还可见啄眼圈、头、背、趾等。严重者，或将眼啄瞎，或将整个爪啄吃光，或将皮啄破流血，活活将鸡啄死。

(3)啄肛癖。为最严重的一类啄癖，常发生于雏鸡和产蛋鸡。肛门一经啄破，则群相争啄，群起而攻之，直至肠脱坠地。患有白痢病雏鸡，肛门周围沾满白灰样粪便，也常引起群雏争啄。

(4)食蛋癖。多见于产蛋盛期，母鸡自己把蛋啄食，或群鸡前来争食。

(5)异食癖。多见于中鸡或成鸡。表现为啄食陈旧的石灰渣、砖瓦砾、陶瓷碎块，吞食被粪尿污染的羽毛、木屑等。病鸡常见有消化不良、羽毛无光、机体消瘦等症状。

【防治措施】

(1)治疗。若鸡群中已发生啄癖，就要采取紧急措施进行防治。对鸡已被啄破并流血的地方，要涂抹颜色较暗并带有气味的药物，如臭药水、紫药水、鱼石脂等；对已被啄伤的鸡，要及时从鸡群中分离出来，分开饲养，待伤口痊愈后再放回鸡群中饲养。发病鸡舍的灯光不要太强，可换上 40 W 的红灯泡。

(2)预防。加强饲养管理，不同品种、不同年龄和不同强弱的鸡不要在一起饲养。并要尽早进行雌雄鉴别的工作，公母鸡要分群饲养。鸡舍的温度和密度要保持适当。地面要干燥，要勤换垫料，通风要良好，要充分供给饮水，舍内光线不能太强，使鸡群能看到吃料和饮水就行。在配合饲料中，动物性饲料要占 5%～10%，增多含硫氨基酸的成分，并使粗蛋白质的含量在雏鸡的饲料中保持 18%～20%，在青年鸡的饲料中保持在 14%～18%。矿物质饲料应占 3%～5%，食盐含量占 0.2%～0.3%，各种维生素也要充分供给。在制成颗粒饲料饲喂时，粗纤维含量要适当提高，使鸡的消化道经常有饱满的感觉。对出壳后 8～10 日龄的雏鸡进行断喙，以彻底防止啄癖的产生。如果可断定鸡发生恶癖的主要原因是食盐含量不足时，可以把食盐含量提高到0.4%，连喂4～5天，但一定要严格掌握，以防食盐中毒。

☞ 344.怎样防治母鸡难产？

母鸡难产又称为产蛋困难，是指鸡要产蛋，而蛋在子宫内无法正常产出所引起的一种疾病。

【病因】刚开产的母鸡产蛋过大或产双黄蛋；输卵管分泌液不足，使黏膜干燥，缺乏滑润；输卵管发炎或输卵管狭窄、扭转使蛋无法通过；老年母鸡过肥，腹内脂肪压迫输卵管等均可造成难产。

【临床症状】母鸡长时间蹲伏于鸡窝或产蛋箱内，时做努责，做产蛋姿势，而不见产蛋。继而表现不安，羽毛逆立，鸡冠呈苍白色，衰弱无力，直至死亡。高产鸡经腹壁或泄殖腔检查可触到蛋的存在。

【防治措施】

(1)治疗。对于输卵管狭窄或扭曲造成的难产，目前尚无法治疗。对一般的难产，可实施人工助产的方法，即向母鸡泄殖腔内注入少量石蜡油或植物油，用食指小心伸入泄殖腔内，另一手压迫腹部，帮助将蛋产出。上述助产无效时，可用手指将鸡蛋的位置拨正，一端向外，以锐器破蛋，让碎蛋全部流出。再用消毒液冲洗泄殖腔，放入土霉素粉等。

(2)预防。注意消除输卵管炎，保证输卵管的正常功能。对产蛋鸡要加喂蛋白质、钙和维生素A、维生素D，同时要注意鸡舍的安静，避免经常受到惊扰。

☞ 345.怎样防治母鸡脱肛？

脱肛即泄殖腔外翻，是指泄殖腔翻出到肛门之外。本病是产蛋母鸡较常见的一种疾病，尤其多发生于初产及高产的蛋鸡。

【病因】引起本病的主要原因是由于产蛋箱设置不当，或饲料营养水平过高，产蛋过多，蛋的个体过大或双黄蛋，或饲料中维生素 A、维生素 D、维生素 E 不足，母鸡产蛋时用力过大，造成泄殖腔外翻。此外，便秘、泄殖腔感染发炎时也会引起发病。

【临床症状】病初可见肛门周围绒毛湿润，有时流出白色或黄色黏液，此后泄殖腔外翻，呈肉红色，如不及时治疗，可导致炎症、溃疡，甚至被鸡群啄肛而致死。

【防治措施】

(1)治疗。发现脱肛的鸡，立即抓出隔离，对脱出的泄殖腔可先用温水洗净，再用 0.1%～0.2%高锰酸钾溶液或 1%～2%硼酸液洗涤，然后拭干，涂以红霉素等抗生素软膏，轻轻送入肛门内，将其单独放置在安静、阴暗处休息，也可先倒吊 1～2 h，只给饮水，不喂饲料，使其暂停产蛋，减少排粪。

(2)预防。加强饲养管理，在早春产蛋率上升时，要适当添加精料和维生素添加剂，并增加鸡的运动和日晒。

☞ 346.怎样防治初产母鸡瘫痪症？

商品蛋鸡群在开产初期一段时间内，常有部分鸡发生一种以瘫痪为主要特征的病症，一般称为“初产母鸡瘫痪症”。

【病因】本病发生原因复杂，有人认为是因为感染大肠杆菌所致；也有人认为是因维生素 A、维生素 D 缺乏，或钙、磷缺乏，或输卵管发炎，或体质弱，母鸡不能适应初产这一强烈的应激所致。

【临床症状】除表现瘫痪外，部分鸡还有类似维生素 B_2 缺乏引起的蜷趾麻痹症(脚趾向内弯曲)。发病率不高，一般持续 2 周左右。

【病理变化】剖检病死鸡可见输卵管中有成熟的蛋或软壳蛋，输卵管后段有炎症，有时还见腹膜炎。

【防治措施】除及时将瘫痪鸡与大群隔离饲养，并帮助排出腹中之蛋外，饲料中应加倍添加维生素 B_1 和维生素 B_2，同时可适当使用抗生素药物（如氟喹诺酮类药物、庆大霉素、卡那霉素等）以控制输卵管炎等的感染。

☞ 347.怎样防治鸡的应激综合征？

鸡的应激综合征又称鸡惊恐症，是指鸡只受到频繁而短暂的急剧刺激后所表现出来的机能障碍，多发生于育成阶段的蛋鸡。

【病因】能引起鸡应激的因素较多，主要有以下几种：

(1)环境因素。温度、湿度、光照、噪声以及有害气体都能引起鸡发生本症。

(2)营养因素。饲料配合不当，营养成分不全面甚至缺乏，饲料中含有有毒成分，突然改变饲料等也能引起发病。

(3)管理因素。饲养方式和时间突然改变，饲养密度过大，采食和饮水位置过小，接种疫苗和投药，传染病及其他疾病的发生等因素，都可诱发本病。

【临床症状】其特征是极端神经质，惊恐以及间隙惊群，使整个鸡群会突然陷于狂奔、飞扑、惊叫、惊窜等极度紧张状态。有时发现鸡乱飞，并发出喀喀的怪叫声；或在隔板角落里大群挤压，造成生长停滞，体重减轻，成年鸡产蛋量下降，甚至换羽。

【防治措施】

(1)治疗。对发病鸡群，降低光照度，调整光色，蓝光可延迟鸡的惊恐症的发生。同时可口服盐酸氯丙嗪，每千克体重 1～2 mg，并补给对神经系统有保护作用的烟酸和维生素 B_1 以及口服补液盐，均有一定的辅助作用。

(2)预防。根据各自外界环境条件，从育雏阶段开始培养鸡群适应外边环境的应激因素，例如使雏鸡适应各种声音，饲养员多与鸡群接触。此外，饲料营养要全面，不要经常捕捉鸡只，禁止陌生人进入鸡舍，鸡舍内的小气候要适合鸡的生理要求，千方百计要为鸡只创造安静而适宜的环境。当气候突然变化、防疫注射或其他干扰因素出现之前，最好在饲料中增加1%～2%蛋白质，添加适量的赖氨酸和多种维生素等，以减少应激的发生。

☞ 348. 怎样防治鸡输卵管炎?

鸡输卵管炎多发于初产的高产母鸡，对鸡的生产性能影响较大。

【病因】鸡舍不清洁，鸡白痢杆菌、大肠杆菌等细菌感染；动物性饲料饲喂过多，产大蛋或双黄蛋；饲料中缺乏维生素A、维生素D、维生素E，蛋在输卵管中破裂，以及细菌的侵入等均可导致发病。

【临床症状】病鸡经常从肛门排出白色、黄色脓样分泌物，使肛门周围及肛下部分羽毛被沾污，产蛋困难，病鸡时有痛感，蛋壳上常有血迹。严重时病鸡发热，痛苦不安，羽毛逆立，两翅下垂，腹部贴地，呈昏睡状。若炎症蔓延至腹腔时，可引起腹膜炎。

【防治措施】

(1)治疗。发现病鸡立即隔离，用温盐水或0.1%高锰酸钾溶液或2%硼酸溶液冲洗泄殖腔和输卵管下部，若泄殖腔内有未产出蛋，应先取出，再冲洗。冲洗后可向泄殖腔内注入土霉素油(植物油10 mL、土霉素0.1 mL调配而成)。也可口服土霉素，或肌肉注射卡那霉素。

(2)预防。加强饲养管理，科学饲养，保持鸡舍清洁卫生。

☞ 349. 怎样防治鸡泄殖腔炎?

鸡泄殖腔炎又称“肛门淋”，是由于细菌感染或泄殖腔垂脱，没有及时治疗，而引起的一种慢性溃疡性炎症。主要发生于成年母鸡，偶见于公鸡。雏鸡也有发生。

【临床症状】病鸡从肛门流出一种白色的黏性分泌物，具有一种刺鼻的臭味。肛门红肿,周围羽毛污染,肛门边缘常有假膜形成,且有尿酸盐及炎性渗出物。严重时肛门部分组织发生溃烂脱落,形成溃疡。并可继发脱肛,引起啄肛癖。

【防治措施】

(1)治疗。隔离病鸡,将鸡肛门部分的溃疡及羽毛清除掉,用温盐水或0.1%高锰酸钾溶液冲洗,然后用金霉素、土霉素或四环素软膏涂伤口。也可肌肉注射庆大霉素、2.5%恩诺沙星等药物。

(2)预防。平时应保持鸡舍卫生,通风良好,改善日粮配合,补充多种维生素等。

☞ 350.怎样防治鸡输卵管垂脱?

鸡输卵管垂脱又称输卵管外翻,是指母鸡的输卵管脱出到肛门之外的一种疾病。以初产、高产母鸡多发。

【病因】多因母鸡产蛋过大、产双黄蛋及畸形蛋时,由于过度努责,或在母鸡输卵管炎、泄殖腔炎及啄肛时,局部受到刺激而强行努责,结果造成输卵管脱出。

【临床症状】病鸡肛门后面挂着一段充血发红的输卵管,若不及时整复,时间稍长,脱出的部分淤血,变成暗红色,患部水肿,很容易引起鸡群发生啄食癖,病鸡往往被啄伤,甚至被啄死。

【防治措施】发现病鸡应及时治疗,可用2%明矾水或温水将脱出部分冲洗干净,轻轻送入肛门内,整复后单独饲养。也可用1%盐酸普鲁卡因溶液清洗或浸渍脱出部分,再送入肛门内进行整复,并在肛门周围做局部麻醉,将其整复后,在肛门周围的皮肤上缝几针,以避免努责再次脱出。如为反复脱出,应予淘汰。

☞ 351.畸形蛋的发生原因有哪些?如何预防?

畸形蛋是指鸡所产出的一种不正常的蛋,如软壳蛋、无壳蛋、无黄蛋、双黄蛋、双壳蛋等。其中最常见的是软壳蛋。

【病因】产软壳蛋和无壳蛋主要是饲料中缺乏制造蛋壳的钙质和维生素 D;或由于外界干扰,蛋壳还没有形成,即行早产;或卵壳腺的机能不正常,不能分泌充足的壳质。无黄蛋是由于异物(如寄生虫、脱落的黏膜组织、小血块等)落入到输卵管内,刺激输卵管的蛋白分泌部分泌蛋白和蛋壳,包裹在异物周围。双壳蛋是由于蛋快要产出时,由于输卵管发生逆蠕动(如突然受到惊吓等),蛋退回到蛋壳分泌部,刺激输卵管又分泌出一层蛋壳。此外,有时输卵管狭窄时,会产出形体很小的异常的蛋;有时输卵管功能失调时,会产出一些过圆蛋、过长蛋、蛋套蛋等。

【防治措施】

(1)治疗。对于产软壳蛋的母鸡,一般可在饲料中多添加一些含钙质丰富的添加剂,如蛋壳粉、碳酸钙、石粉,并注意补充适量的鱼肝油,以供给充足的维生素 D,同时应增加日光照射和运动,在产蛋期间应尽量避免应激因子的影响。

(2)预防。主要在于加强平时的饲养管理,科学合理地调配饲料,维持输卵管的正常功能。

☞ 352.怎样防治鸡中暑?

鸡中暑又叫热衰竭,是日射病和热射病的统称。是鸡在炎热的夏季常发病,尤以雏鸡多见。

【病因】鸡的皮肤缺乏汗腺,散热主要依靠张口呼气和张翅下垂,散热量很有限。当鸡舍狭小,鸡群拥挤,通风不良,潮湿,饮水不足,密闭车船运输,鸡处于气温高、湿度大的环境中,热量难以散发,易引起热射病。若鸡暴露在烈日下或长期间在灼热的地面上,很容易发生热射病。

【临床症状】热射病鸡一般最初表现为呼吸急促,张口喘气,鸡翅张开下垂,口渴,体温升高,随后出现晕眩,精神委顿,行动摇晃,站立不稳,虚脱,很快发生惊厥而死亡。日射病患鸡一般表现为烦躁不安，颤栗，体温升高，随后出现昏迷、麻痹、痉挛、死亡。

【病理变化】剖检可见大脑实质及脑膜充血、出血，热射病患鸡血液凝固不良，全身静脉淤血。

【防治措施】

(1)治疗。发现鸡群中暑，应立即将病鸡移到阴凉通风处，或向病鸡全身喷洒凉水，或将鸡体浸入凉水中，以降低体热。如大群发病时，应立即改善鸡舍的通风条件，打开门窗，用电风扇吹风，鸡舍内喷洒冷水，供给充足的清凉饮水等。

(2)预防。在天气炎热，高温季节，要保证鸡舍通风良好，运动场地加盖荫棚，避免日晒，供应充足的饮水，或在饮水内加入清凉剂，如薄荷脑、薄荷叶煎剂等。鸡群密度不宜过大，鸡舍周围植树绿化。车船运鸡时，避免过度密集，保证通风良好，夏季，宜早晚运输。

☞ 353.怎样防治鸡窒息?

鸡由于受到突然的应激刺激等造成拥挤或堆叠于角落，往往会发生窒息死亡。一般均为散发性的，但很常见。大多数的窒息病例都发生在夜间。

【病因】鸡由于受到突然的和不熟悉的噪声刺激，或其他的刺激和惊吓，特别是在新的环境或在黑暗时，雏鸡着凉或密度过高引起拥挤，在扎堆鸡群中的最底下和正中间的鸡只很快就会因吸入的氧气不足而发生缺氧窒息而死亡。

【临床症状】在因惊吓而扎堆时，鸡一般都挤在围栏边或角落中。着凉的雏鸡一般都聚在保温伞下、墙边和角落。运输途中，在箱子边或扎堆正中间的鸡都可能会死亡。

【病理变化】因窒息而死的鸡，剖检一般无特征性病变。有时可能见有肌肉组织苍白，呈斑状，肺脏和气管有充血和水肿，被踩踏部位的羽毛脱落，血液颜色发暗，头部和喙等发紫。

【防治措施】鸡窒息的发生可以说是一种典型的管理性疾病。只要认真做好各项日常管理工作，加强饲养管理人员的责任心，完全可以防止这一问题的发生。具体要做好以下几点：

(1)育雏期间要提供适宜的温度。

(2)尽快使鸡雏适应突然发生的噪声和黑暗的环境。

每次转群时，都要密切注意观察鸡群，特别是第一个夜晚，要防止雏鸡堆叠。最初几夜可以使用暗淡的灯光或提灯，这样可减少窒息发生的机会。新鸡舍接雏后或转入成鸡后的最初几天，非常重要的一点就是要经常观察和注意到鸡群状况。

(3)装运雏鸡前，要检查运雏盒的通风孔是否畅通。装箱时运雏盒不要装的太满，也不要堆放太高，以免发生意外；运输途中，要注意检查车厢内的通风是否良好，特别是长途运输。

(4)做好设备的管理、维修工作，防疫灭鼠，避免发生突然的应激刺激和过大的噪声。

☞ 354. 怎样防治鸡脱水？

鸡脱水是指鸡由于水摄入量不足或水分丧失过多而造成体液减少的一种病症。多见于雏鸡。

【病因】饮水供应的完全缺乏，即水源中断，如水管或饮水器阀门破裂、堵塞或冻裂等，或水源有问题，水泵发生意外故障等。饮用水的相对短缺，即水源有供应，但鸡却不能得到足够的饮水。如密度过大，造成拥挤，天气太热，饮水器数量不足，饮水器内的水太少等。水源充足但由于鸡只本身有问题而不能喝到水，如鸡有腿病或个体较小等。突然更换饮水器，鸡只不熟悉等。饮用水不可口，如太冷、太热、水质污浊、有污染物或加有药物等。鸡只水分丧失太多，如育雏期间特别是头几天舍内环境过于干燥、温度太低、环境温度过高、鸡只发生过大量出血或腹泻等疾病均可引起。

【临床症状】患鸡头部及肉垂变暗，喙发蓝色。有口渴的表现，鸡多聚集在饮水器周围。气喘，呼吸急促，精神不安。严重时蹲卧在舍内，最后因衰竭而死亡。雏鸡在断水的情况下仍可存活数日，4～5 天后开始死亡，死亡高峰在 1 周龄左右。大龄鸡的症状与雏鸡一样，但体重的减轻更明显。种鸡产蛋率明显下降。

【病理变化】皮肤紧贴，皮下干燥，胸肌颜色发暗，血液黏稠，血色发暗，肾脏颜色也较深。有时有内脏痛风或尿结石，输尿管内有尿酸盐蓄积。

【防治措施】加强管理，提供足够的饮水器，供给清洁和卫生的饮用水，并确保饮用水水源连续不断地供应。在进雏前和育雏期的头 1～2 周，舍内空气的相对湿度应达到 65%，以便减少鸡雏体内水分的丧失。更换饮水器时，要逐步换，切不可突然全部更换。发现残鸡和病鸡，要及时予以隔离，并为其提供特别的护理，降低饮水器的高度或使用特殊的饮水器具，以保证它们能够得到足够的饮水。

☞ 355. 怎样防治鸡肌胃溃疡？

鸡肌胃溃疡又称肌胃糜烂或黑吐病，是由于使用伪劣鱼粉而引起的、以黑色粪便和肌胃糜烂溃疡等为特征的一种疾病。多见于雏鸡，成年鸡较少见。其发病率和死亡率因鱼粉中所含糜烂素的数量、饲喂时间、喂量大小的不同而有很大的差异。

【病因】主要是由于鱼粉在加温处理过程中所产生过多的游离组胺酸和组织胺，与鱼粉中的蛋白质发生反应而产生的有毒物质肌胃糜烂素所引起的。长期或过量饲喂含有这种毒素的鱼粉或假冒伪劣质的鱼粉，都可引起本病。

【症状】病鸡精神不振，食欲减退，鸡冠和肉髯发绀或贫血苍白。严重的发生腹泻，排出黑色混有血液的粪便。病鸡发育迟缓，行动不便，呈蹲坐姿势。嗉囊膨胀，将病鸡倒提或用力挤压时，从口腔流出黑色稀薄黏液。全身出现脱水症状，饲料转化率降低。

死亡淘汰率高达20%以上。

【病理变化】病死鸡全身消瘦，口腔黏液增多，嗉囊内有米汤样黏液或黑褐色渗出物。腺胃扩张，胃壁弛缓，黏膜面附有大量黏液，严重的黏膜脱落。肌胃角质层初期前部褐色，沿纵皱壁沟散发糜烂，后期整个肌胃角质膜呈弥散性糜烂、溃疡，有的溃疡深达肌层深部。大型溃疡呈火山口状，溃疡深层有的穿孔，其深处有出血点。角质膜为暗绿色至黑色，皱壁增厚，表面粗糙，如树皮状或疣状外观。其他在十二指肠、肾脏、胸腺等也可见有不同程度的出血。

【防治措施】

(1)治疗。发现本病应停用鱼粉，随即化验所用饲料有无霉变，及时更换饲料。同时在饲料和饮水中投入0.2%～0.4%的碳酸氢钠，早晚各1次，连用2天。或肌肉注射维生素K 0.5～1 mg/只、止血敏50～100 mg/只，每日2次，连用4天。对于大群鸡可在每千克饲料中添加维生素 K_3 2～3 mg、维生素C 30～50 mg、维生素 B_6 3～7 mg。

(2)预防。严格控制鱼粉在饲料中的比例，不要过量，一般应控制在5%～8%为宜。如怀疑鱼粉内含有肌胃糜烂素，可在每千克饲料中添加10 mg甲氰咪胍，进行预防。

☞ 356.怎样防治雏鸡开食不良？

正常孵化出壳的鸡雏，在顺利运送到饲养场育雏舍后，应当尽早及时地引导其开始认识并采食饲料和饮用水，即开食饮水。但由于某些原因，有一些雏鸡未能找到和采食到饲料和饮水，或误将垫草、沙砾或其他物品当成饲料采食，这些统称为雏鸡开食不良。一般情况下，发病率和死亡率都不高。但有时也会造成较大的损失。

【病因】造成雏鸡开食不良或未开食或吃垫草的原因是很复

杂的，当雏鸡稍有着凉；断喙或断趾不当；料桶或饮水器数量不足或位置不当；舍内光照强度不够或灯泡位置不当；日粮中某些营养成分缺乏或不平衡时均可发生。

【临床症状】鸡雏活动正常或略微减少，啄食垫草或其他物品，生长停滞，与其他鸡相比个体明显要小。死前体况较弱，呈现病态。

【病理变化】死雏的个体与正常鸡雏相比明显较小，脱水，卵黄已被完全或基本上完全吸收。消化道内设有饲料或只有极少量的饲料，而大部分是垫草；或无任何食物只有垫草；有的肌胃或肠道已被垫草团或沙砾严重阻塞。肠道大部分空虚，但肌胃中充满缠绕的纤维物质的坚硬团块。

【防治措施】主要措施是要及时、准确地引导雏鸡开食和饮水。育雏第1周，在保温伞周围要提供足够的料桶、开食盘和饮水器，以使雏鸡容易找到饲料和水。可使用小铝盘作为开食盘，因为发亮的物体能吸引鸡雏的注意力。每天上料要少量多次。光照充足、均匀。饲养员经常但要小心地在鸡舍内走动，可以将扎堆的雏鸡分散开，并促使它们找寻饲料和水，但注意不要过分骚扰鸡群。同时要确保给雏鸡提供足够的营养，要特别注意饲料中的各种维生素和微量元素的含量。

☞ 357. 怎样防治鸡皮下气肿？

鸡皮下气肿是由于鸡呼吸道的损伤或缺陷而引起空气在皮下积聚的一种疾病。多见于粗暴地抓鸡、阉割后，或鸡受到惊吓的情况下。含气骨如肱骨的骨折也能引起本病。

临床可见颈部、背部皮肤隆起紧张，皮肤较薄，呈半透明，病鸡呼吸困难。有时影响采食和饮水，导致鸡体消瘦。

用针头刺破皮肤放气，则可使症状缓解，有时不再复发，有时仍会复发，主要取决于受损部位是否愈合。防止鸡剧烈运动或剧烈呼吸，导致呼吸道特别是气囊的损伤。本病一般无死亡现象。

☞ 358. 肉种鸡的冠髯为什么会发绀？怎样防治？

鸡的冠髯发绀是因血液循环障碍而造成的一种病变表现。如当呼吸系统发生功能障碍时，血液中的二氧化碳含量增多，血氧含量降低，致使机体局部或全身呈现发绀症状。这种症状在种鸡选种前后冠髯突然变成紫红色，发病率一般为10%～50%，人们往往称它为种鸡紫头病。

由于发生该种症状的原因较多，因此防制措施上只能在具体分析病因的基础上，根据外观症状、病理变化，有条件的通过实验室诊断进行确诊，对症下药，针对性地采取相应措施。

☞ 359. 怎样防治鸡卵黄性腹膜炎？

卵黄性腹膜炎又呈垂腹症，是产蛋鸡的一种常见疾病。此病多发于高产的蛋鸡群内，病鸡往往突然死亡。

【病因】母鸡在排卵时，由于蛋黄未落入输卵管的喇叭口内，使蛋黄误入腹腔，致使腹膜发生炎症。当母鸡发生难产或肛门脱垂时，输卵管发生破裂，卵黄流入输卵管，输卵管壁产生逆蠕动，而将含大肠杆菌、沙门氏菌的粪便带入腹腔引起感染，也会引发卵黄性腹膜炎。

【临床症状】病鸡通常表现为运动失调，行走摇摆，活动不方便，呈企鹅步态，腹部下垂，食欲减退，产蛋停止。触摸腹部及泄殖腔周围有坚实感或摸到硬块，多数病鸡很快死亡，有些呈慢性经过。

【病理变化】剖检时发现腹腔内积有棕黄色或污绿色浑浊液体，腹腔脏器表面亦染有黄色，气味恶臭，有时在腹腔中可找到凝固、半凝固甚至腐败的蛋黄。

【防治措施】目前本病尚无有效的治疗方法，一旦发病，应立即淘汰。预防本病应注意加强饲养管理，保证充足的饮水和适当的运动，防止过肥，产蛋时要避免惊扰，保证其环境卫生、安静。

☞ 360. 怎样防治鸡脚趾脓肿？

鸡脚趾脓肿俗称趾痛病，是指鸡脚底及周围组织局部感染，形成球形脓肿。

【病因】由于鸡舍及运动场地面粗糙，鸡脚底受到擦伤，或其他损伤后，葡萄球菌、链球菌等感染，发生炎症过程，最后化脓引起脓肿。

【临床症状】病鸡一脚或两脚底发炎、化脓，运动障碍，跛行，局部疼痛。甚至影响采食，严重病例肿胀可波及整个鸡脚。

【防治措施】鸡舍地面及运动场要经常打扫，清除笼底及栖架上尖锐异物，以防鸡脚皮肤损伤。脓肿有明显波动时，应切开排脓，并用0.1%高锰酸钾溶液冲洗，然后涂以抗生素软膏，并进行包扎，以防继发感染，隔日1次，一般3～4次即可痊愈。

图书在版编目(CIP)数据

养鸡生产技术问答(三)鸡病防治技术问答/王福强,田夫林,周元军等编著.—北京:中国农业大学出版社,2009.7

ISBN 978-7-81117-724-4

Ⅰ.养… Ⅱ.①王… ②田… ③周… Ⅲ.鸡-饲养管理-问答 Ⅳ.S831.4-44

中国版本图书馆 CIP 数据核字(2009)第 164240 号

书　　名　养鸡生产技术问答(三)鸡病防治技术问答

作　　者　王福强　田夫林　周元军　韩守岭　编著

策划编辑　董夫才　赵　中　　**责任编辑**　董夫才　孟　梅　王艳欣

封面设计　郑　川　　**责任校对**　陈　莹　王晓凤

出版发行　中国农业大学出版社

社　　址　北京市海淀区圆明园西路 2 号　　**邮政编码**　100193

电　　话　发行部 010-62818525,8625　　读者服务部 010-62732336

编辑部 010-62732617,2618　　出　版　部 010-62733440

网　　址　http://www.cau.edu.cn/caup　　**e-mail** cbsszs@cau.edu.cn

经　　销　新华书店

印　　刷　北京时代华都印刷有限公司

版　　次　2009 年 7 月第 1 版　　2011 年 8 月第 3 次印刷

规　　格　850×1 168　32 开本　10.25 印张　257 千字

定　　价　(全三册)45.00 元　本册定价:15.00 元